职业教育示范性规划教材

机床电气控制技术——项目教程

李山兵　刘海燕　主　编
鲍　敏　殷美　华　红　副主编
程　周　主　审

电子工业出版社·

Publishing House of Electronics Industry

北京·BEIJING

内 容 简 介

本书以维修电工技能鉴定所必备的技能为主线进行编写。全书内容包括机床电气设备的配线、电动机与机械传动部分的连接调整、电动机的使用与维护、识别并检测机床常用低压电器、安装与调试机床基本电气控制电路、识读并检修普通车床电气控制电路、识读并检修平面磨床电气控制电路、识读并检修摇臂钻床电气控制电路、识读并检修万能铣床电气控制电路、识读并检修卧式镗床电气控制电路、识读并检修数控车床电气控制系统。每个项目又分为知能目标、基础知识、操作实践、小结与习题四个环节，操作实践部分又包含若干个任务等，便于教学与自学。

本书可作为职业院校相关专业的课程教材，也可作为维修电工技能培训教材。

图书在版编目（CIP）数据

机床电气控制技术项目教程/李山兵，刘海燕主编. —北京：电子工业出版社，2012.10

职业教育示范性规划教材

ISBN 978 - 7 - 121 - 18070 - 5

Ⅰ.①机…　Ⅱ.①李…②刘…　Ⅲ.①机床 - 电气控制 - 中等专业学校 - 教材　Ⅳ.①TG502.35

中国版本图书馆 CIP 数据核字（2012）第 201358 号

责任编辑：靳　平

印　　刷：北京七彩京通数码快印有限公司
装　　订：北京七彩京通数码快印有限公司
出版发行：电子工业出版社
　　　　　北京市海淀区万寿路 173 信箱　邮编 100036
开　　本：787×1092　1/16　印张：15.5　字数：395.2 千字
版　　次：2012 年 10 月第 1 版
印　　次：2022 年 7 月第 10 次印刷
定　　价：29.80 元

凡所购买电子工业出版社图书有缺损问题，请向购买书店调换。若书店售缺，请与本社发行部联系，联系及邮购电话：（010）88254888，88258888。

质量投诉请发邮件至 zlts@phei.com.cn，盗版侵权举报请发邮件至 dbqq@phei.com.cn。

本书咨询联系方式：（010）88254592，bain@phei.com.cn。

出 版 说 明

　　为进一步贯彻教育部《国家中长期教育改革和发展规划纲要（2010—2020）》的重要精神，确保职业教育教学改革顺利进行，全面提高教育教学质量，保证精品教材走进课堂，我们遵循职业教育的发展规律，本着"着力推进教育与产业、学校与企业、专业设置与职业岗位、课程教材与职业标准、教学过程与生产过程的深度对接"的出版理念，经过课程改革专家、行业企业专家、教研部门专家和教学一线骨干教师共同努力，开发了这套职业教育示范性规划教材。

　　本套教材采用项目教学和任务驱动教学法的编写模式，遵循真正项目教学的内涵，将基本知识和技能实训融合为一体，且具有如下鲜明的特色：

　　（1）面向职业岗位，兼顾技能鉴定

　　本系列教材以就业为导向，根据行业专家对专业所涵盖职业岗位群的工作任务和职业能力进行的分析，以本专业共同具备的岗位职业能力为依据，遵循学生认知规律，紧密结合职业资格证书中技能要求，确定课程的项目模块和教材内容。

　　（2）注重基础，贴近实际

　　在项目的选取和编制上充分考虑了技能要求和知识体系，从生活、生产实际引入相关知识，编排学习内容。项目模块下分解设计成若干任务，任务主要以工作岗位群中的典型实例提炼后进行设置，注重在技能训练过程中加深对专业知识、技能的理解和应用，培养学生的综合职业能力。

　　（3）形式生动，易于接受

　　充分利用实物照片、示意图、表格等代替枯燥的文字叙述，力求内容表达生动活泼、浅显易懂。丰富的栏目设计可加强理论知识与实际生活生产的联系，提高了学生学习的兴趣。

　　（4）强大的编写队伍

　　行业专家、职业教育专家、一线骨干教师，特别是"双师型"教师加入编写队伍，为教材的研发、编写奠定了坚实的基础，使本系列教材符合职业教育的培养目标和特点，具有很高的权威性。

　　（5）配套丰富的数字化资源

　　为方便教学过程，根据每门课程的内容特点，对教材配备相应的电子教学课件、习题答案与指导、教学素材资源、教学网站支持等立体化教学资源。

　　职业教育肩负着服务社会经济和促进学生全面发展的重任。职业教育改革与发展的过程，也是课程不断改革与发展的历程。每一次课程改革都推动着职业教育的进一步发展，从而使职业教育培养的人才规格更适应和贴近社会需求。相信本系列教材的出版对于职业教育教学改革与发展会起到积极的推动作用，也欢迎各位职教专家和老师对我们的教材提出宝贵的建议，联系邮箱：jinping@ phei. com. cn。

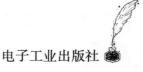

电子工业出版社

前　　言

"机床电气控制技术"是职业院校一门实践性和专业性较强的课程，其目的是提高学生选择、使用和维护机床及电气控制设备的基本技能，锻炼学生解决实际工程问题的能力。该课程还是学生考取初、中级维修电工资格证书、毕业就业的坚实基础。

本书在内容编写上，以职业院校相关专业学生所必备的电工技能为主线，在编写思路上强调"目标明确、图文并茂、深入浅出、知识够用、突出技能"，"以职业活动为导向，以职业技能为本位"，突出技能教学特色的职业教育思想；内容上紧扣技能鉴定标准，体现学以致用，应用性强；在行文中力求文句简练，通俗易懂，图文并茂，使之更具直观性；在编撰的体系结构上，采用项目式结构，使读者在学习过程中更能体现连贯性、针对性和选择性，让读者学得进、用得上；在编写方法上注意读者兴趣，灵活多变，融知识、技能与兴趣之中，让不同层次的读者都学有所得。

本书以介绍与机床及电气维修有关的基础知识、操作技能为主，从实际情况出发，注重培养动手能力，将技能训练作为重要的学习任务。全书共分为 11 个项目，每个项目采用模块编写结构，按"知能目标、基础知识、操作实践、小结与习题"编写，增强教材的可读性。模块内容介绍如下：

（1）知能目标：列出本项目训练后必须要掌握和学会的知识目标和能力目标。

（2）基础知识：把相关知识串联起来，呈现给读者，激活读者的知识储备，并供读者在完成项目的实践操作任务时参考。

（3）实践操作：按技能操作的步骤，让读者实际动手操作，在实践中掌握操作技能。

（4）小结与习题：供读者复习和自我检查。

为使本教材内容与时俱进、更贴近生产实际，在"识读并检修数控机床电气控制系统"项目中，重点向实用的可操作的内容倾斜，并且穿插实际案例，对于面向企业的数控机床电气控制系统维修培训和从事数控机床电气控制系统维修的工作人员也具有参考价值。

本书由江苏省泰兴中等专业学校李山兵、刘海燕、鲍敏、殷美、华红、生飞老师编写，全书由李山兵、刘海燕统稿。本书在编写过程中，参考了多位同行、专家的论著和文献，在此表示真诚的感谢。

由于编者水平有限，书中疏漏之处在所难免，恳请使用本书的老师和同学们提出宝贵意见。

为了方便教师教学，本书还配有电子教学参考资料包（包括教学指南、电子教案、习题答案），请有此需要的教师登录华信教育资源网（http://www.hxedu.com.cn）下载。

编　者

目　录

项目一

机床电气设备的配线

知能目标

知识目标
- 了解常用导线的型号与主要用途。
- 熟悉导线连接的一般要求与工序。

技能目标
- 学会导线连接工具的使用方法。
- 掌握导线的基本操作技能（如导线剖削、连接、绝缘等）。

基础知识

 知识链接1　导线连接工具的使用方法

1. 螺钉旋具的使用方法

螺钉旋具俗称螺钉旋具、起子和改锥，由手柄和金属杆组成，主要作用是紧固、拆卸螺钉。根据金属杆顶端的形状，可以分为平口螺钉旋具和梅花螺钉旋具，分别又称为一字螺钉旋具和十字螺钉旋具，如图1-1所示。

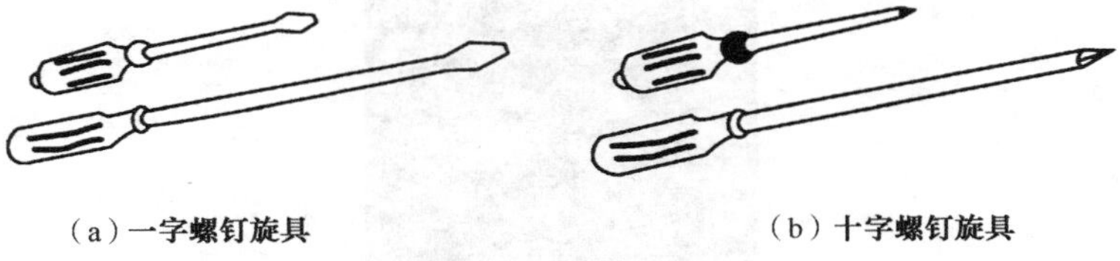

（a）一字螺钉旋具　　　　　　　　　　　（b）十字螺钉旋具

图1-1　两种螺钉旋具

对于小型号螺钉旋具，可以采用图1-2（a）所示，用食指顶住握柄末端，大姆指和中指夹住握柄旋动使用；对于大型号可以采用图1-2（b）所示，用手掌顶住握柄末端，大姆指、食指和中指夹住握柄旋动；对于较长的螺钉旋具的使用方法如图1-2（c）所示，由右手压紧并旋转，左手握住金属杆的中间部分。

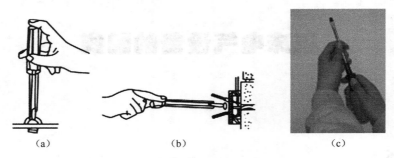

（a）　　　　　　　　　（b）　　　　　　　　　（c）

图1-2　螺钉旋具的使用方法

图1-3是一款电动螺钉旋具：型号为DLV8150，工作需要交流电压为220V，可产生转矩1.96~4.41N·m，空转速度可达400r/min，功率消耗约为40W。

图1-4是一款定扭矩，内置SLIP-TRK（ST）打滑型控扭离合气动螺钉旋具，双方向旋转，左旋或右旋定扭矩（正反向定扭）。适用于需要控制拧紧扭矩，并需要一般扭矩精度的应用。图1-4（b）是与之匹配的螺钉头之一。

（a）　　　　　　　　　　　　（b）

图1-3　电动螺钉旋具　　　　　　　　　　　图1-4　气动螺钉旋具

图1-5是一款组合金属螺钉旋具，适用于拧紧和拆卸小型电子产品的螺钉旋具，如MP3、微型收音机、录放机等。

图1-5　金属组合螺钉旋具

2. 电工刀的使用方法

电工刀是电工常用的一种切削工具。普通的电工刀由刀片、刀刃、刀把、刀挂等构成，如图1-6所示。不用时可以把刀片收缩到刀柄内。

图1-6 电工刀的结构

用途：①用电工刀剖削电线绝缘层；②电工刀在施工现场切削圆木与木槽板或塑料槽板的吻接凹槽；③用电工刀可以削制木榫、竹榫。

电工刀的使用方法如图1-7所示。

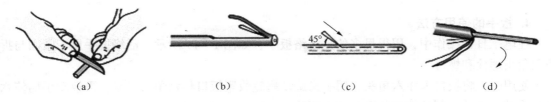

| (a) | (b) | (c) | (d) |

图1-7 电工刀的使用方法

刀片与导线成45°角切入，刀顺着金属芯线后平行前推，到头后，将剩余部分用手向后反掰，用电工刀切断掰过来的绝缘层即可。

3. 钢丝钳的使用方法

钢丝钳是在电工操作中使用最多的一种电工钳，它的主要用途就是夹持元件、剪切金属线、弯折金属线或金属片、开剥绝缘导线的绝缘层等，它的各部分名称如图1-8（b）所示。

(a) 钢丝钳实物　　　　　　　　　　　(b) 钢丝钳的构造

图1-8 钢丝钳

钳口可以弯折金属导线，齿口可以拧螺钉，刀口可以剪导线或者拉剥导线绝缘层，铡口可以切钢线。钢丝钳的使用方法如图1-9所示。各种各样的钢丝钳如图1-10所示。

（a）用齿口拧螺钉　（b）用铡口切钢线　（c）用刀口拉剥　　（d）用钳口弯折　（e）用刀口剪导线
　　　　　　　　　　　　　　　　　　　　导线绝缘　　　　金属导线

图1-9 钢丝钳的使用方法

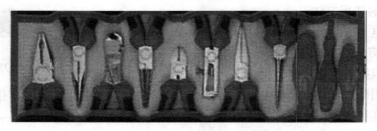

图 1 – 10　各种各样的钢丝钳

4. 扳手的使用方法

在电工日常操作中，用得最多的是活络扳手，如图 1 – 11 所示，活络扳手用于紧固与拆卸六角头螺栓和螺母。

使用时，将扳口卡住六角头，用手指旋动蜗轮收紧扳口将六角头卡紧，再扳动手柄使六角头旋动，几种不同的握法如图 1 – 12 所示。

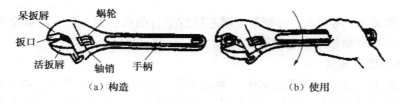

（a）构造　　　　　　　　　　（b）使用

图 1 – 11　活络扳手的构造和使用

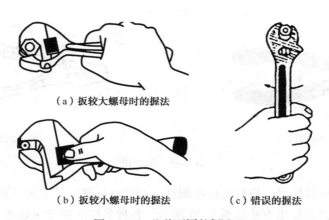

（a）扳较大螺母时的握法

（b）扳较小螺母时的握法　　　（c）错误的握法

图 1 – 12　几种不同的握法

认识各种各样的扳手，常见的各种扳手如图 1 – 13 所示。几种新型扳手如图 1 – 14 所示。

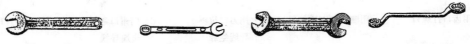

（a）单头开口固定扳手　（b）一端套筒一端开口扳手　（c）双头开口固定扳手　　（d）双端套筒扳手

图 1 – 13　常见的各种扳手

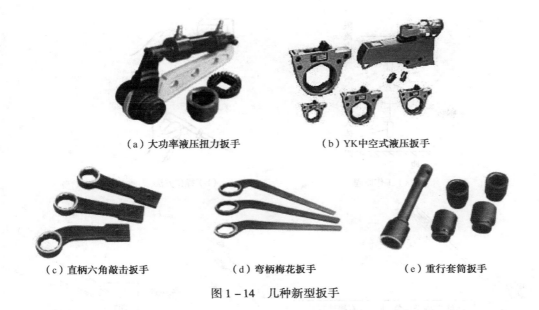

（a）大功率液压扭力扳手　　　　　　（b）YK中空式液压扳手

（c）直柄六角敲击扳手　　　　（d）弯柄梅花扳手　　　　（e）重行套筒扳手

图1-14　几种新型扳手

5. 试电笔的使用方法

试电笔又称为低压验电器，是专门用来检查低压设备或低压电路是否有电，以及区别相线（火线）与中性线（零线）的一种工具，如图1-15所示。试电笔的结构如图1-16所示。

（a）钢笔式　　　　　　　　（b）螺钉旋具式　　　　　　　　（c）数字显示式

图1-15　几种常见的低压试电笔

其中，数字显示试电笔在带电体与大地的电压为2~500V时，都能显示其电压值。

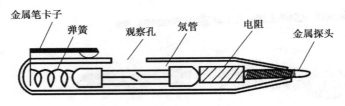

图1-16　试电笔的结构

使用试电笔测试带电体时，电流由带电体经试电笔、人体到大地形成通路，只要带电体与大地的电压超过一定的数值，试电笔的氖管就会发出辉光，氖管的发光电压为60~500V，亮度与电压大小有关。试电笔的使用方法如图1-17所示，握笔方法为手指触及笔尾的金属部分，笔尖触及带电体（一相）上，不拿试电笔的手应放在背后。

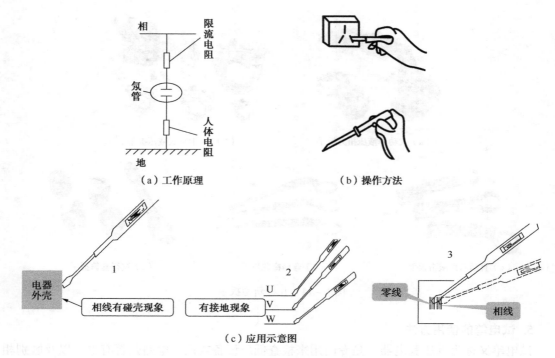

（a）工作原理　　　　　　　　　　（b）操作方法

（c）应用示意图

图 1 – 17　试电笔的使用方法

6. 高压验电器简介

高压验电器通常用于检测对地电压在 250V 以上的电气电路与电气设备是否带电。常用的有 10kV 及 35kV 两种电压等级。高压验电器的种类较多，原理也不尽相同，常见的有发光型、风车型、有源声光报警型等几种。图 2 – 18 所示是一种 6 ~ 10kV 高压验电器。在验电过程中，只要验电器发光、发声或色标转动，即可视该物体有电。高压验电器的正确握法和错误握法如图 1 – 19 所示。

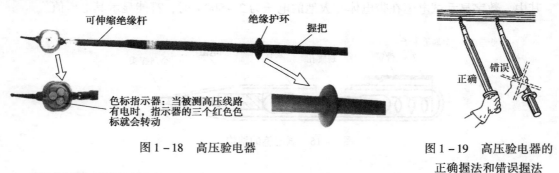

图 1 – 18　高压验电器

图 1 – 19　高压验电器的
正确握法和错误握法

7. 电烙铁的使用方法

常用的电烙铁有外热式（电热元件在烙铁头的外面）和内热式（电热元件在烙铁头的内部）两种。此外，还有用于拆卸印制电路板电子元件的吸锡式电烙铁，以及用于焊接加热温度控制较严格的元件的恒温电烙铁。图 1 – 20 为各种电烙铁示意图，电烙铁常用规格有：15W、25W、45W、75W、100W、300W 等。烙铁头的外形如图 1 – 21 所示。

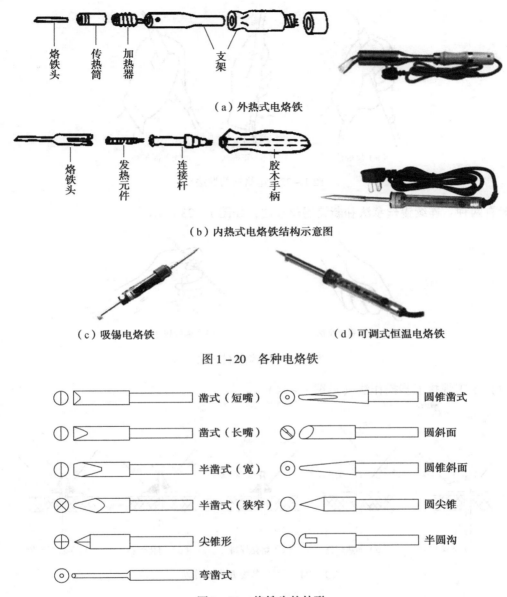

（a）外热式电烙铁

（b）内热式电烙铁结构示意图

（c）吸锡电烙铁 （d）可调式恒温电烙铁

图1-20 各种电烙铁

凿式（短嘴） 圆锥凿式

凿式（长嘴） 圆斜面

半凿式（宽） 圆锥斜面

半凿式（狭窄） 圆尖锥

尖锥形 半圆沟

弯凿式

图1-21 烙铁头的外形

（1）电烙铁的握法

使用电烙铁时，常根据焊件习惯和可操作的空间位置，选择图1-22所示三种握法中的一种。图1-22（a）适用于用大功率电烙铁焊接大批焊件时；图1-22（b）适用于弯形烙铁头或较大的电烙铁；图1-22（c）适用于小功率电烙铁，如在焊接小热量的电子元器件或集成电路等使用。

（2）焊锡丝的拿法

手工焊接中一只手握电烙铁，另一只手拿焊锡丝，帮助电烙铁吸取焊料。拿焊锡丝的方

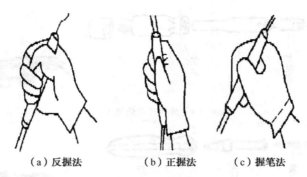

（a）反握法　　　　（b）正握法　　　　（c）握笔法

图1-22　电烙铁的握法

法一般有两种：连续锡丝拿法和断续锡丝拿法，如图1-23所示。

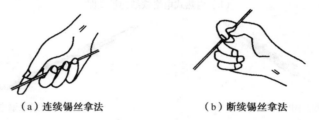

（a）连续锡丝拿法　　　　　　（b）断续锡丝拿法

图1-23　电烙铁的握法

（3）手工焊接五步操作法（见图1-24）

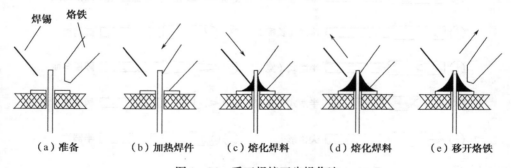

焊锡　烙铁

（a）准备　　（b）加热焊件　　（c）熔化焊料　　（d）熔化焊料　　（e）移开烙铁

图1-24　手工焊接五步操作法

提示：各步骤之间停留的时间对保证焊接质量至关重要，只有通过实践才能逐步
掌握。

8. 压线钳与剥线钳的使用方法

（1）剥线钳的使用方法

图1-25所示是剥线钳实物图片，剥线钳的结构如图1-26所示，剥线钳由刀口、压线口和钳柄组成。剥线钳的钳柄上套有额定工作电压500V的绝缘套管。剥线钳用于剥除线芯截面为6mm² 以下塑料或橡胶绝缘导线的绝缘层。

剥线钳的使用方法（见图1-27）：

1）根据缆线的粗细型号，选择相应的剥线刀口。

2）将准备好的电缆放在剥线工具的刀刃中间，选择好要剥线的长度。

3）握住剥线工具手柄，将电缆夹住，缓缓用力使电缆外表皮慢慢剥落。

4）松开手柄，取出电缆线，这时电缆金属整齐露出外面，其余绝缘塑料完好无损。

图1-25　剥线钳实物图片

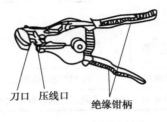

刀口　压线口　绝缘钳柄

图1-26　剥线钳的结构

图1-27　用剥线钳剥除绝缘层

（2）压线钳的使用方法

压线钳又常被称为压接钳，是连接导线与导线或导线线头与接线耳的常用工具，如图1-28所示。按用途分为户内电路使用的铝绞线压线钳、户外电路使用的铝绞线压线钳和钢芯铝绞线使用的压线钳。

压线钳压线如图1-29所示，将待接线放入接线耳中，将接线耳放入压接钳头中，紧握钳柄就可以了。

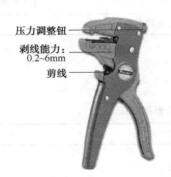

压力调整钮
剥线能力：
0.2~6mm
剪线

图1-28　压线钳

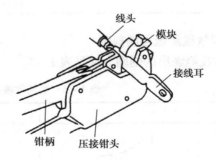

线头　模块
接线耳
钳柄　压接钳头

图1-29　压线钳压线

🔧 知识链接2　导线剖削方法

导线绝缘层的剖削方法很多，一般有用电工刀剖削、钢丝钳或尖嘴钳剖削和剥线钳剖削等。

1. 塑料硬导线绝缘层的剖削

塑料硬导线绝缘层的剖削分为导线端头绝缘层的剖削和导线中间绝缘层的剖削，其剖削方法分别见表1-1和表1-2。

表 1 - 1　导线端头绝缘层的剖削方法

剖削步骤	1	2	3
示意图	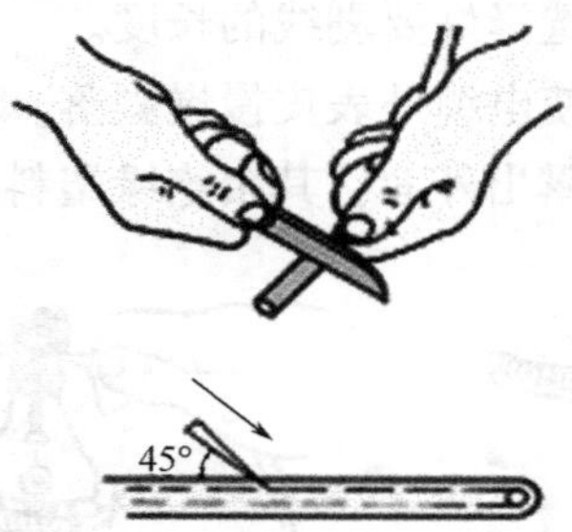	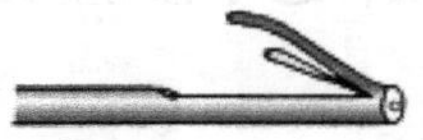	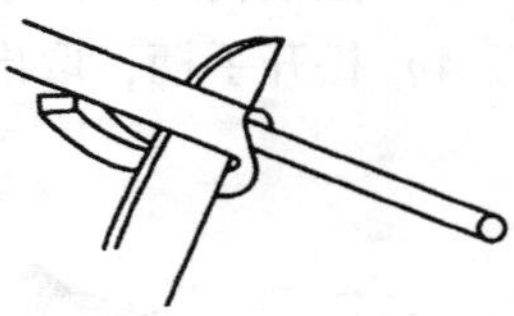
剖削方法	用电工刀呈 45°角切入绝缘层	改 15°向线端推削	用刀切去余下的绝缘层
剖削工具	通常采用电工刀剖削，但 4mm² 及以下的塑料硬线绝缘层用尖嘴钳或剥线钳剖削		

表 1 - 2　导线中间绝缘层的剖削方法

剖削步骤	1	2	3	4
示意图	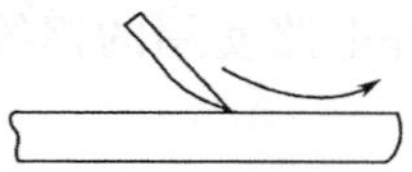	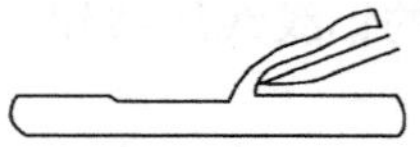	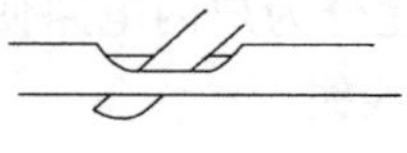	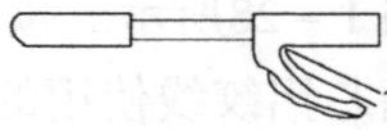
剖削方法	在所需线段上，电工刀呈 45°切入绝缘层	用电工刀切去翻折的绝缘层	电工刀刀尖挑开绝缘层，并切断一端	用电工刀切去另一端的绝缘层
剖削工具	只能采用电工刀进行剖削			

2. 塑料软线绝缘层的剖削

塑料软线绝缘层的剖削方法见表 1 - 3。

表 1 - 3　塑料软线绝缘层的剖削方法

剖削步骤	1	2	3
示意图	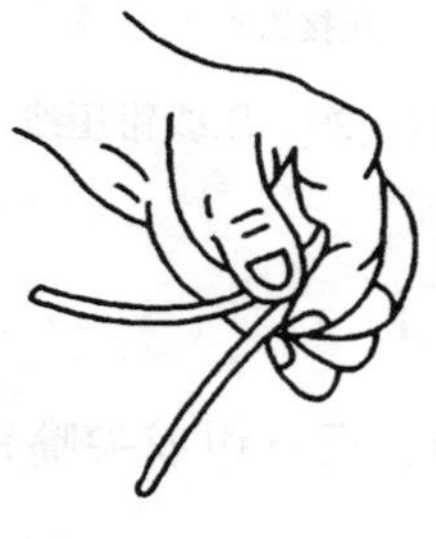		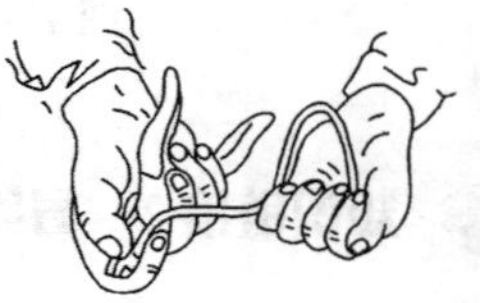
剖削方法	左平拇、食指捏紧线头	按所需长度，用钳头刀口轻切绝缘层	迅速移动钳头，剥离绝缘层
剖削工具	通常使用剥线钳或尖嘴钳剖削，一般适用于截面积不大于 2.5mm² 导线的剖削		

3. 塑料护套线绝缘层的剖削

塑料护套线绝缘层的剖削方法见表1-4。

表1-4　塑料护套线绝缘层的剖削方法

剖削步骤	1	2	3
示意图	所需长度界线		
剖削方法	用刀尖划破凹缝护套层	剥开已划破的护套层	翻开护套层并切断
剖削工具	通常使用剥线钳或尖嘴钳剖削，一般适用于截面积不大于2.5mm²的导线的剖削		

4. 橡胶软电缆线绝缘层的剖削

橡胶软电缆线绝缘层的剖削方法见表1-5。

表1-5　橡胶软电缆线绝缘层的剖削方法

剖削步骤	1	2	3
示意图			护套层　芯线　加强麻线　护套层
剖削方法	用刀切开护套层	剥开已切开的护套层	翻开护套层并切断
剖削工具	通常使用剥线钳或尖嘴钳剖削，一般适用于截面积不大于2.5mm²的导线的剖削		

知识链接3　导线连接方法

需连接的导线种类和连接形式不同，其连接的方法也不同。常用的连接方法有绞合连接、紧压连接、焊接等。连接前，应小心地剥除导线连接部位的绝缘层，注意不可损伤其芯线。

1. 绞合连接

绞合连接是指将需连接导线的芯线直接紧密绞合在一起。铜导线常用绞合连接。

（1）单股硬导线的连接

单股硬导线的直线连接方法见表1-6。

表 1-6　单股硬导线的直线连接方法

连接步骤	示意图	说明
1	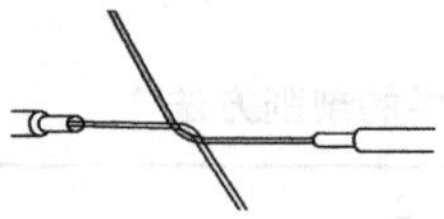	将两根线头在离线跟部1/3处呈"X"状交叉
2		把两线头如麻花状相互绞两圈
3		把一根线头扳起与另一根处于下边的线头保持垂直
4	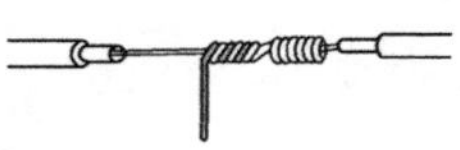	把扳起的线头按顺时针方向在另一根线头上紧绕6~8圈，圈间不应有缝隙，且应垂直排绕，绕毕切去线芯多余端
5	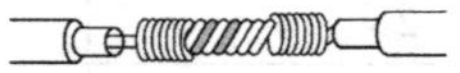	另一线头的连接方法，按上述第3，4两步骤要求操作

单股硬导线的分支连接方法见表 1-7。

表 1-7　单股硬导线的分支连接方法

连接步骤	示意图	说明
1	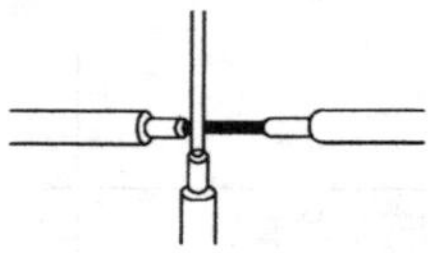	将已剖削绝缘层的分支线芯，垂直搭接在已剖削绝缘层的主干导线的线芯上
2	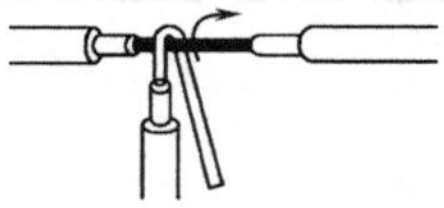	把分支线芯按顺时针方向在主干线芯上紧绕6~8圈，圈间不应有缝隙
3	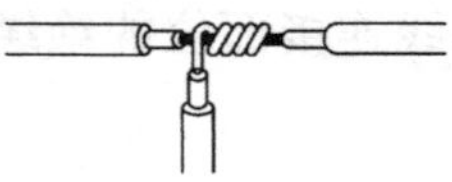	绕毕，切去分支线芯多余端

（2）多股导线的连接

多股导线的连接方法有直线连接和分支连接，其连接方法分别见表 1-8 和表 1-9。

表1-8 多股导线的直线连接方法

连接步骤	示意图	说明
1	全长2/5 进一步绞紧	把剖削绝缘层切口约全长2/5处的线芯进一步绞紧，接着把余下1/3的线芯松散呈伞状
2		把两伞状线芯隔股对叉，并插到底
3	叉口处应钳紧	捏平叉入后的两侧所有芯线，并理直每股芯线，使每股芯线的间隔均匀；同时用钢丝钳钳紧叉口处，消除空隙
4		将导线一端距芯线叉口中线的3根单股芯线折起，成90°（垂直于下边多股芯线的轴线）
5		先按顺时针方向紧绕两圈后，再折回90°，并平卧在扳起前的轴线位置
6		将紧挨平卧的另两根芯线折成90°，再按第5步进行操作
7		把余下的3根芯线按第5步缠绕到第2圈后，在根部剪去多余的芯线，并钳平；接着将余下的芯线缠足3圈，剪去多余端，钳平切口，不留毛刺
8		另一侧按步骤第4～7步进行加工，注意缠绕的每圈直径垂直于下边芯线的轴线，并应使每2圈（或3圈）间紧缠紧挨

表1-9　多股导线的分支连接方法

连接步骤	示意图	说明
1	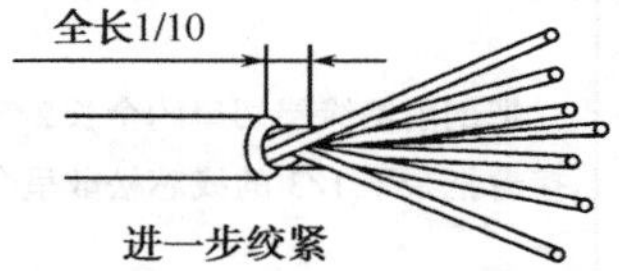 全长1/10 进一步绞紧	把支线线头离绝缘层切口根部约1/10的一段芯线做进一步的绞紧，并把余下9/10的线芯松散呈伞状
2	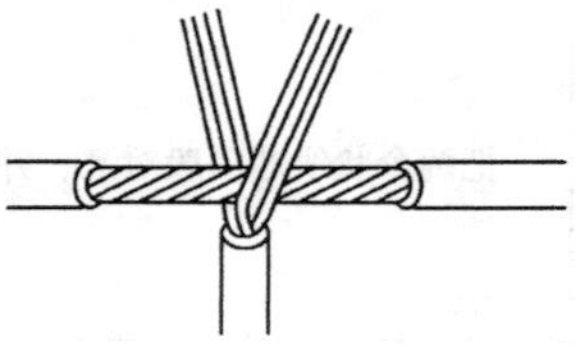	把干线芯线中间用螺钉旋具插入芯线股间，并将分成均匀两组中的一组芯线插入干线芯线的缝隙中，同时移正位置
3	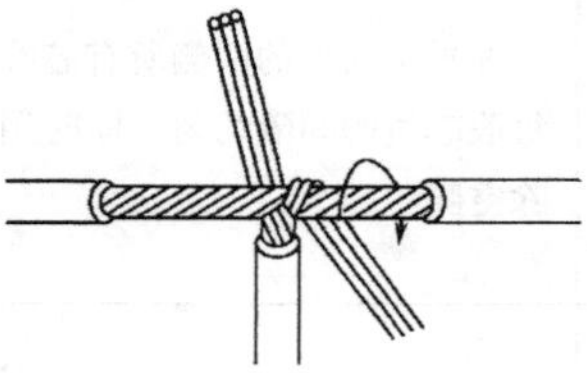	先钳紧干线插入口处，接着将一组芯线在干线芯线上按顺时针方向垂直紧紧排绕，剪去多余端，不留毛刺
4	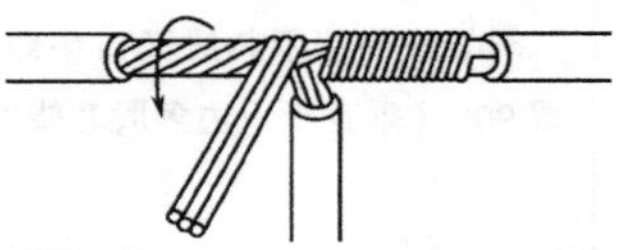	另一组芯线按第3步紧紧排绕，同样剪去多余端，不留毛刺。注意：每组芯线绕至离绝缘层切口处5mm左右为止，则可剪去多余端

2. 紧压连接

紧压连接是指用铜或铝套管套在被连接的芯线上，再用压接钳或压接模具压紧套管，使芯线保持连接。铜导线（一般是较粗的铜导线）和铝导线都可以采用紧压连接，铜导线的连接应采用铜套管，铝导线的连接应采用铝套管。紧压连接前应先清除导线芯线表面和压接套管内壁上的氧化层和粘污物，以确保接触良好。

（1）铜导线或铝导线的紧压连接

压接套管截面有圆形和椭圆形两种。圆截面套管内可以穿入一根导线，椭圆截面套管内可以并排穿入两根导线。

在对机械强度有要求的场合，可在每端压两个坑，如图1-30所示。对于较粗的导线或机械强度要求较高的场合，可适当增加压坑的数目。

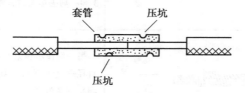

图1-30　圆截面套管的紧压连接

椭圆截面套管使用时，将需要连接的两根导线的芯线分别从左右两端相对插入并穿出套管少许，如图 1-31（a）所示，然后压紧套管即可，如图 1-31（b）所示。椭圆截面套管不仅可用于导线的直线压接，而且可用于同一方向导线的压接，如图 1-31（c）所示；还可用于导线的 T 字分支压接或十字分支压接，如图 1-31（d）和图 1-31（e）所示。

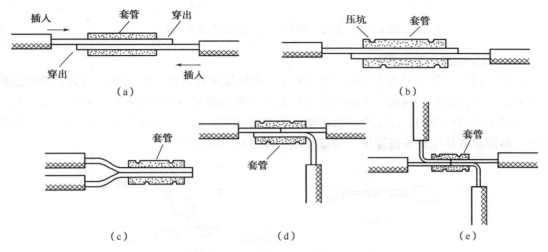

图 1-31 椭圆截面套管的紧压连接

（2）铜导线与铝导线之间的紧压连接

当需要将铜导线与铝导线进行连接时，必须采取防止电化腐蚀的措施。因为铜和铝的标准电极电位不一样，如果将铜导线与铝导线直接绞接或压接，在其接触面将发生电化腐蚀，引起接触电阻增大而过热，造成电路故障。常用的防止电化腐蚀的连接方法有两种。

一种方法是采用铜铝连接套管。铜铝连接套管的一端是铜质，另一端是铝质，如图 1-31（a）所示。使用时将铜导线的芯线插入套管的铜端，将铝导线的芯线插入套管的铝端，然后压紧套管即可，如图 1-32（b）所示。

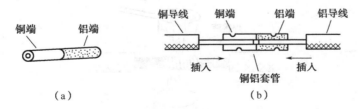

图 1-32 铜铝连接套管的紧压连接

另一种方法是将铜导线镀锡后采用铝套管连接。由于锡与铝的标准电极电位相差较小，在铜与铝之间夹垫一层锡也可以防止电化腐蚀。具体做法是先在铜导线的芯线上镀上一层锡，再将镀锡铜芯线插入铝套管的一端，铝导线的芯线插入该套管的另一端，最后压紧套管即可，如图 1-33 所示。

3. 焊接

焊接是指将金属（焊锡等焊料或导线本身）熔化融合而使导线连接。电工技术中，导线连接的焊接种类有锡焊、电阻焊、电弧焊、气焊、钎焊等。

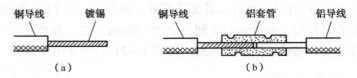

图 1 - 33　铜导线镀锡后采用铝套管的紧压连接

（1）铜导线接头的锡焊

较细的铜导线接头可用大功率（如 150W）电烙铁进行焊接。焊接前，应先清除铜芯线接头部位的氧化层和黏污物。为增加连接可靠性和机械强度，可将待连接的两根芯线先行绞合，再涂上无酸助焊剂，用电烙铁蘸焊锡进行焊接即可，如图 1 - 34 所示。焊接中，应使焊锡充分熔融渗入导线接头缝隙中，焊接完成的接点应牢固光滑。

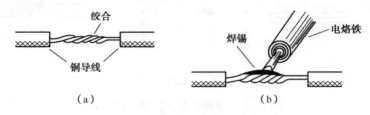

图 1 - 34　较细的铜导线接头的焊接

较粗（一般指截面 16mm² 以上）的铜导线接头可用浇焊法连接。浇焊前，同样应先清除铜芯线接头部位的氧化层和黏污物，涂上无酸助焊剂，并将线头绞合。将焊锡放在化锡锅内加热熔化，当熔化的焊锡表面呈磷黄色，说明锡液已达符合要求的高温，即可进行浇焊。浇焊时将导线接头置于化锡锅上方，用耐高温勺子盛上锡液从导线接头上面浇下，如图 1 - 35 所示。刚开始浇焊时，因导线接头温度较低，锡液在接头部位不会很好渗入，应反复浇焊，直至完全焊牢为止。浇焊的接头表面也应光洁平滑。

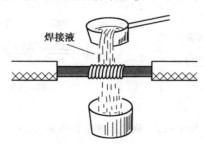

图 1 - 35　较粗的铜导线接头的浇焊法连接

（2）铝导线接头的焊接

铝导线接头的焊接一般采用电阻焊或气焊。电阻焊是指用低电压大电流通过铝导线的连接处，利用其接触电阻产生的高温高热将导线的铝芯线熔接在一起。电阻焊应使用特殊的降压变压器（1kV·A、初级 220V、次级 6～12V），配以专用焊钳和碳棒电极。

气焊是指利用气焊枪的高温火焰，将铝芯线的连接点加热，使待连接的铝芯线相互熔融

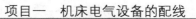

连接。气焊前应将待连接的铝芯线绞合，或用铝丝或铁丝绑扎固定，如图 2-36 所示。

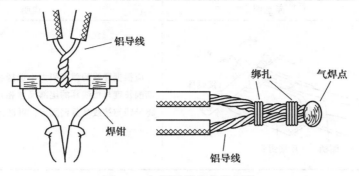

图 1-36 铝导线接头的焊接

4. 导线与接线桩头的连接

导线与接线桩头的连接方式见表 1-10。

表 1-10 导线与接线桩头的连接方式

连接方式	示意图	说明
压板式连接		将剖削绝缘层的芯线用尖嘴钳弯成钩，再垫放在瓦楞板或垫付片下。若是多股软导线，应先绞紧再垫放在瓦楞板或垫付片下。注意不要把导线的绝缘层压在压板（如瓦楞板、垫片）内
螺钉式连接	（a）（b）（c）（d）	在连接时，导线的剖削长度应视螺钉的大小而定，然后将导线头弯成羊眼圈形式（见左图（a）~（d）完成制羊眼圈的工作），再将羊眼圈套进螺钉中，进行垫片式连接
针孔式连接	（a）（b）	将导线按要求剖削，插入孔，旋紧螺钉

连接方式	示意图	说明
接线耳式连接	 线头　模块 接线耳 钳柄　压接钳头	应根据导线的截面积大小选择相应的接线耳。导线剖削长度与接线耳的尾部尺寸相对应，然后用压接钳将导线与接线耳紧密固定，再进行接线耳式的连接

知识链接4　导线绝缘恢复方法

为了进行连接，导线连接处的绝缘层已被去除。导线连接完成后，必须对所有绝缘层已被去除的部位进行绝缘处理，以恢复导线的绝缘性能，恢复后的绝缘强度应不低于导线原有的绝缘强度。

导线连接处的绝缘处理通常采用绝缘胶带进行缠裹包扎。一般电工常用的绝缘带有黄蜡带、涤纶薄膜带、黑胶布带、塑料胶带、橡胶胶带等。绝缘胶带的宽度常用 20mm 的，使用较为方便。

1. 导线直接点绝缘层的绝缘恢复

导线直接点绝缘层的绝缘恢复方法见表 1 – 11。

表 1 – 11　导线直接点绝缘层的绝缘恢复方法

连接步骤	示意图	说明
1	30~40mm 约45° 绝缘带（黄腊带或涤纶薄膜带）接法	用绝缘带（黄腊带或涤纶薄膜带）从左侧完好的绝缘层开始顺时针包缠
2	1/2带宽 使得绝缘带半幅相叠压紧	进行包缠时，绝缘带与导线应保持45°的倾斜角并用力拉紧，使绝缘带半幅相叠压紧
3	黑胶带应包出绝缘带层 黑胶带接法	包至另一层后再包入始端同样长度的绝缘层，然后接上电工胶布，并将电工胶布包出绝缘带至少半根带宽，即必须使电工胶布完全包没绝缘带

续表

连接步骤	示意图	说明
4	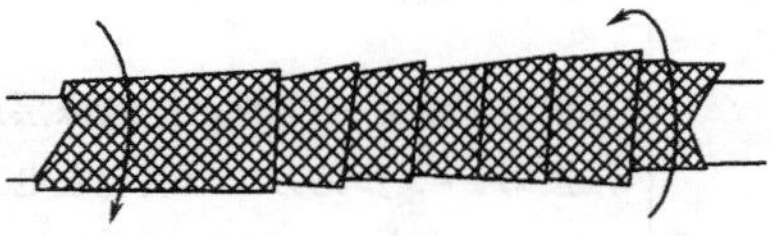 两端捏住做反方向的扭旋（封住端口）	电工胶布的包缠不得过疏过密，包到另一端也必须完全包没绝缘带，收尾后用双手的拇指和食指捏紧电工胶布两端口，进行一正一反方向拧紧，利用电工胶布的黏性，将两端口充分密封起来

2. 导线分支接点绝缘层的绝缘恢复

导线分支接点绝缘层的绝缘恢复方法见表1-12。

表1-12 导线分支接点绝缘层的绝缘恢复方法

连接步骤	示意图	说明
1	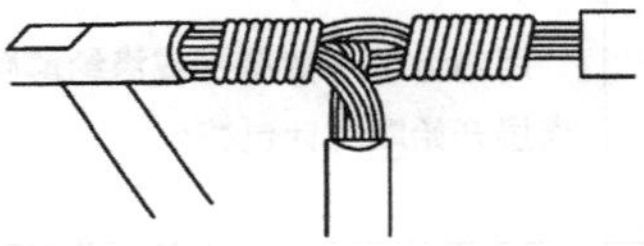	与导线直接点绝缘层的恢复方法相同，从左端开始包扎
2	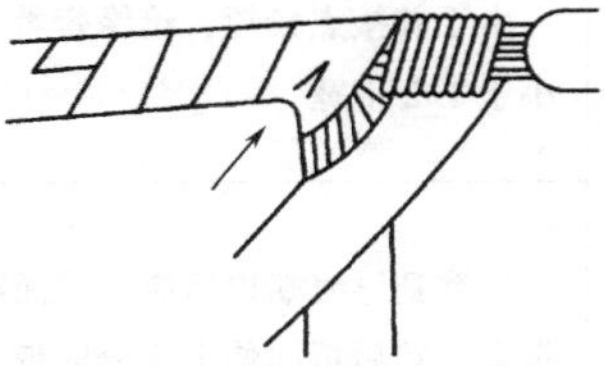	包至碰到分支线时，用左手拇指顶住左侧直角处已包扎的带面，使它紧贴转角处芯线，并应使处于线顶部的带面尽量向右侧斜压
3	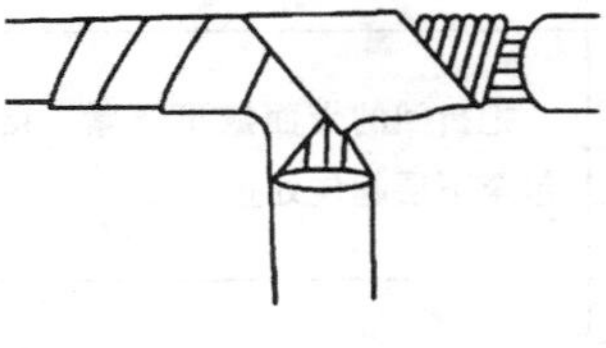	绕至右侧转角处时，用左手拇指顶住右侧直角处带面，并使带面在干线顶部向左侧斜压，与被压在下边的带面呈"X"状交叉，然后把带再回绕到右侧转角处
4	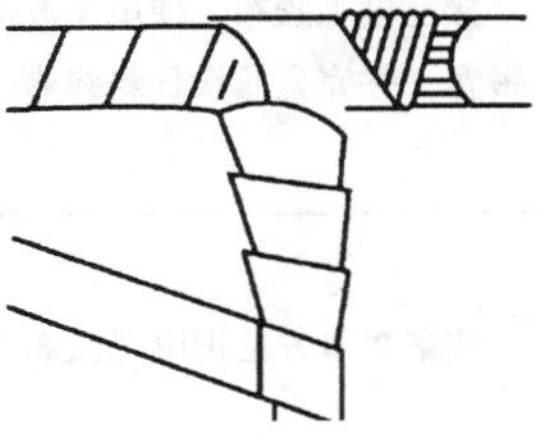	带沿紧贴支线连接处根端，开始在支线上包缠，包至完好绝缘层上约两根带宽时，原带折回再包至支线连接处根端，并把带向干线左侧斜压
5	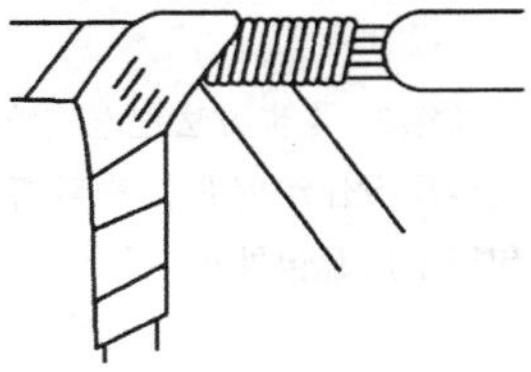	当带转过干线顶部后，紧贴干线右侧的支线连接处开始在干线右侧芯线上进行包缠

连接步骤	示意图	说明
6		包至干线另一端的完好绝缘层后，接上电工胶布，再按第2～5步的方法继续包缠电工胶布

3. 导线并接点绝缘层的绝缘恢复

导线并接点绝缘层的绝缘恢复方法见表1－13。

表1－13　导线分支接点绝缘层的绝缘恢复方法

连接步骤	示意图	说明
1		用绝缘带（黄腊带或涤纶薄膜带）从左侧完好的绝缘层开始顺时针包缠
2		由于并接点较短，绝缘带叠压宽度可压紧，间隔可小于1/2带宽
3		包缠到导线端口后应使带面超出导线端口1/2～3/4带宽，然后折回伸出部分的带宽
4		把折回的带面撤平压紧，接着缠包第二层绝缘层，包至下层起包处止
5		接上电工胶布，使电工胶布超出绝缘带层至少半根带宽，并完全压没住绝缘带
6		按第2步方法把电工胶布包缠到导线端口
7		按第3、4步方法把电工胶布缠包端口绝缘带层，并完全压没住绝缘带，然后折回缠包第2层电工胶布，包至下层起包处止

续表

连接步骤	示意图	说明
8		用右拇、食指紧捏电工胶布断口，使端口密封

> **注意**：并接点常出现在因导线长度不够了需要进行连接的位置。由于该处有可能承受一定的拉力，所以，导线并接点的机械拉力不得小于原导线机械拉力的 80%，绝缘层的恢复也必须可靠，否则容易发生断路和触电等电气事故。

并接点常出现在木台和接线盒内。由于木台、接线盒的空间小，导线和附件多，往往彼此挤在一起，容易贴在墙面。所以，导线并接点的绝缘层必须恢复得可靠，否则容易发生漏电或短路等电气事故。

知识链接5　机床配线方法

机床配线时，必须严格按说明书和图纸的要求进行。机床与电源的接线都应穿在电线管内；机床控制柜、机组及床身之间的连接必须严格按照机床电气原理图或电气接线图进行接线。接线前，应先校线、套线号（用万用表、蜂鸣器等检查同一根线的两端，称为校线；校线后做上标记，即套一块编号的小牌，称为套线号）。接线时应避免错接。

1. 电线管的敷设及穿线

（1）电线管的敷设

机床内部的敷设采用塑料管或金属软管，也可采用绝缘捆扎。机床外部的敷设采用金属软管，对于受拉压的地方，如悬挂操纵箱，一般采用橡皮管电缆套；可能受机械损伤的地方和电源引入线等处，采用铁管。

管路的敷设布置应做到不易受到损伤、整齐美观、连接可靠、节省材料、穿线方便等。尤其是线管与线管、线管与接线盒之间，应采用不小于 4mm 的铁线焊接作为地线金属连接。

（2）电线管的穿线

电线管内穿入导线的规格、型号、根数应符合图纸的要求，绝缘强度不低于 500V，铜导线的截面不小于 $1mm^2$，铝导线的截面不小于 $2.5mm^2$。

穿入同一管内的必须是同一回路的导线；尽量避免不同回路的导线穿在同一管内。

2. 机床连接线的要求

机床内部与控制柜的配线必须严格按照图纸进行。连线前，先校线、套线号，再按照前面导线加工的操作方法剖削线头并接在接线桩上。同一截面上压两根以上不同截面导线时，大截面的放下层，小截面的放上层。

套在导线上的线号，要用环己酮和龙胆紫铜调成的写号药水书写，书写工整，以防误读。

接线完毕后，还应根据电气原理图或接线图，全面检查各元器件与接线头之间以及它们相互之间的连线是否正确；各种电动机与电气控制装置相互之间的主回路连接也必须详细检查。检查电路时，应注意电路中电器的常闭触点及低阻值元件（如线圈、晶体管等）的影响，必要时应将接线的一端拆下来进行检查。

操作实践

任务一　导线的连接

一、任务描述

说一说：导线直接、分支连接的操作要领。

做一做：剖削与连接。

二、实训内容

1. 实训器材

电工刀、钢丝钳、尖嘴钳、剥线钳、1mm² 单股塑料铜芯导线、1.5mm² 铜芯护套线、塑料绞织软线、七股铜芯塑料绝缘线、绝缘带（黄腊带或涤纶薄膜带）、黑胶布、熔断器 1 副、瓷接头 1 只、交流接触器 1 只、暗装开关或插座 1 只、接线耳若干。

2. 实训过程

（1）导线绝缘层的剖削

1）用剥线钳剖削 1mm² 单股塑料铜芯导线线头的绝缘层。

2）用电工刀剖削 1.5mm² 铜芯护套线、塑料绞织软线的绝缘层。

（2）导线的连接

1）单股塑料铜芯导线的直接连接。

2）1.5mm² 铜芯护套线或塑料绞织软线的直接连接。

操作要点详见知识链接 3。

任务二　导线与接线桩头的连接

一、任务描述

说一说：导线与接线桩头的连接方。

做一做：导线与接线桩头的连接。

二、实训内容

1）硬导线与交流接触器连接：采用压板式连接。

2）硬导线与螺旋丝熔断器连接：采用螺钉式连接。

3）硬、软导线与暗装开关或插座连接：采用针孔式连接。

4）软导线与接线耳连接：采用接线耳式连接。

任务三　导线绝缘层的恢复

一、任务描述

说一说：导线直接点、分支接点、并接点绝缘层恢复的操作要领。

做一做：导线绝缘层的恢复。

二、实训内容

1）导线的线连接后的绝缘层恢复。

2）七股铜芯塑料绝缘线 T 型分支连接后的绝缘层恢复。
操作要点详见知识链接 4。

任务四 机床配线

一、任务描述

读一读：知识链接 5 机床配线方法。

做一做：在师傅的指导下根据图纸要求对 CA6140 卧式车床进行配线。

二、实训内容

1）敷设电线管。

2）电线管穿线。

3）根据机床连接线要求剖削线头并接在接线柱上。

小结与习题

项目小结

1）导线绝缘层的剥离、连接与绝缘层的恢复，是电工基本操作技能之一。它的质量好坏直接关系着电路、用电设备运行的可靠性和安全性。但是无论采取何种连接方法，都包括以下三个步骤：

2）所谓导线的"剥离"，是指用专用工具（如电工刀、钢丝钳或尖嘴钳和剥线钳）将导线绝缘层剥离的工艺过程。导线绝缘层的剥离方法有：电工刀的剖削、钢丝钳或尖嘴钳的剖削和剥线钳的剖削等几种。

3）所谓导线绝缘层的"恢复"，是指将破坏或连接后的导线连接处用绝缘材料（如胶布）重新进行恢复其绝缘性能的工艺过程。通常方法是"包缠法"。

4）所谓机床配线是指按说明书和图纸要求进行机床电线管敷设、电线管的穿线和机床电路的连接。

习题一

1）如何正确剖削电线电缆绝缘层？

2）如何正确连接导线线头？

3）如何正确连接铜芯导线？

4）如何正确连接铝芯导线？

5）导线接头与接线桩的连接方式有哪几种？

6）如何正确恢复导线的绝缘层？

7）什么是机床配线？如何正确进行外部和内部配线？

项目二

电动机与机械传动部分的连接调整

知能目标

知识目标
- 了解电动机与机械传动部分的连接方式。
- 熟悉 V 带传动的安装和维护方法。
- 了解联轴器的特点及应用。

技能目标
- 学会使用千分表、塞尺、金属直尺等常用工具。
- 能正确进行机轴中心线的调整。
- 会调整皮带的张力。

基础知识

 知识链接 1　电动机与机械传动部分的连接方式

目前使用的生产机械中，电动机与机械传动部分的连接方式主要有：皮带连接、联轴器（节）连接、齿轮连接三种连接方式。

1. 皮带连接方式

（1）带传动的类型

带传动是由主动带轮、从动带轮和传动带所组成，分为摩擦带传动和啮合带传动两大类。按带横截面的形状，带传动可分为平带传动、V 带传动、圆带传动和同步带传动等，如图 2-1 所示。其中平带传动、V 带传动、圆带传动为摩擦带传动，同步带传动为啮合带传动。

1）平带传动：最简单，截面形状为矩形，其工作面是与轮面接触的内表面。适合于高

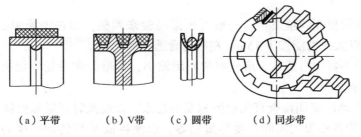

（a）平带　　　　（b）V带　　　（c）圆带　　　（d）同步带

图2-1　带传动的类型

速转动或中心距 a 较大的情况。

2）V带传动：截面形状为等腰梯形，与带轮轮槽相接触的两侧面为工作面，在相同张紧力和摩擦系数情况下，V带传动产生的摩擦力比平带传动的摩擦要大，故具有较大的传动能力，结构更加紧凑，广泛应用于机械传动中。

3）多楔带传动：相当于平带与多根V带的组合，兼有两者的优点，适于传递功率较大、要求结构紧凑的场合。

4）圆带传动：截面形状为圆形，传动能力小，常用于仪器和家用电器中。

（2）带传动的特点和应用

1）传动带有弹性，能缓冲、吸振，传动较平稳，噪声小。

2）摩擦带传动在过载时，带在带轮上的打滑，可防止损坏其他零件，起安全保护作用。但不能保证准确的传动比。

3）结构简单，制造成本低，适用于两轴中心距较大的传动。

4）传动效率低，外廓尺寸大，对轴和轴承压力大，寿命短，不适合高温易燃场合。

带传动广泛应用在工程机械、矿山机械、化工机械、交通机械等。带传动常用于中小功率的传动；摩擦带传动的工作速度一般在 5～25m/s 之间，啮合带传动的工作速度可达 50m/s；摩擦带传动的传动比一般不大于7，啮合带传动的传动比可达10。

（3）V带传动的安装和维护

1）选用的V带型号和长度不要搞错，以保证V带截面在轮槽中的正确位置。V带的外边缘应与带轮的轮缘取齐（新安装时可略高于轮缘），如图2-2（a）所示。使V带与轮槽的工作面充分接触。如果V带的外边缘高出轮缘太多，如图2-2（b）所示，则接触面积减小，会使传动能力降低，如果V带陷入轮缘太深，如图2-2（c）所示，则会使V带的底面与轮槽的底面接触，从而使V带的两工作侧面接触不良，V带与带轮之间的摩擦力丧失。

（a）正确　　　　　（b）错误　　　　　（c）错误

图2-2　V带截面在轮槽中的位置

2）安装带轮时，两带轮轴轴线应相互平行，主动轮和从动轮槽必须调整在同一平面内。

3）V带的张紧程度调整适当，一般可根据经验来调整，如在中等中心距的情况下，V带的张紧程度，以大拇指能按下15mm左右为合适。

4）套装带时不得强行撬入，应先将中心距缩小，将带套在带轮轮槽上后，再慢慢调大中心距，使带张紧。

5）对V带传动应定期检查有无松弛和断裂现象，以便及时张紧和更换V带；更换时必须使一组V带中的各根带的实际长度尽量相等，以使各根V带传动时受力均匀，所以要求成组更换。

6）V带传动装置必须装安全防护罩，以防止绞伤人，也可防止油、酸、碱和其他杂物飞溅到V带上，而对V带腐蚀和影响传动，另外，使用防护罩还可防止V带在露天作业下的曝晒和灰尘，避免过早老化。

7）带传动主要失效形式。靠摩擦工作的带传动，当传递的载荷超过带与带轮之间的最大摩擦力时，带传动将出现打滑，这是带传动的主要失效形式之一；另外，因为带在传动中，带承受的是变应力。当应力超过极限值时，传动带的局部将出现帘布（或线绳）与橡胶脱离现象，即脱离，以至断裂，丧失传动能力，这种现象称疲劳损坏，它将引起带传动失效，严重的疲劳损坏可导致胶带断裂。

（4）带传动的张紧装置

带传动的张紧装置可采用调整中心距和使用张紧轮两种方法。

1）调整中心距。

一般利用调整螺钉来调整中心距。在水平传动（或接近水平）时，电动机装在滑槽上，利用调整螺钉调整中心距如图2-3（a）所示，定期张紧，适用于两轴水平或倾斜不大的传动；如图2-3（b）所示为垂直传动，适用于垂直或接近垂直的传动。电动机可装在托架座上，利用调整螺钉来调整中心距；也可利用电动机自身的重量下垂，以达到自动张紧的目的，如图2-3（c）所示，这种方法多用在小功率的传动中。

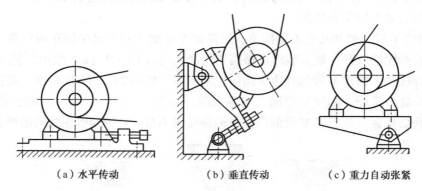

（a）水平传动　　　　（b）垂直传动　　　　（c）重力自动张紧

图2-3　调整中心距

2）使用张紧轮。

当中心距不能调整时可采用张紧轮装置。如图2-4（a）所示，为平带传动时采用的张紧轮装置，它是利用重锤使张紧轮张紧平带，平带传动时的张紧轮应安放在平带松边的外侧，并要靠近小带轮处，这样小带轮的包角得以增大，提高了平带的传动能力。如图 2 - 4（b）所示，为 V 带传动时采用的张紧轮装置，对于 V 带传动的张紧轮，其位置应安放在 V 带松边的内侧，这样可使 V 带传动时只受到单方向的弯曲，同时张紧轮应尽量靠近大带轮的一边，这样可使小带轮的包角不至于过分减小。

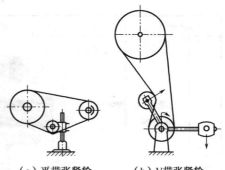

（a）平带张紧轮　　（b）V带张紧轮

图 2 - 4　使用张紧轮

2. 联轴器连接方式

联轴器的作用：主要用于将两根轴连接在一起，使它们一起旋转，并传递扭矩，也可用作安全装置。

（1）联轴器所连两轴的相对位移

由于制造、安装或工作时零件的变形等原因，被连接的两轴不一定度能精确对中，因此会出现两轴之间的轴向位移、径向位移和角位移，或其组合。

（2）联轴器的分类

$$
\text{联轴器}
\begin{cases}
\text{刚性联轴器}
\begin{cases}
\text{套筒联轴器} \\
\text{凸缘联轴器} \\
\text{夹壳联轴器}
\end{cases} \\[2em]
\text{挠性联轴器}
\begin{cases}
\text{无弹性元件联轴器}
\begin{cases}
\text{齿式联轴器} \\
\text{十字滑块联轴器} \\
\text{滑块联轴器} \\
\text{万向联轴器} \\
\text{滚子链联轴器}
\end{cases} \\[3em]
\text{有弹性元件联轴器}
\begin{cases}
\text{弹性套柱销联轴器} \\
\text{弹性套柱销联轴器} \\
\text{梅花形弹性联轴器} \\
\text{轮胎联轴器} \\
\text{膜片联轴器} \\
\text{星形弹性联轴器}
\end{cases}
\end{cases}
\end{cases}
$$

（3）联轴器的应用（见表 2 - 1）

表 2 - 1　联轴器的应用

联轴器		示意图	特点及应用
刚性联轴器	套筒联轴器		特点：结构简单、使用方便、传递扭矩较大，但不能缓冲减振 应用：用于载荷较平稳的两轴连接

联轴器		示意图	特点及应用
刚性联轴器	凸缘刚性联轴器		特点：结构简单、使用方便、传递扭矩较大，但不能缓冲减振 应用：用于载荷较平稳的两轴连接
	夹壳联轴器		特点：无须沿轴向移动即可方便装拆，但不能连接直径不同的两轴，外形复杂且不易平衡，高速旋转时会产生离心力 应用：用于低速传动轴，常用于垂直传动轴的连接
无弹性元件联轴器	齿式联轴器		优点：传递扭矩大、能补偿综合位移 缺点：结构笨重、造价高。 应用：用于重型传动
	十字滑块联轴器		优缺点：结构简单、制造容易。滑块因偏心产生离心力和磨损，并给轴和轴承带来附加动载荷
	滑块联轴器		优点：结构简单、尺寸紧凑 应用：适用于小功率，高转速而无剧烈冲击的场合

续表

联轴器	示意图	特点及应用
弹性柱销联轴器	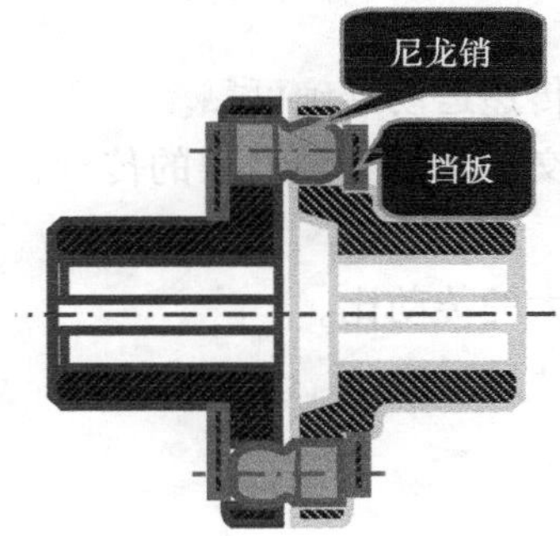 尼龙销　挡板	特点：上述两种联轴器的动力通过弹性元件传递，缓和冲击、吸收振动 应用：适用于正反向变化多，启动频繁的高速轴
有弹性元件联轴器　轮胎式弹性联轴器	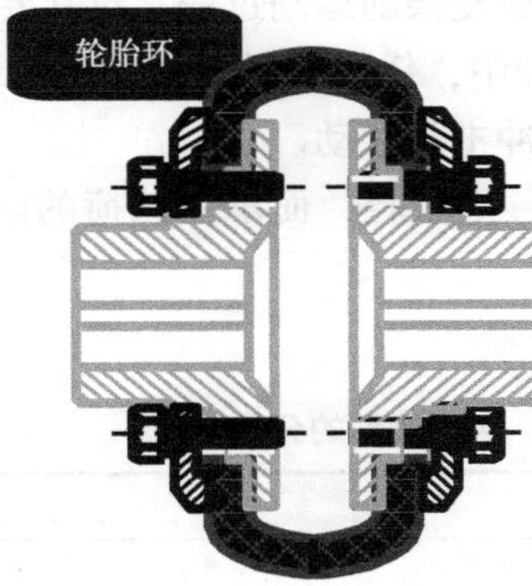 轮胎环	特点：结构简单、易于变形 应用：适用于启动频繁、正反向运转、有冲击振动、有较大轴向位移、潮湿多尘的场合
膜片联轴器	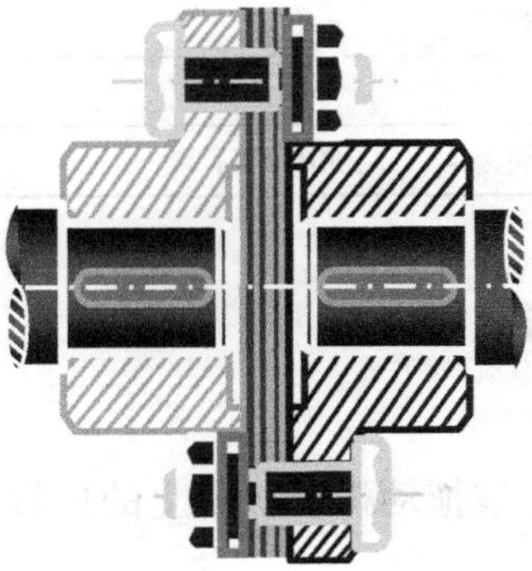	特点：结构简单、弹性元件的连接之间没有间隙，不需要润滑，维护方便、质量小、对环境的适应性强。但扭转减振性能差 应用：主要用于载荷平稳的高速传动，如直升机尾翼轴

3. 齿轮连接方式

齿轮传动是依靠主动轮的轮齿与从动轮的轮齿啮合来传递运动和动力的，是现代机械中应用最广泛的机械传动形式之一。

（1）齿轮传动的应用特点

在机械传动中，齿轮传动应用最广泛。在工程机械、矿山机械、冶金机械以及各类机床

中都应用着齿轮传动。齿轮传动所传递的功率从几瓦至几万千瓦；它的直径从不到 1mm 的仪表齿轮，到 10m 以上的重型齿轮；它的圆周速度从很低到 100m/s 以上。大部分齿轮是用来传递旋转运动的，但也可以把旋转运动变为直线往复运动，如齿轮齿条传动。

与其他传动相比，齿轮传动有如下特点：

1）瞬时传动比恒定，平稳性较高，传递运动准确可靠。

2）适用范围广；可实现平行轴、相交轴、交错轴之间的传动；传递的功率和速度范围较大。

3）结构紧凑、工作可靠，可实现较大的传动比。

4）传动效率高、使用寿命长。

5）齿轮的制造、安装要求较高。

6）不适宜远距离两轴之间的传动。

（2）对齿轮传动的基本要求

采用齿轮传动时，因啮合传动是个比较复杂的运动过程，对其要求如下。

1）传动要平稳。要求齿轮在传动过程中，任何瞬时的传动比保持恒定不变。以保持传动的平稳性，避免或减少传动中的噪声、冲击和振动。

2）承载能力强。要求齿轮的尺寸小，重量轻，而承受载荷的能力大。即要求强度高，耐磨性好，寿命长。

（3）齿轮传动的分类（见表 2 - 2）

表 2 - 2　齿轮传动的分类

按齿廓曲线	渐开线、圆弧、摆线
按啮合位置	外啮合、内啮合
按齿轮外形	直齿、斜齿、人字齿、曲（线）齿
按两轴相互位置	平行轴、相交轴、交错轴
按工作条件	开式、半开式、闭式
按齿面硬度	软齿面（≤350HBW）、硬齿面（＞350HBW）

 知识链接 2　机轴中心线的调整方法

1. 皮带连接机轴中心线的调整方法

皮带连接的电动机机轴上的皮带轮与被拖动机械机轴上的皮带轮，有垂直安装和水平安装或斜装两种方式。

（1）垂直安装

1）宽度相等的两皮带轮机轴中心线的调整可按图 2 - 5 所示方法进行。

① 准备一根吊有重锤的细绳。

② 细绳的一端，应触及被拖动机械皮带轮的轮缘 1、2 两点上；吊有重锤的一端应同时在皮带轮的轮缘 3、4 两点上。此时可认为两皮带轮机轴平行，而且机械的中心线也在同一直线上。

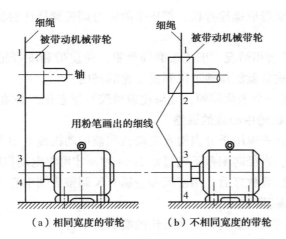

（a）相同宽度的带轮　　　　（b）不相同宽度的带轮

图 2 – 5　平皮带轮中心线调整

如果两皮带轮机轴不平行，细绳的一端（吊有重锤的）就会偏离轮缘，此时应对电动机底座进行调整，直到平行为止。

2）三角皮带轮机轴中心线的调整可按如下方法进行：

① 准备一根吊有重锤的细绳和一根直尺。

② 将细绳放在上面的皮带轮某一凹槽的槽边上，细绳下垂，使细绳的另一端正好与下面的皮带轮（同方向）的凹槽边缘吻合；然后用直尺复核机轴中心线位置，若正确，可将电动机固定在基础上。

（2）水平安装或斜装

两个皮带轮水平安装或斜装时，机轴中心线的调整步骤如下：

1）准备两根两头带有重锤的细绳，一根直木条。

2）两根细绳分别放在两个皮带轮的中心位置，使四个重锤下坠为四个点

3）用直木条观察四个点，若都在直木条上，则机轴中心线位于同一直线上。

机轴中心线若达不到上述调整要求，平皮带运动时会跑偏，严重时皮带自行滑出；三角皮带运动时发出"嚓嚓"的响声使某一边磨损，缩短了皮带的寿命。

2. 皮带张力的调整

皮带张力是指皮带装配到两个皮带轮上后的松紧程度。皮带张力太大（装配太紧），机轴运行时会变形，使轴承迅速磨损，降低传动效率；皮带张力太小（装配太松），电动机不能对被拖动机械传递足够的扭矩，使额定功率下降，也会降低传动效率。合适的皮带张力可以按如下方法检查。

（1）步骤与方法

1）首先检查皮带的张力，这时可以用姆指，强力地按压两个皮带轮中间的皮带。按压力约为 10kg 左右，如果皮带的压下量在 10mm 左右，则认为皮带张力恰好合适。

2）如果压下量过大，则认为皮带的张力不足。如果皮带几乎不出现压下量，则认为皮带的张力过大。

3）张力不足时，皮带很容易出现打滑。张力过大时，很容易损伤各种辅机的轴承。为

此，应该把相关的调整螺母或螺栓拧松，把皮带的张力调整到最佳的状态。

（2）注意事项

1）必须注意皮带的磨损情况。旧皮带磨损严重，使皮带和皮带轮的接触面积锐减。这时只要用力一压皮带，皮带就深深地下沉到皮带轮的槽内。

2）皮带的橡胶还有一个老化问题，如果皮带橡胶严重老化，必须及时地更换新皮带。

3. 用联轴器连接的机轴中心线的调整

安装电动机之前，首先应用千分表检查电动机和被拖动机械上的联轴器在轴头上是否装平，各自的轴有无弯曲。当径向偏差不超过 0.1mm 时，才可将电动机放在基础上。

电动机在基础上的位置放好后，用塞尺和金属直尺调整机轴中心线。

（1）联轴器找中心原理

同心共线。两转子的对轮要同心，两对轮的端面要平行。

（2）联轴器找中心的前提

转子中心与对轮中心一致；对轮端面与转子轴心线垂直。

（3）方法和步骤

1）调整电动机螺钉，若金属直尺一边紧贴联轴器的边缘平面上，即表明两联轴器的径向平面良好。

2）将电动机联轴器每转过 90° 测 1 次，共转 4 次，若每次都如前所述，则表明两联轴器径向中心线在同一直线上。如果径向中心线调整得很好，则轴向中心线也即调整完毕。

3）轮流对称地拧紧底脚螺钉，同时用金属直尺和塞尺反复检查，并注意保持已调好的联轴器平面不要变动。

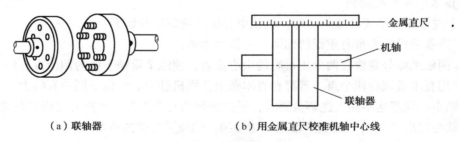

（a）联轴器　　　　　　　　　　（b）用金属直尺校准机轴中心线

图 2-6　用联轴器连接的机轴中心线的调整

4）用螺栓将两联轴器连接起来。采用联轴器连接，如果机轴中心调整不符合要求，会使运行中的电动机振动加剧，严重时会扭断机轴；如果电动机带负荷运行，则会导致电流增大使电动机过载。

4. 用齿轮传动的机轴中心线的调整

用齿轮传动的电动机机轴中心线的调整，应根据齿轮的间距和角度要求做到如下几点：

1）平齿之间互相啮合时，两轴的中心线必须平行；伞形齿轮互相啮合时，两轴的中心线必须成直角。

2）齿轮的节圆要彼此相切。

3）齿轮的啮合间隙，对平齿轮一般要求轴心间的距离为 50～200mm 时，间隙不超过

0.1～0.3mm。

4）齿轮的齿与齿之间接触部分不少于齿宽的1/3。

操作实践

 任务一　调整皮带连接机轴中心线

一、任务描述

说一说：调整皮带连接机轴中心线的方法。

做一做：调整皮带连接机轴中心线。

二、实训内容

1. 实训器材

吊有重锤的细绳、直尺、直木条、减速器、电动机、张紧装置。

2. 实训过程

1）调整垂直安装皮带连接机轴中心线。

2）调整水平安装或斜装皮带连接机轴中心线。

操作要点详见相关的知识链接。

 任务二　调整皮带张力

一、任务描述

说一说：调整皮带张力的方法。

做一做：调整皮带张力。

二、实训内容

1. 实训器材

减速器、电动机、张紧装置。

2. 实训过程

1）用调整中心距的方法调整中心距可调装置的皮带张力。

2）使用张紧轮的方法调整中心距不可调装置的皮带张力。

操作要点详见相关的知识链接。

 任务三　调整联轴器连接的机轴中心线

一、任务描述

说一说：调整联轴器连接的机轴中心线的方法。

做一做：调整联轴器连接的机轴中心线。

二、实训内容

1. 实训器材

千分表、塞尺、金属直尺、电动机、联轴器、被拖动机械。

2. 实训过程

调整联轴器连接的机轴中心线。操作要点详见相关的知识链接。

小结与习题

 项目小结

1）目前使用的生产机械中，电动机与机械传动部分的连接方式主要有：皮带连接、联轴器（节）连接、齿轮连接三种连接方式。

2）皮带连接的电动机机轴上的皮带轮与被拖动机械机轴上的皮带轮，有垂直安装和水平安装或斜装两种方式；皮带张力的调整可采用调整中心距和使用张紧轮两种方法。

3）联轴器找中心原理：同心共线。两转子的对轮要同心，两对轮的端面要平行；联轴器找中心的前提：转子中心与对轮中心一致；对轮端面与转子轴心线垂直。

4）平齿之间互相啮合时，两轴的中心线必须平行；伞形齿轮互相啮合时，两轴的中心线必须成直角。

 习题二

1）皮带传动的类型有哪些？

2）皮带传动的张力调整方法有哪些？分别应用于什么场合？

3）如何进行皮带连接机轴中心线的调整？

4）皮带张力不符合要求会产生什么样的影响？

5）叙述用联轴器连接的机轴中心线的调整方法和步骤。

6）用齿轮传动的机轴中心线的调整中要做哪几点？

项目三

电动机的使用与维护

知能目标

知识目标
- 了解三相异步电动机、直流电动机的结构、原理。
- 熟悉三相异步电动机、直流电动机的使用。

技能目标
- 会拆装与维护三相异步电动机。
- 能对三相异步电动机的故障进行分析与排除。
- 学会判别三相异步电动机定子绕组的首尾端。

基础知识

 知识链接1　三相异步电动机的外形、结构和工作原理

三相异步电动机是一种将电能转变为机械能的交流电动机。三相异步电动机与同步电动机及直流电动机的区别之一，是它的转子绕组不需要与其他的电源相连接，定子电流直接取自交流电网。

1. 三相异步电动机的分类

三相异步电动机按转子类型可分为笼型和绕线型，笼型又分为普通笼型（特性硬，启动转矩不大，可调速），特殊笼型（启动转矩大）和多速电动机（2~4 速）。其中，三相笼型异步电动机具有结构简单、价格低廉、坚固耐用、工作可靠、维护方便等优点，在生产生活中应用比较广泛。近年来，又进一步普及应用了 Y 系列节能型电动机，以代替以往的 JO、JO2、JO3 系列耗电较大的电动机。

2. 笼型电动机的外形和结构

三相异步电动机的种类很多，但各类三相异步电动机的基本结构是相同的，它们都由定子和转子这两大基本部分组成，在定子和转子之间具有一定的气隙。此外，还有端盖、轴承、接线盒、吊环等，如图 3 - 1 所示。

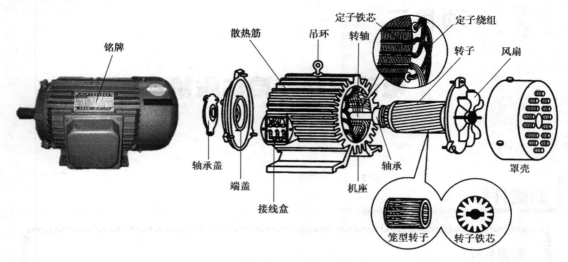

图 3 - 1　笼型电动机的外形和结构

三相异步电动机的基本结构见表 3 - 1。

表 3 - 1　三相异步电动机的基本结构

基本结构		示意图	说明
定子	定子铁芯		定子铁芯组成电动机磁路的一部分，通常由 0.35 ~ 0.50mm 厚的硅钢片叠压而成。在硅钢片内圆冲有均匀分布的槽口，以便在叠压成铁芯后嵌放线圈。整个铁芯被固定在铸铁机座内
	定子绕组		定子绕组是组成电动机的电路部分。它由若干线圈组成的三相绕组，在定子圆周上均匀分布，按一定的空间角度嵌放在定子铁芯槽内，U1、V1、W1 为电动机绕组的首端，U2、V2、W2 为三相电动机的末端。通常将它们接在接线盒内 　　将三相绕组首端 U1、V1、W1 接电源，尾端 U2、V2、W2 接在一起，叫星形连接。将 U1 接 W2，V1 接 U2，W1 接 V2，再将这三个交点接在三相电源上，叫三角形连接

续表

基本结构		示意图	说明
定子	机壳和端盖		机壳和端盖一般由铸铁制成。机壳表面铸有凸筋，称散热片，起发散热量、降低电动机温升的作用。端盖分前端盖和后端盖，安装在机壳的前后两端，以保证转子和定子之间有一定的空气隙（称为气隙）
	转子	（a）转子冲片　（b）笼型绕组 铜条　短路铜环	转子是由转子铁芯、转子绕组（笼型绕组）和转轴三部分组成。转子铁芯是由外圆冲有均匀槽口、互相绝缘的硅钢片叠压而成，铁芯槽内铸有铝质或铜质的笼型转子绕组，两端铸有端环，整个转子套在转轴上形成紧配合。被支承在端盖中央的轴承中，这样由定子铁芯、转子铁芯和两者之间的空气间隙构成了电动机的完整磁路

3. 三相异步电动机的工作原理

三相异步电动机的定子绕组中通入对称三相电流后，就会在电动机内部产生一个与三相电流的相序方向一致的旋转磁场。这时，静止的转子导体与旋转磁场之间存在相对运动，切割磁感线而产生感应电动势，转子绕组中就有感应电流通过。载流的转子导体受到旋转磁场的电磁力作用，相对转轴产生电磁转矩，使转子按旋转磁场方向转动，其转速 n 略小于旋转磁场的转速 n_1，所以称为"异步"电动机。三相异步电动机转动原理如图 3-2 所示。

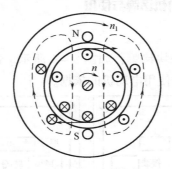

图 3-2　三相异步电动机转动原理

旋转磁场的转速（又称同步转速）

$$n_1 = \frac{60f}{p}$$

式中，n_1 为旋转磁场的转速；f 为三相交流电的频率；p 为磁极对数。

异步电动机的转差率

$$s = \frac{n_1 - n}{n_1} \times 100\%$$

旋转磁场的转速与转子转速的差称为转差，转差与同步转速的比值称为异步电动机的转差率，用字母 s 表示。

转差率是异步电动机的重要参数，可以表明异步电动机的转速。电动机启动瞬间，转速 $n = 0$，此时转差率最大，$s = 1$。当异步电动机空载时，转子转速 n 接近于同步转速 n_1，此时转差率最小，$s \rightarrow 0$。所以，转差率的变化范围为 $0 < s \leqslant 1$

三相异步电动机在额定负载下运转时，转差率一般为（3~6）%左右。

异步电动机的转速公式

$$n = (1 - s)n_1 = (1 - s)\frac{60f}{p}$$

由式可知，三相异步电动机的调速方法有三种：

（1）变频调速

连续改变电源频率，可实现异步电动机的无极平滑调速。以前因为变频设备复杂、昂贵，极少采用变频调速。近年来，随着电子变频技术的发展，使异步电动机的变频调速方法逐渐被应用。

（2）变极调速

制造多速电动机时，设计了不同的磁极对数，通过改变定子绕组的接法来改变磁极对数，使电动机得到不同的转速，以满足工作的需求。变极调速一般适用于笼型异步电动机。

（3）变转差率调速

通常适用于绕线式电动机。在绕线式电动机的转子电路中，接入一个调速变阻器，通过改变电阻的大小，就可以实现平滑调速。

 知识链接2　三相异步电动机铭牌与使用

1. 三相异步电动机铭牌

每台电动机的机壳上都有一块铭牌，如图 3-3 所示。铭牌上面标明该电动机的规格、性能及使用条件，它是我们正确使用电动机的依据。

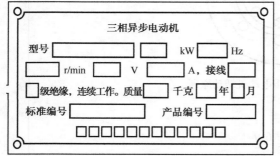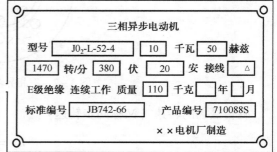

图 3-3　三相异步电动机铭牌

（1）型号

国产中小型三相电动机型号的系列为 Y 系列，是按国际电工委员会 IEC 标准设计生产的三相异步电动机，它是以电机中心高度为依据编制型号谱的，如图 3 – 4 所示。

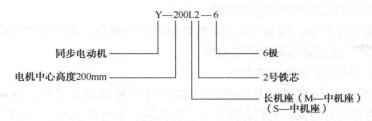

图 3 – 4　三相异步电动机的型号

（2）额定值

三相异步电动机铭牌上标注的主要额定值见表 3 – 2。

表 3 – 2　三相异步电动机铭牌上标注的主要额定值

额定值	说　明
额定功率 P_N	额定功率是指在满载运行时三相电动机轴上所输出的额定机械功率，用 P_N 表示，以 kW 或 W 为单位
额定电压 U_N	额定电压是指接到电动机绕组上的线电压，用 U_N 表示
额定电流 I_N	额定电流是指三相电动机在额定电源电压下，输出额定功率时，流入定子绕组的线电流，用 I_N 表示，以 A 为单位
额定频率 f_N	额定频率是指电动机所接的交流电源每秒钟内周期变化的次数，用 f_N 表示
额定转速 n_N	额定转速表示三相电动机在额定工作情况下运行时每分钟的转速，用 n_N 表示，单位为 r/min
绝缘等级	绝缘等级是指三相电动机所采用的绝缘材料的耐热能力，它表明三相电动机允许的最高工作温度
定　　额	定额是指三相电动机的运转状态，即允许连续使用的时间，分为连续、短时、周期断续三种
接　　法	三相电动机定子绕组的连接方法有星形和三角形两种

2. 三相交流异步电动机的使用

（1）JO2 系列三相异步电动机的使用

1）在使用电动机前，应仔细对照铭牌，按照铭牌所载电压、频率、功率、转速等规格与实际配套使用。

2）要进行外部机械检查。

3）应用 500V 兆欧表检查电动机绝缘情况，在测得电动机绝缘电阻值大于 0.5MΩ 后方能使用，低于 0.5MΩ 则要做烘干处理。

4）检查电路电压与电动机额定电压是否相符，电路电压的变动不应超出电动机额定电

压的 ±5%。

5）检查路线连接是否正确，各接触处是否接触良好，保护装置是否完好，熔丝额定电流应为电动机额定电流的 1.5～2.5 倍。

6）电动机在运行前应安装保护接地线。

7）如果用皮带轮传动，则必须检查两转轴中线是否平行，皮带松紧要适当，过紧会使电动机轴加快损坏，过松则容易使皮带打滑。

（2）Y 系列三相异步电动机的使用

Y 系列三相异步电动机是近几年来推广普及的一种新型电动机，它将逐步淘汰 JO、JO2、JO3 系列的老式电动机。它具有体积小、重量轻、节电等优点，现已广泛应用于工业、农业的生产中。使用这种电动机要注意以下几点：

1）电动机允许用联轴器、正齿轮及皮带轮传动，但对 4kW 以上的 2 极电动机不宜采取皮带传动，如选用小皮带轮，可扩大三角皮带的传动范围。

2）对立式安装的电动机，轴伸端除皮带轮外不允许再带其他任何轴向负荷装置。

3）电动机应妥善接地，接线盒内右下方有专门的接地装置，应把接地线接在此螺钉上。

4）连续工作的电动机轴承温度不应超过 95℃，不允许电动机过载运行。

5）一般电动机在运行 5000h 左右应补充或更换润滑油。

6）拆卸电动机前，从轴伸端或非轴伸端取转子较为便利，在取转子时，应严防损坏定子绕组的绝缘。

7）更换绕组时，必须记下原绕组的形式、尺寸、匝数和线径，并按照正规方法更换绕组。

知识链接 3　三相异步电动机的拆卸方法

1. 拆卸前的准备

1）备齐拆装工具，特别是拉具、套筒、铜棒等专用工具。

2）选好电动机拆装的合适地点，并事先清洁和整理好现场环境。

3）熟悉被拆电动机的结构特点、拆装要领及所存在的缺陷。

4）做好标记

①标出电源线在接线盒中的相序。

②标出联轴器或皮带轮与轴台的距离。

③标出端盖、轴承、轴承盖和机座的负荷端与非负荷端。

④标出机座在基础上的标准位置。

⑤标出绕组引出线在机座上的出口方向。

⑥拆装电源线和保护接地线。

⑦拆下地脚螺母，将电动机拆离基础并运至解体现场，若机座与基础之间有垫片，应作好记录并妥善保存。

2. 电动机的拆卸

三相异步电动机的拆卸步骤与方法见表 3－3。

表 3 – 3   三相异步电动机的拆卸步骤与方法

安装步骤	示意图	说 明
安装拉具		①用石粉或粉笔标示皮带轮或联轴器与轴配合的原位置。 ②装上拉具，拉具的丝杆顶端要对准电动机轴的中间
拆卸皮带轮或联轴器		①用扳手转动丝杆，使皮带轮或联轴器慢慢的脱离转轴 ②如果带轮或联轴器时间较长锈死或太紧，不易拉下来时，可在定位螺孔内注入螺栓松动剂 ③不准采用铁锤敲击的方法拆卸皮带轮或联轴器
拆下前轴承外盖		①先拧下前轴承外盖的 3 只固定螺钉，再拆卸前轴承外盖 ②拆卸过程中要按照顺序摆放，以便安装时逆序进行，同时可以防止零件的丢失
拆下前端盖		先拧下前端盖的 3 只固定螺钉，再拆卸前端盖
拆下风罩		先拧下电动机风罩的 4 只固定螺钉，再拆风罩
拆下风叶		拧下电风扇固定螺钉，取下风罩

安装步骤	示意图	说　明
拆下后轴承端盖	⑥	拆卸后轴承外盖的方法，与拆卸前轴承盖的方法相同
拆下后端盖	⑦	拆卸后端盖的方法，与拆卸前端盖的方法相同
取出转子 一人取出转子		对较轻的电动机转子，可1人用手托住转子，慢慢向外移取。在外移时，注意转子不能与定子绕组相碰，以免损坏绕组绝缘层
二人取出转子		对较重的电动机转子，可采用两人配合，用手抬着转子慢慢向外移取，以免损坏绕组绝缘层
拆下前后轴承及轴承内盖	⑨ 厚木板 厚铁板 圆筒	注意不能直接用锤子敲击转轴

知识链接4　三相异步电动机的清洗方法

在安装前应清洗电动机内部的灰尘，清洗轴承并加足润滑油。

1. 清除电动机内部的尘土

三相异步电动机使用一段时间后，内部就会积上灰尘和油垢等赃物，从而会影响通风散热，在潮湿环境下还吸潮，使绝缘电阻降低。因此，必须将赃物彻底清除。清除电动机电动机内部的尘土。

2. 清洗轴承

1）掏净轴承盖里及刮去钢珠上的废油，并擦去残余的废油。

2）用汽油（或煤油）把废油洗去。

3）把轴承盖放在纸上，让汽油（或煤油）挥发。

 知识链接5　三相异步电动机的安装方法

电动机的安装原则上和拆卸时顺序相反。安装前应对各配合处进行清理除锈，各部件安装时应按拆卸时的标记复位。

1. 轴承的安装

轴承在装配前应用煤油清洗，应检查有无裂纹，滚动件是否灵活等。

在轴承中按其总容量的 1/3 ~ 2/3 的容积加足润滑油。注意润滑油不能太多，否则会导致运转中轴承发热。将轴承装套到轴颈上有冷套和热套两种方法。

（1）冷套法

将轴承内盖油槽加足润滑油，先套在轴上，然后再装轴承。为使轴承内圈受力均匀，可用一根内径比转轴外径大而比轴承内圈外经略小的套筒抵住轴承内圈，将其敲打到位，如图 3 – 5 所示。若找不到套筒，可用一根铜棒抵住内圈，沿内圈圆周均匀敲打，使其到位，如图 3 – 6 所示。

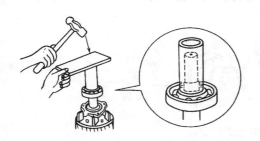

图 3 – 5　找到套筒的冷套法

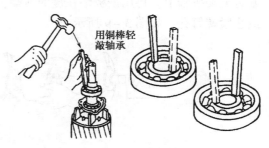

用铜棒轻
敲轴承

图 3 – 6　找不到套筒的冷套法

（2）热套法

将轴承放在变压器油中加热，温度为 80 ~ 100℃，时间为 20 ~ 40min。加热时，轴承应放在网孔架上，不与箱底或箱壁接触，油面淹没轴承，使轴承均匀受热，温度不宜过高，时间不宜过长。热套时，要趁热把轴承推到轴肩，套好后用压缩空气吹去轴承内的变压器油。注意安装轴承时，标号必须向外，以便下次更换时查对轴承型号。

2. 后端盖的安装（见图 3 – 7）

3. 转子的安装（见图 3 – 8）

把转子对准定子内圈中，按拆卸时所做的标记，将转子送入定子内腔中，合上后端盖，按对角交替的顺序逐步拧紧后端盖紧固螺钉，再拧紧螺钉的过程中，不断用木槌在端盖靠近中央部分均匀敲打直至到位。

4. 前端盖的安装

前端盖的安装方法，与后端盖的安装方法相同。

5. 风叶和风罩的安装

风叶和风罩安装完毕后，用手转动转轴，转子应转动灵活、均匀，无停滞或偏重现象。

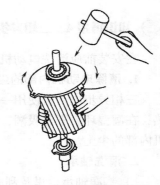

图 3 – 7　后端盖安装示意图

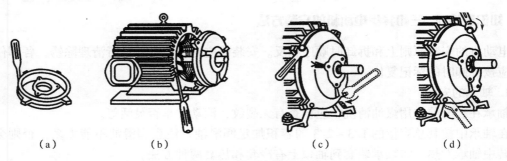

（a）　　　　（b）　　　　（c）　　　　（d）

图 3 – 8　转子安装示意图

6. 皮带轮或联轴器的安装

安装时，首先用细砂纸把电动机的表面打磨光滑。然后对准键槽，把皮带轮或联轴器套在转轴上。用铁块垫在皮带轮或联轴器前端，然后用手锤适当敲击，从而使皮带轮或联轴器套进电动机轴上。再用铁板垫在键的前端，轻轻敲打，使键慢慢进入槽内。要注意对准键槽或止紧螺钉孔，如图 3 – 9 所示。

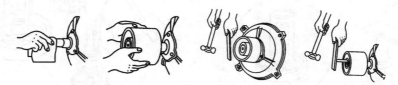

图 3 – 9　皮带轮或联轴器的安装

知识链接 6　兆欧表使用方法

兆欧表又称摇表，是一种测量大电阻的仪表，常用来测量变压器、电机、电缆、供电电路、电气设备和绝缘材料的绝缘电阻。兆欧表测量电气设备（绝缘程度）的方法见表 3 – 4。

表3－4　兆欧表测量电气设备（绝缘程度）的方法

步　骤		示意图	说　明
使用前	放置要求	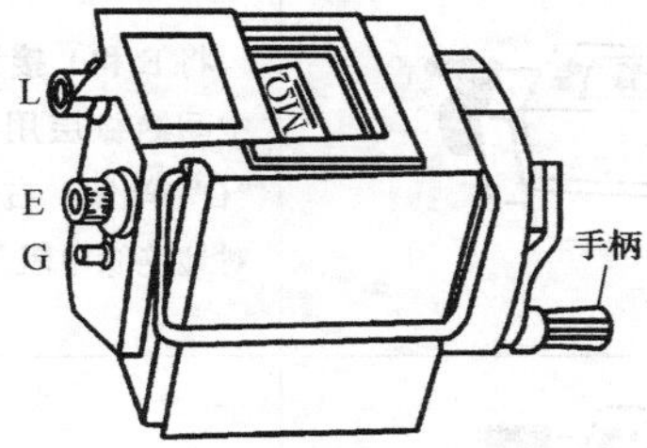	兆欧表有3个端子（电路L端子、接地E端子、屏蔽G端子），测量绝缘电阻时，一般只用"L"和"E"端，但在测量电缆对地的绝缘电阻或被测设备的漏电流较严重时，就要使用"G"端，并将"G"端接屏蔽层或外壳 应放置在平稳的地方，表要放置水平位置
	开路试验	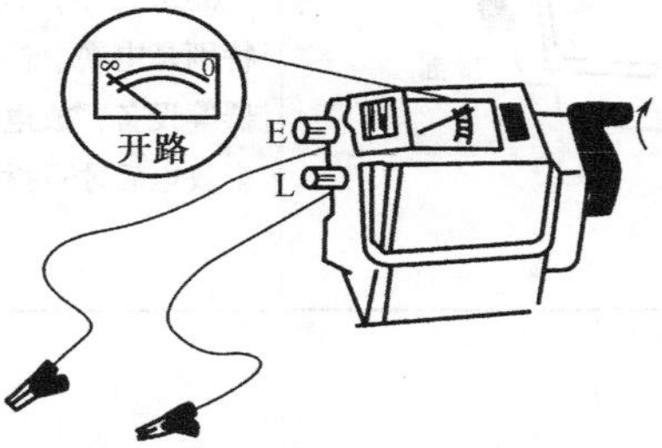 开路	将"L"与"E"两表笔开路，摇动手柄的速度为额定值（120r/min），表指针稳定在刻度尺"∞"处为正常 必须注意：此时两表笔间有500V以上的电压，由于发电机的内阻很大，此电压对人体虽无危险，但手触及表笔会麻手，容易造成其他事故
	短路试验	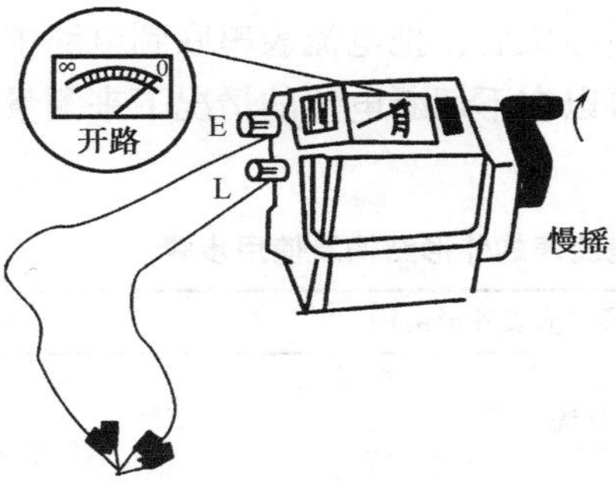 开路	将"L"和"E"两表笔短路，缓慢摇动手柄，指针指向"0"为正常。此时摇动即止，切勿加速，否则容易烧坏兆欧表
使用中	对地绝缘性能	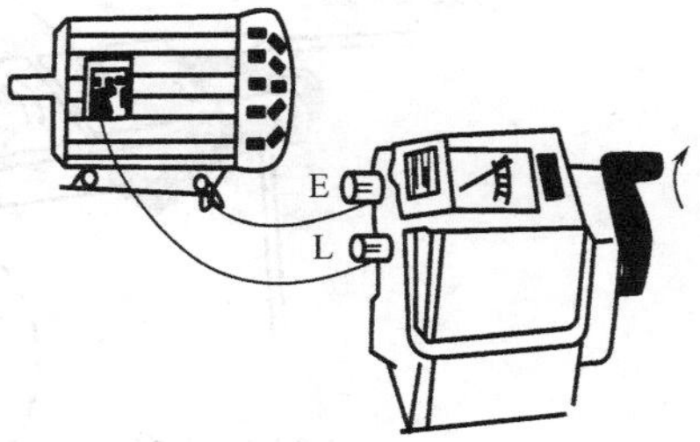	测量时将"L"接被测点，"E"接良好的接地线或设备金属外壳。测量时摇动手柄，应从慢到快地加速至120r/min，保持1min，在指针稳定时读出数值
	相间绝缘性能	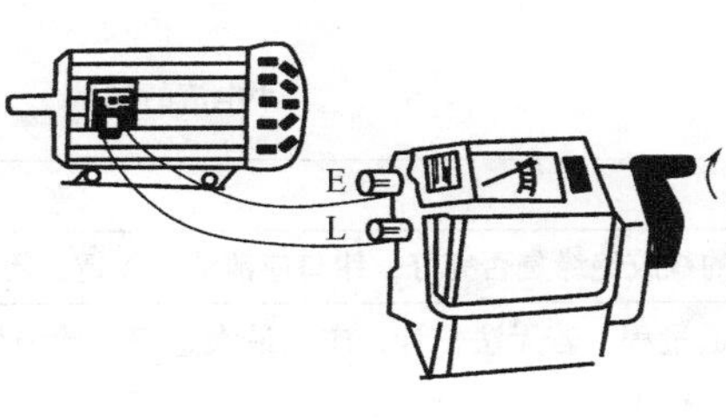	将"L"和"E"端钮各接一相。左图所示为测电动机定子绕组的相间绝缘电阻。测量时摇动手柄，应从慢到快地加速至120r/min，保持1min，在指针稳定时读出数值

步 骤		示 意 图	说 明
使用中	电缆电路绝缘性能	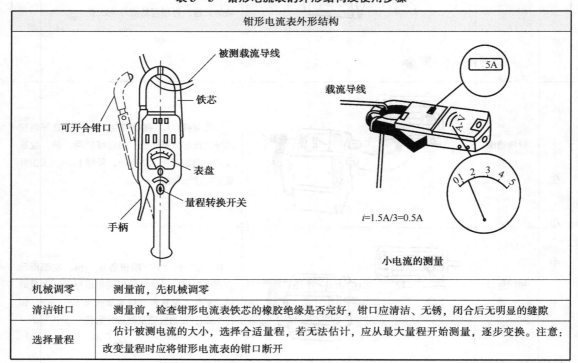 E L G	将 E 和 L 接线端接好外,还需将电缆中间绝缘层用裸铜线缠绕数匝后接于"G"端钮。右图所示为测电缆头的相线对地绝缘电阻
	使用后	慢摇	测量完毕,被测设备必须充分放电,特别是电缆、高压电机、电容器、变压器等设备,放电时间应尽可能长些,完全放电后才可拆线

 知识链接7　钳形电流表使用方法

在工业生产和生活中需要将电路切断停机后,把电流表串联到电路中,这样很麻烦。此时,使用钳形电流表就显得方便多了,可以在不切断电路的情况下来测量电流。钳形电流表的外形结构及使用步骤见表3-5。

表3-5　钳形电流表的外形结构及使用步骤

钳形电流表外形结构
被测载流导线 铁芯 可开合钳口 表盘 量程转换开关 手柄 载流导线 5A A·V 0 1 2 3 4 5 i=1.5A/3=0.5A 小电流的测量

机械调零	测量前,先机械调零
清洁钳口	测量前,检查钳形电流表铁芯的橡胶绝缘是否完好,钳口应清洁、无锈,闭合后无明显的缝隙
选择量程	估计被测电流的大小,选择合适量程,若无法估计,应从最大量程开始测量,逐步变换。注意:改变量程时应将钳形电流表的钳口断开

续表

测量数值	测量时，将被测支路导线置于钳口的中央。当指针稳定，进行读数 电路电流 = 选择量程 满刻度数 指针读数；测量小电流时，为使读数更准确，在条件允许时，可将被测载流导线多绕几匝再放入钳口，测量结果为读数除以所绕圈数
高挡存放	测量完毕，退出被测电线。将量程旋钮置于高量程挡位上，以免下次使用时不慎损伤仪表

 知识链接8　三相异步电动机定子绕组首尾端判别方法

当三相异步电动机接线盒中的接线板损坏，定子绕组的6个线头分不清楚时，不可盲目接线，以免引起电动机内部故障。因此，必须分清6个线头的首尾端后才能接线。三相异步电动机定子绕组首尾端判别的常见方法见表3-6。

表3-6　三相异步电动机定子绕组首尾端判别的常用方法

方法	示意图	操作要点
灯泡判别法		①用绝缘电阻表或万用表的电阻挡，分别找出三相绕组的各相两个线头 ②先给三相绕组的线头作假设编号 U1、U2、V1、V2、W1、W2，并把 V1、U2 连接起来，构成两绕组串联。 ③U1、V2 线头接上一只灯泡 ④W1、W2 两个线头上接通 36V 交流电源，如果灯泡发亮，说明线头 U1、U2 和 V1、V2 的编号正确。如果灯泡不亮，则把 U1、U2 或 V1、V2 中任意两个线头的编号对调一下即可 ⑤再按上述方法对 W1、W2 两个线头进行判别
万用表判别法1		①用绝缘电阻表或万用表的电阻挡，分别找出三相绕组的各相两个线头，并进行假设编号（U1、U2、V1、V2、W1、W2） ②在合上开关瞬间，若指针摆向大于零的一边，则接电池正极的线头与万用表正极所接的线头同为首端或尾端；如指针反向摆动，则接电池正极的线头与万用表负极所接的线头同为首端或尾端 ③再将电池和开关接另一相两线头，进行测试，就可正确判别各相的首尾端

47

续表

方法	示意图	操作要点
万用表判别法1		①用绝缘电阻表或万用表的电阻挡，分别找出三相绕组的各相两个线头，并进行假设编号（U1、U2、V1、V2、W1、W2） ②用手转动电动机转子，如果动，则证明假设的编号是正确；若指针有偏转，说明其中有一相首尾端假设编号不对。应逐相对调重测，直至正确为止

知识链接9　直流电动机的使用与维护方法

1. 直流电动机的基本结构和工作原理

（1）直流电动机的基本结构

直流电动机的结构如图3－10所示，直流电动机的基本结构见表3－7。

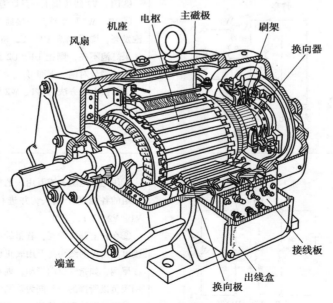

图3－10　直流电动机的结构图

表 3 – 7　直流电动机的基本结构

基本结构		示意图	说　明
定子	机座		机座可以固定主磁极、换向极、端盖等，又是电机磁路的一部分（称为磁轭）。机座一般用铸钢或厚钢板焊接而成，具有良好的导磁性能和机械强度
	主磁极		主磁极的作用是产生气隙磁场，由主磁极铁芯和主磁极绕组（励磁绕组）构成，主磁极铁芯一般由 1.0～1.5mm 厚的低碳钢板冲片叠压而成，包括极身和极靴两部分
	换向极		换向极用来改善换向，由铁芯和套在铁芯上的绕组构成，换向极铁芯一般用整块钢制成，如换向要求较高，则用 1.0～1.5mm 厚的钢板叠压而成，其绕组中流过的是电枢电流
	电刷装置		作用：保持和换向器的滑动接触，与换向器配合，将线圈中的交流电动势变为电刷上的直流电势 　构成：电刷、刷握、刷杆、刷杆座 　个数：与磁极个数相同
转子	电枢铁芯		电枢铁芯是电动机磁路的一部分，其外圆周开槽，用来嵌放电枢绕组。电枢铁芯固定在转轴或转子支架上。铁芯较长时，为加强冷却，可把电枢铁芯沿轴向分成数段，段与段之间留有通风孔
	电枢绕组		电枢绕组是直流电动机的主要组成部分，其作用是感应电动势、通过电枢电流，它是电机实现机电能量转换的关键。通常用绝缘导线绕成的线圈（或称元件），并按一定规律连接而成

续表

基本结构	示意图	说　明
换向器	 V形套筒 云母环 换向片 连接片	换向器是由多个紧压在一起的梯形铜片构成的一个圆筒，片与片之间用一层薄云母绝缘，电枢绕组各元件的始端和末端与换向片按一定规律连接，换向器与转轴固定在一起

（2）直流电动机的工作原理

如图 3 – 11 所示，在直流电动机中，虽然外加电源为直流，但通过换向器的作用，导体中的电流将随其所处磁极极性的改变而同时改变其方向，从而使电磁转矩的方向始终保持不变。即线圈中的电流是交变的，但产生的电磁转矩方向是恒定的，电动机在此电磁转矩的作用下不停地旋转。

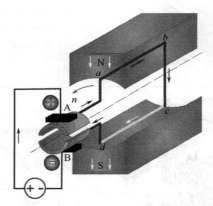

图 3 – 11　直流电动机的工作原理图

2. 直流电动机的励磁方式

（1）他励电动机

励磁绕组和电枢绕组分别由两个独立的直流电源供电，励磁电压 U_f 与电枢电压 U 彼此无关，如图 3 – 12（a）所示。

（2）并励电动机

励磁绕组和电枢绕组并联，由同一电源供电，励磁电压 U_f 等于电枢电压 U，如图 3 – 12（b）所示。并励电动机的运行性能与他励电动机相似。

（3）串励电动机

励磁绕组与电枢绕组串联后再接于直流电源，此时的电枢电流就是励磁电流，如

图 3 – 12（c）所示。

（4）复励电动机

电动机有并励和串励两个励磁绕组。并励绕组与电枢绕组并联后再与串励绕组串联，然后接于电源上，如图 3 – 12（d）所示。

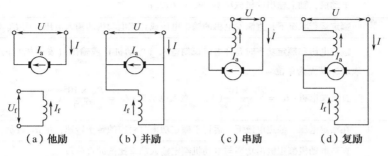

（a）他励　　　　（b）并励　　　　（c）串励　　　　（d）复励

图 3 – 12　直流电动机的励磁方式

3. 直流电动机的铭牌和额定值

（1）直流电动机的铭牌

铭牌中的型号表明电动机的系列及主要特点。知道了电动机的型号，便可从相关手册及资料中查出该电动机的有关技术数据。某台直流电动机的铭牌和型号如图 3 – 13 所示。

型号	Z4 – 112/2 – 1	励磁方式	并励
功率	5.5kW	励磁电压	180V
电压	440V	效率	81.190%
电流	15A	定额	连续
转速	3000r/min	温升	80℃
出品号数	××××	出厂日期	2001 年 10 月
××××电机厂			

（a）铭牌

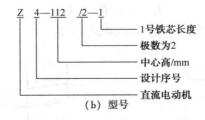

Z 4—112 /2—1
　　　　　　　1号铁芯长度
　　　　　　极数为2
　　　　　中心高/mm
　　　　设计序号
　　　直流电动机

（b）型号

图 3 – 13　某直流电动机的铭牌和型号

（2）直流电动机的额定值

直流电动机铭牌上标注的主要额定值见表 3 – 8。

表 3 – 8　直流电动机铭牌上标注的主要额定值

额定值	说　明
额定功率 P_N	电机在额定运行时的输出功率，用 P_N 表示，以 kW 或 W 为单位 发电机：电刷间输出的电功率，$P_N = U_N I_N$ 电动机：轴上输出的机械功率，$P_N = U_N I_N \eta$
额定电压 U_N	额定运行状况下，直流发电机的输出电压或直流电动机的输入电压，用 U_N 表示
额定电流 I_N	额定电压和额定功率时允许电机长期输入（电动机）或输出（发电机）的线端电流，用 I_N 表示，以 A 为单位 直流发电机：$I_N = \dfrac{P_N \times 10^3}{U_N}$(A)；直流电动机：$I_N = \dfrac{P_N \times 10^3}{U_N \eta}$(A)
额定转速 n_N	在额定电压、额定电流下，运行于额定功率时对应的转子转速，用 n_N 表示，单位为 r/min
额定效率 η_N	直流电动机额定输出功率与电动机额定输入功率比值的百分数

4. 直流电动机的控制

（1）他励直流电动机的启动和调速

直流电动机接到电源后，转速从零达到稳态转速的过程称为启动过程。

若对静止的他励直流电动机加额定电压 U_N、电枢回路不串电阻即直接启动。此时 $n = 0$，$E_a = 0$，启动电流 $I_s = \dfrac{U_N}{R_a} \gg I_N$，启动转矩 $T_s = C_T \Phi_N I_s \gg T_N$

电流太大，使得电动机不能正常换向并且会急剧发热；转矩太大，还会造成机械撞击。

1）电枢回路串电阻启动，如图 3 – 14 所示。

$$I_s = \frac{U_N}{R_a + R}$$

$$\Delta n = \frac{R_a + R}{C_E C_T \Phi_N^2} T_e$$

2）减压启动，如图 3 – 15 所示。

$$I_s = U_N / R_a \gg I_N$$

$$T_s = C_T \Phi_N I_s \gg T_L$$

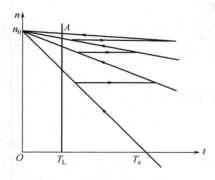

图 3 – 14　电枢回路串电阻启动

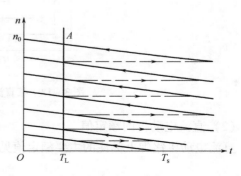

图 3 – 15　减压启动

3）他励直流电动机的调速。

电动机是用来拖动某种生产机械的动力设备，所以需要根据工艺要求调节其转速。比如：在加工毛坯工件时，为了防止工件表面对生产刀具的磨损，因此加工时要求电动机低速运行；而在对工件进行精加工时，为了要缩短加工时间，提高产品的成本效益，因此加工时要求电动机高速运行。所以，我们就将调节电动机转速，以适应生产要求的过程就称之为调速；而用于完成这一功能的自动控制系统就被称为是调速系统。

电力拖动系统的调速：①机械调速，通过改变传动机构速比进行调速的方法；②电气调速，通过改变电动机参数进行调速的方法。

他励电动机的转速公式

$$n = \frac{U - I_a(R_a + R_S)}{C_e \Phi}$$

电气调速方法：①减压调速；②电枢回路串电阻调速；③调磁调速。

（2）直流电动机的反转

直流电动机的转向是由电磁转矩的方向决定，而电磁转矩的方向由方向确定的，要改变其转向，只要改变电枢电流方向和主磁场任意一个的方向即可。一是改变电枢电流的方向，二是改变励磁电流的方向（即改变主磁场的方向）。如果同时改变电枢电流和励磁电流的方向，则电动机的转向不会改变。

改变直流电动机的转向，通常采用改变电枢电流方向的方法，具体就是改变电枢两端的电压极性，或者说把电枢绕组两端换接，而很少采用改变励磁电流方向的方法。因为励磁绕组匝数较多，电感较大，切换励磁绕组时会产生较大的自感电压而危及励磁绕组的绝缘。

5. 直流电动机的使用与维护

直流电动机的结构比较复杂，有些部件容易磨损，如换向器、电刷等。为了降低其故障率，保证安全可靠地运行，必须合理使用和精心保养。

（1）直流电动机使用前的准备与检查

1）启动前的检查。步骤如下：

①清除电动机内外的灰尘和杂物。

②检查转轴转动是否灵活轻快，有无卡有碰或串动现象。

③用500V兆欧表测量绕组与机壳之间的绝缘电阻，如低于0.5MΩ，则应进行干燥处理。

④检查换向器表面是否光滑，如果发现有机械损伤或火花灼痕，应予磨光。

⑤检查刷架是否在标记位置，刷架座固定是否牢固。

⑥检查电刷压力是否适当，换向器与电刷表面的接触是否紧密，并进行必要的调整。

⑦按电动机铭牌及规定正确接线，并进行空载或轻载试验。

2）试验运行时的检查运行时的检查步骤如下：

①检查运行时的旋转方向是否正确。

②注意观察有无火花、杂音、振动和局部过热现象。

③测量电动机运行时的电压、电流、转速、温升等数据，并做好记录存档。

（2）直流电动机在运行时的维护

1）机械方面的维护维护时应注意以下几点：

①直流电动机必须在额定条件下工作，严禁超负荷运行。

②经常检查各紧固螺钉是否齐全，检查接线板绝缘是否良好，各零部件有无损伤等。

③定期检查轴承润滑情况，加注润滑油。

2）电气方面的维护维护时应注意以下几点：

①直流电动机在运行时，外壳必须可靠接地或接零。

②经常检查电动机电源接线有无损伤。

③清除换向器表面的碳粉、污物，当换向器与电刷之间出现火花过大（或异常）时，要查明原因，予以排除。

电刷火花等级见表3-9。

表3-9　电刷火花等级

火花等级	电刷下的火花程度	换向器及电刷的状态
1	无火花	换向器上痕及电刷上没有灼痕
$1\frac{1}{4}$	电刷边缘小部分（约1/5到1/4刷边长）有断续的几点点状火花	
$1\frac{1}{2}$	电刷边缘大部分（约1/2刷边长）有连续的较稀的颗粒火花	换向器上有黑痕但不发展，用汽油擦其表面即能除去，同时电刷有轻微的灼痕
2	电刷边缘大部分或全部有连续的较密颗粒状火花，开始有断续的舌状火花	换向器上有黑痕，用汽油不能擦除，同时，电刷上有痕，如短时出现这一级火花，换向器上不出现灼痕，电刷未烧焦或未损坏
3	电刷整个边缘有强烈的舌状火花，伴有爆裂声音	换向器上黑痕较严重，用汽油不能擦除，同时，电刷灼痕，如在这一火花等级下短期运行，则换向器上将出现灼痕，同时电刷将被烧焦或损坏

直流电动机从空载（或轻载）到额定负载时，电刷与换向器之间的火花一般不超过3/2级火花呈淡蓝色，微弱而细密。此时，电刷运行稳定，无过热现象，换向器表面光亮平滑，在与电刷接触的圆周表面上，形成褐色的晶莹发亮的氧化层薄膜（氧化层薄膜有利于换向并能减少换向器的磨损）。当电动机在有故障的情况下运行时，电刷与换向器之间将出现不正常火花。故障轻微时，火花较明亮，一般呈红色，会造成电刷灼伤，使换向器表面发黑，出现烧痕。故障较严重时，将产生剧烈火花甚至发生环火，这里火花从电刷下部向外喷射，色泽呈红绿色。在这种强烈火花下，一般总伴有较强的噪声，此时，必须立即停机检修，否则电动机将很快烧坏。

🎨 知识链接10　双速三相异步电动机、单相异步电动机、伺服电动机

1. 双速三相异步电动机

机床工作时，常常按被告加工工件材料、材质及刀具性能，通过齿轮变速箱改变主轴或

进给运动的速度。齿轮变速箱的结构比较复杂，而且作为动力源的电动机只有一种速度。为了得到较宽的调速范围，有些机床采用了多速电动机作为动力源，如 T68 型镗床、M1432A 型万能外圆磨床的主轴，采用的是双速三相异步电动机的接线和控制。

（1）变速的方法

交流异步电动机的转速公式

$$n = (1 - s)n_1 = (1 - s)\frac{60f}{p}$$

式中，n 为转速（r/min）；f 为电源频率；p 为定子的磁极对数；s 为转差率。

由上式可以看出，改变转差率、电源频率或极对数，均可改变电动机的转速。

机床中最常用的方法是领先改变定子绕组（即极对数）的接法得到不同的转速的。不同极数电动机的同步转速（$f = 50\text{Hz}$）见表 3 – 10。

表 3 – 10　不同极数电动机的同步转速（$f = 50\text{Hz}$）

极数	2	4	6	8	10	12
同步转速 /（r/min）	3000	1500	1000	750	600	500

（2）双速三相异步电动机定子绕组接线

多速度三相异步电动机的定子绕组是特殊制造的。双速异步电动机每相绕组有两个相同的部分组成。当两部分绕组串联时，磁极的对数为 $2p$；并联时，由于由一部分绕组的电流方向发生改变，使极对数减少一半，变成 p，电动机的同步转速就增加一倍。

定子绕组的实际接线如图 3 – 16，图 3 – 16 为从三角形连接改接成双星形的连接。这种连接，电动机的转速升高一倍，但功率增加的很少（约 15%），适用于机床的主轴拖动。图 3 – 16（a）为双速异步电动定子绕组的△接法，三相绕组的接线端子 U1、V1、W1 与电源线连接，U2、V2、W2 三个接线端悬空，三相定子绕组接成△形。图 3 – 16（b）为双速异步电动机定子绕组的 YY 接法，接线端子 U1、V1、W1 连接在一起，U2、V2、W2 三个接线端与电源线连接。

图 3 – 17 为从星形连接改接成双星形的连接。这种连接能使电动机的功率增加一倍，转速也升高一倍。

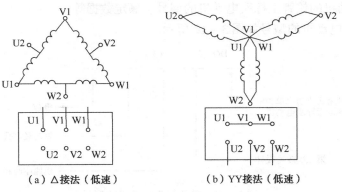

（a）△接法（低速）　　　　　（b）YY接法（低速）

图 3 – 16　双速电动机定子绕组△／ YY 接线

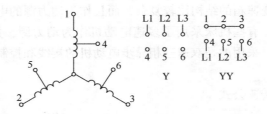

图 3-17　双速电动机定子绕组 Y／YY 接线

（3）双速三相异步电动机的电路连接

分清双速电动机定子绕组 U1、V1、W1 和 U2、V2、W2 六个接线端子。电动机在由低速变为高速时产生的磁场旋转方向相反，必须改变相序才能保持电动机按原来的方向旋转。否则，在高速（YY 接法）时电动机将会反转，产生很大的冲击电流。另外，电动机在高速、低速运行时的额定电流不同。因此，热继电器 FR1 和 FR2 要根据不同保护电路分别调整整定值，不要接错。

2. 单相异步电动机

（1）单相异步电动机的基本结构

如图 3-18 所示，与三相感应电动机相似，包括定子和转子两大部分。转子结构都是笼型的，定子铁芯由硅钢片叠压而成。定子铁芯上嵌有定子绕组。

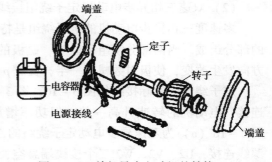

图 3-18　单相异步电动机的结构

单相感应电动机在正常工作时，一般只需要单相绕组即可，但单相绕组通以单相交流电时产生的磁场是脉动磁场，单相运行的电动机没有启动转矩。

为使电动机能自行启动和改善运行性能，除工作绕组（又称主绕组）外，在定子上还安装一个辅助的启动绕组（又称副绕组）。两个绕组在空间相距 90°或一定的电角度。

（2）铭牌数据

单相异步电动机的铭牌上标明电动机的型号、额定数据等。

1）单相异步电动机的型号如图 3-19 所示。

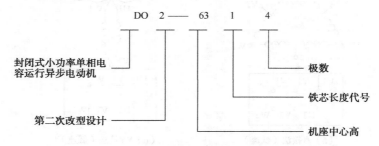

图 3-19　单相异步电动机的型号

2）单相异步电动机的额定值：

①额定功率 P_N 是指电动机在额定运行时轴上输出的机械功率。

②额定电压 U_N 是指额定运行状态下加在定子绕组上的电压，单位为 V。

③额定电流 I_N 是指电动机在定子绕组上加额定电压、轴上输出额定功率时，定子绕组中的电流，单位为 A。

④额定频率 f 是指我国规定工业用电的频率是 50Hz。

⑤额定转速 n_N 是指电动机定子加额定频率的额定电压，且轴端输出额定功率时电动机的转速，单位为 r/min。

⑥工作方式是分为连续工作制和断续工作制。

（3）单相异步电动机的主要类型

根据获得旋转磁场方式的不同，主要分为分相电动机和罩极电动机。

1）分相启动电动机。

分相启动电动机包括电容启动电动机、电容运行电动机和电阻启动电动机。

①单相电容启动电动机电路如图 3 – 20 所示。

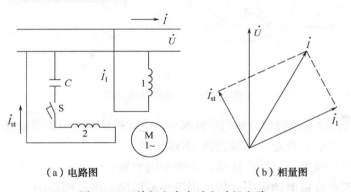

（a）电路图　　　　　　　　　（b）相量图

图 3 – 20　单相电容启动电动机电路

特点：启动绕组和电容按短时工作设计；电容起分相和提高功率因数的作用。

由于启动绕组和电容按短时工作设计，因此，当 n 达 75% ~80%n_1 时，离心开关自动打开。

②单相电容运行电动机电路如图 3 – 21 所示。

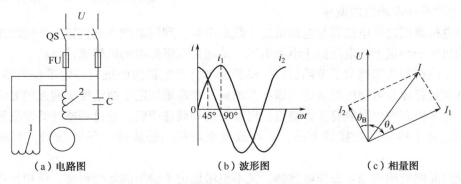

（a）电路图　　　　　　　（b）波形图　　　　　　　（c）相量图

图 3 – 21　单相电容运行电动机电路

电容运行电动机实质是一台两相异步电动机，启动绕组和电容应按长期工作设计。

特点：启动绕组和电容器按长期工作设计；过载能力、功率因数和效率均较高；容量能做到五十瓦至几千瓦；应用比较广泛，如应用于压气机、空调等。

③电阻启动电动机

在启动绕组中串联电阻来分相，即工作绕组电阻小，电抗大；启动绕组电阻大，电抗小。

2）罩极电动机。

①结构特点：定子作成凸极式，由硅钢片叠压而成，工作绕组为集中绕组，套在定子磁极上，每个极靴表面 1/3 ～ 1/4 处开有一个小槽，放入罩极绕组（短路环），如图 3 – 22 所示。

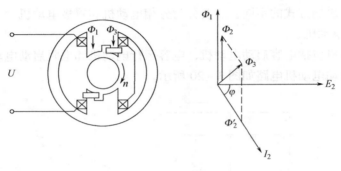

图 3 – 22　单相罩极电动机

旋转磁场，转向由未罩极部分转向罩极部分。电动机转向也由未罩极部分转向罩极部分。

②改变转向的方法：将定子磁极旋转 180^0 安装。

③优缺点：启动转矩小，结构简单，不需要电容器。

④应用：用于小容量电动机中。如应用于小型风扇、电动模型中。

（4）单相异步电动机反转与调速

1）单相异步电动机反转。

①将工作绕组或启动绕组首、尾端与电源的连接对换。

②电容运行式单相异步电动机，将电容从一套绕组改接到另一套绕组上。

2）单相异步电动机的调速。

①串电抗器调速将电抗器与电动机定子绕组串联，利用电流在电抗器上产生的压降，使加到电动机定子绕组上的电压低于电源电压，从而达到降低电动机转速的目的。

②定子绕组抽头调速为了节约材料、降低成本，可把调速电抗器与定子绕组做成一体。由单相电容运行异步电动机组成的台扇和落地扇，普遍采用定子绕组抽头调速的方法。这种电动机的定子铁芯槽中嵌放有工作绕组、启动绕组和调速绕组，通过调速开关改变调速绕组与启动绕组及工作绕组的接线方法，从而改变电动机内部旋转磁场的强弱，实现调速的目的。

③双向晶闸管调速如果去掉电抗器，又不想增加定子绕组的复杂程度，单相异步电动机还可采用双向晶闸管调速。调速时，旋转控制电路中的带开关电位器，就能改变双向晶闸管

的控制角，使电动机得到不同的电压，达到调速的目的。

3. 伺服电动机

伺服电动机的作用是将输入的电压信号（即控制电压）转换成轴上的角位移或角速度输出，在自动控制系统中常作为执行元件，所以伺服电动机又称为执行电动机，其最大特点是：有控制电压时转子立即旋转，无控制电压时转子立即停转。转轴转向和转速是由控制电压的方向和大小决定的。其容量一般在 $0.1 \sim 100\mathrm{W}$，常用的是 $30\mathrm{W}$ 以下。

伺服电动机可分为交流伺服电动机和直流伺服电动机。

（1）交流伺服电动机

1）基本结构。

交流伺服电动机主要由定子和转子构成，如图 3 – 23、图 3 – 24 所示。

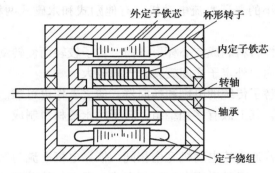

图 3 – 23　杯形转子伺服电动机的结构

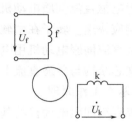

图 3 – 24　交流伺服电动机的原理

定子铁芯通常用硅钢片叠压而成。定子铁芯表面的槽内嵌有两相绕组，其中一相绕组是励磁绕组，另一相绕组是控制绕组，两相绕组在空间位置上互差 $90°$ 电角度。工作时励磁绕组 f 与交流励磁电源相连，控制绕组 k 加控制信号电压 $\dot{U}_k$。

转子的形式有两种，一种是笼式转子，其绕组由高电阻率的材料制成，绕组的电阻较大，笼式转子结构简单，但其转动惯量较大。另一种是空心杯转子，它由非磁性材料制成杯形，可看成是导条数很多的笼式转子，其杯壁很薄，因而其电阻值较大。转子在内外定子之间的气隙中旋转，因空气隙较大而需要较大的励磁电流。空心杯形转子的转动惯量较小，响应迅速。

2）工作原理。

交流伺服电动机的工作原理和电容分相式单相异步电动机相似。在没有控制电压时，气隙中只有励磁绕组产生的脉动磁场，转子上没有启动转矩而静止不动。当有控制电压且控制绕组电流和励磁绕组电流不同相时，则在气隙中产生一个旋转磁场并产生电磁转矩，使转子沿旋转磁场的方向旋转。但是对伺服电动机要求不仅是在控制电压作用下就能启动，且电压消失后电动机应能立即停转。如果伺服电动机控制电压消失后像一般单相异步电动机那样继续转动，则出现失控现象，我们把这种因失控而自行旋转的现象称为自转。

3）控制方法。

可采用下列三种方法来控制伺服电动机的转速高低及旋转方向。

①幅值控制：保持控制电压与励磁电压间的相位差不变，仅改变控制电压的幅值。

②相位控制：保持控制电压的幅值不变，仅改变控制电压与励磁电压间的相位差。

③幅—相控制：同时改变控制电压的幅值和相位。

交流伺服电动机的输出功率一般在 100W 以下。电源频率为 50Hz 时，其电压有 36V、100V、220V、380V 数种。当频率为 400Hz 时，电压有 20V、36V、115V 多种。

交流伺服电动机运行平稳，噪声小，但控制特性为非线性并且因转子电阻大而使损耗大，效率低。与同容量直流伺服电动机相比体积大，质量大，所以只适用于 0.5～100W 的小功率自动控制系统中。

（2）直流伺服电动机

1）基本结构。

传统的直流伺服电动机动实质是容量较小的普通直流电动机，有他励式和永磁式两种，其结构与普通直流电动机的结构基本相同。

杯形电枢直流伺服电动机的转子由非磁性材料制成空心杯形圆筒，转子较轻而使转动惯量小，响应快速。转子在由软磁材料制成的内、外定子之间旋转，气隙较大。

无刷直流伺服电动机用电子换向装置代替了传统的电刷和换向器，使之工作更可靠。它的定子铁芯结构与普通直流电动机基本相同，其上嵌有多相绕组，转子用永磁材料制成。

2）基本工作原理。

传统直流伺服电动机的基本工作原理与普通直流电动机完全相同，依靠电枢电流与气隙磁通的作用产生电磁转矩，使伺服电动机转动。通常采用电枢控制方式，即在保持励磁电压不变的条件下，通过改变电枢电压来调节转速。电枢电压越小，则转速越低；电枢电压为零时，电动机停转。由于电枢电压为零时电枢电流也为零，电动机不产生电磁转矩，不会出现"自转"。

3）控制方法。

对直流伺服电动机的控制主要是指对电动机转速大小、方向的控制，即对电动机工作状态的控制；通常将电枢电压作为控制信号，实现对电动机转速的控制。

操作实践

任务一　拆装与检修三相异步电动机

一、任务描述

熟悉三相异步电动机结构，掌握其拆装的基本技能，养成认真踏实的工作作风。

二、实训内容

1. 实训器材

三相异步电动机、扳手、螺钉旋具、铁锤、拉具、铜棒和木板等；

万用表、灯泡、36V 交流电源、毫安表（量程在 500mA 以下）、1.5V 电池、开关，兆欧表、钳形电流表等。

2. 实训过程

（1）拆装三相异步电动机

说一说：三相异步电动机的组成及各部分的作用。

做一做：拆卸、清洗和安装三相异步电动机。

请你按下列操作步骤完成三相异步电动机的拆卸和安装任务：

1）拆卸电动机。拆卸时，不能用铁锤直接敲打。

2）清洗电动机零部件、对轴承添加润滑油。

3）安装电动机各部件。拧紧端盖螺钉时，要按对角线上下左右逐步拧紧。

4）操作过程中要注意安全，同学间团结互助。

（2）检修三相异步电动机

1）判别三相异步电动机各相绕组的首尾端

2）用兆欧表测量各相绕组之间、各相绕组对地（外壳）之间的绝缘电阻并记录下测量电阻值、判断是否存在短路。

3）根据电动机的铭牌将三相绕组连接成星形或三角形。

4）用钳形电流表测量三相异步电动机的三相电流，判断各相电流是否平衡。

 任务二　直流电动机的使用与维护

一、任务描述

认识直流电机的外形和内部结构，熟悉各部件的作用。

掌握直流电动机的接线和简单操作使用。

二、实训内容

1. 实训器材

直流稳压电源、直流电动机、电流表、电压表等。

2. 实训过程

（1）直流电动机使用前的准备与检查

1）启动前的检查。启动前的检查步骤如下：

①清除电动机内外的灰尘和杂物；

②检查转轴转动是否灵活轻快，有无卡有碰或串动现象；

③用500V兆欧表测量绕组与机壳之间的绝缘电阻，如低于0.5MΩ，则应进行干燥处理；

④检查换向器表面是否光滑，如果发现有机械损伤或火花灼痕，应予磨光；

⑤检查刷架是否在标记位置，刷架座固定是否牢固；

⑥检查电刷压力是否适当，换向器与电刷表面的接触是否紧密，并进行必要的调整；

⑦按电动机铭牌及规定正确接线，并进行空载或轻载试验。

2）试验运行时的检查运行时的检查步骤如下：

①检查运行时的旋转方向是否正确；

②注意观察有无火花、杂音、振动和局部过热现象；

③测量电动机运行时的电压、电流、转速、温升等数据，并做好记录存档。

（2）直流电动机在运行时的维护

1）机械方面的维护维护时应注意以下几点：

①直流电动机必须在额定条件下工作，严禁超负荷运行。

②经常检查各紧固螺钉是否齐全，检查接线板绝缘是否良好，各零部件有无损伤等。

③定期检查轴承润滑情况，加注润滑油。

2）电气方面的维护维护时应注意以下几点：

①直流电动机在运行时，外壳必须可靠接地或接零。

②经常检查电动机电源接线有无损伤。

③清除换向器表面的碳粉、污物，当换向器与电刷之间出现火花过大（或异常）时，要查明原因，予以排除。

 任务三　认识并使用特殊电动机

一、任务描述

1. 学会双速三相异步电动机的接线。

2. 掌握单相异步电动机的接线和简单的使用与维护。

二、实训内容

1. 实训器材

变极双速三相异步电动机、单相异步电动机、调速电抗器、正反转控制开关、三相四线制交流电源等。

2. 实训过程

（1）进行变极双速三相异步电动机低速运行和高速运行接线

1）使双速三相异步电动机作低速运行，注意观察电动机的运行方向。

2）使双速三相异步电动机作高速运行，注意观察电动机的运行方向。

变极双速三相异步电动机在由低速变为高速时产生的磁场旋转方向相反，必须改变相序才能保持电动机按原来的方向旋转。

（2）进行单相异步电动机的调速控制和正反转控制

1）连接单相异步电动机和电抗器，实现单相异步电动机的调速控制。

2）连接单相异步电动机和正反转控制开关，实现单相异步电动机的正反转控制。

小结与习题

 项目小结

1）电动机有多种不同的分类方法，按照工作电源的性质和工作特点可以分为直流电动机、交流电动机；三相电动机、单相电动机；同步电动机、异步电动机等。三相异步电动机的型号表示电动机品种形式的代号、规格代号和特殊环境代号等组成。不同的电动机，其型号有所不同。但是产品型号一律用大写的印刷体汉语拼音字母和阿拉伯数字表示。异步电动机型号的 4 部分之间用短线隔开，但如果字母与数字之间还会混淆，也可以将短线省去。

2）三相异步电动机主要由定子、转子两个基本部分组成。定子是电动机的固定部分，三相异步电动机的定子主要由定子铁芯、定子绕组、机壳和端盖组成，其作用是通入三相交流电源后产生一个旋转磁场。转子是电动机的转动部分，三相异步电动机的转子主要由转子铁芯、转子线圈组成。

3）三相异步电动机的定子绕组中通入对称三相电流后，就会在电动机内部产生一个与三相电流的相序方向一致的旋转磁场。转子导体与旋转磁场相对运动，切割磁感线而产生感应电动势、感应电流。载流的转子导体受到旋转磁场的电磁力作用，相对转轴产生电磁转矩，使转子按旋转磁场方向转动。

4）直流电动机按励磁方式可分为他励式、并励式、串励式和复励直流电动机。

5）在直流电动机中，虽然外加电源为直流，但通过换向器的作用，导体中的电流将随其所处磁极极性的改变而同时改变其方向，从而使电磁转矩的方向始终保持不变，电动机在此电磁转矩的作用下不停地旋转。

6）直流电动机的控制分为启动、正反转、调速和制动控制。

7）变极双速三相异步电动机在由低速变为高速时产生的磁场旋转方向相反，必须改变相序才能保持电动机按原来的方向旋转。

8）根据获得旋转磁场方式不同，单相异步电动机主要分为分相电动机和罩极电动机。

9）单相异步电动机的调速方法有：串电抗器调速、定子绕组抽头调速、双向晶闸管调速。

10）伺服电动机的作用是将输入的电压信号（即控制电压）转换成轴上的角位移或角速度输出，在自动控制系统中常作为执行元件，所以伺服电动机又称为执行电动机，其最大特点是：有控制电压时转子立即旋转，无控制电压时转子立即停转。转轴转向和转速是由控制电压的方向和大小决定的。其容量一般在 0.1～100W，常用的是 30W 以下。伺服电动机可分为交流伺服电动机和直流伺服电动机

11）实训操作包括三相笼型异步电动机的拆卸、清洗和安装；三相笼型异步电动机绝缘电阻的测量、直流电阻的测量和首尾端的判别；直流电动机的使用与维护；双速三相异步电动机的接线；单相异步电动机的调速和正反转。

 习题三

1. 选择题

1）三相异步电动机的定子内有（　　　）组线圈。

A. 1　　　　　　　　　B. 2　　　　　　　　　C. 3　　　　　　　　　D. 4

2）三相异步电动机的同步转速与（　　　）无关。

A. 旋转磁场的转速　　　　　　　　B. 磁极数

C. 电源频率　　　　　　　　　　　D. 电源电压

3）1台三相异步电动机，其铭牌上表明的额定电压为220V/380V，其接法是（ ）。

A. △/丫   B. 丫/△   C. 丫/丫   D. △/△

4）安装转子时，转子对准定子的中心，沿着定子周围的（ ）缓缓向定子里送进，送进过程中不得碰擦定子绕组。

A. 对角线   B. 中心线   C. 垂直线   D. 平行线

5）三相异步电动机的常见故障有：电动机过热、电动机振动（ ）。

A. 将三角形连接误接成星形连接   B. 笼条断裂

C. 绕组头尾性接反   D. 电动机启动后转速低、转矩小

6）三相异步电动机在（ ）的瞬间，转子、定子中电流是最大的。

A. 启动   B. 运行   C. 停止   D. 以上都正确

7）三相异步电动机在启动的瞬间，转差率为（ ）

A. 0   B. 0.01 ~ 0.07   C. 1   D. 大于 1

8）三相异步电动机的转动方向、转速与旋转磁场的关系是（ ）。

A. 方向相同、转速相同

B. 方向相同、转子速度略低于旋转磁场速度

C. 方向相反、转速相同

D. 方向相反、转子速度略低于旋转磁场速度

9）三相异步电动机机械负载加重时，其定子电流将（ ）。

A. 减小   B. 增大   C. 不变   D. 不一定

10）三相异步电动机旋转转速（ ）。

A. 小于同步转速   B. 大于同步转速   C. 等于同步转速   D. 小于转差率

11）要改变三相异步电动机转子的旋转方向，可以（ ）。

A. 改变交流电源的三相相序   B. 改变交流电源的两相相序

C. 无法改变转子的转向   D. 采用特殊的器件才行

12）三相异步电动机机械负载加重时，其转子转速将（ ）。

A. 降低   B. 升高   C. 不变   D. 不一定

2. 判断题

1）三相异步电动机的转子是由转子铁芯和转子绕组两部分组成。 （ ）

2）三相异步电动机的主要结构是定子和转子两部分。 （ ）

3）三相异步电动机不论运行情况如何，其转差率都在0~1之间。 （ ）

4）改变三相异步电动机定子绕组电源相序可以改变转子的旋转方向。 （ ）

5）按三相异步电动机的结构形式，可将异步电动机分为笼型和绕线转子两类。 （ ）

6）电动机启动后，注意听和观察有无抖动现象及转子转向是否正确。 （ ）

3. 问答题

1）三相异步电动机的主要参数有哪些？

2）试举例说明三相异步电动机定子绕组首尾端的判别方法。

项目四

识别并检测机床常用低压电器

知能目标

知识目标

- 了解低压电器的分类形式。
- 熟悉常用低压配电电器、低压控制电器的外形与主要用途。

技能目标

- 会正确选用低压配电电器。
- 掌握低压控制电器的选用与检修方法。

基础知识

 知识链接1　常用低压电器的作用和分类

1. 低压电器的定义与作用

所谓低压电器指工作在交流1200V、直流1500V额定电压以下的电路中,能根据外界信号(机械力、电动力和其他物理量),自动或手动接通和断开电路的电器。其作用是实现对电路或非电对象的切换、控制、保护、检测和调节。低压电器可分为手动低压电器和自动低压电器。随着电子技术、自动控制技术和计算机技术的飞速发展,自动电器越来越多,不少传统低压电器将被电子电路所取代。然而,即使是在以计算机为主的工业控制系统中,继电—接触器控制技术仍占有相当重要的地位,因此,低压电器是不可能完全被替代的。

2. 低压电器的分类

常用的低压电器有刀开关、转换开关、低压断路器、熔断器、接触器、继电器和主令电器等。图4-1所示的是几种常见的低压电器。低压电器的种类繁多,分类方法也很多,低压电器常见的分类方法见表4-1。

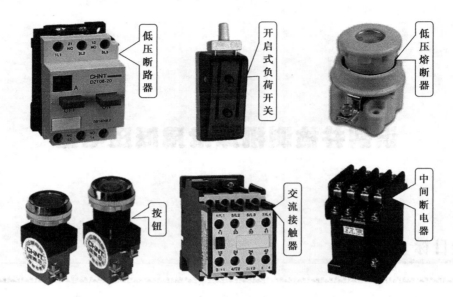

图 4 - 1　常见的几种低压电器

表 4 - 1　低压电器常见的分类方法

分类方法	类别	说明及用途
按低压电器的用途和所控制的对象	低压配电电器	在供电系统中进行电能的输送、分配保护的电器，如低压断路器、隔离开关、刀开关等
	低压控制电器	用于生产设备自动控制系统中进行控制、检测和保护，如接触器、继电器、电磁铁等
按低压电器的动作方式	自动切换电器	依靠电器本身参数的变化或外来信号的作用，自动完成接通或分断等动作的电器，如接触器、继电器等
	非自动切换电器	主要依靠外力（如手控）直接操作来进行切换的电器，如按钮、低压开关等
按低压电器的执行机构	有触点电器	具有可分离的动触点和静触点，主要利用触点的接触和分离来实现电路的接通和断开控制，如接触器、继电器等
	无触点电器	没有可分离的触点，主要利用半导体元器件的开关效应来实现电路的通断控制，如接近开关、固态继电器等

知识链接 2　刀开关选用

　　低压开关又称低压隔离器，是低压电器中结构比较简单、应用广泛的一类手动电器。主要有刀开关、组合开关以及用刀与熔断器组合成的胶盖瓷底刀开关和熔断器式刀开关，还有转换开关等。

　　刀开关是一种手动配电电器，主要用来手动接通与断开交、直流电路，通常只作电源隔离开关使用，也可用于不频繁地接通与分断额定电流以下的负载，如小型电动机、电阻炉等。

刀开关按极数划分有单极、双极与三极几种；其结构是由操作手柄、刀片（动触点）、触点座（静触点）和底板等组成的。

1. 刀开关的型号

刀开关的型号及意义如图 4 – 2 所示。

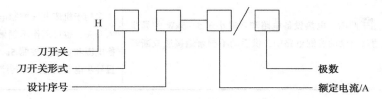

图 4 – 2 刀开关的型号及意义

注：刀开关的常见形式有 D—单投刀开关；S—双投刀开关；K—开启式负荷开关；R—熔断器式刀开关；
H—半闭式负荷开关；Z—组合开关。

2. 常用的刀开关

刀开关常用的产品有 HD11 ~ HD14 和 HS11 ~ HS13 系列刀开关；HK1、HK2 系列开启式负荷开关；HH10、HH11 系列封闭式负荷开关；HR3 系列熔断器刀开关等，见表 4 – 2。

表 4 – 2 常用刀开关

分类	开启式负荷开关（瓷底胶盖开关）	组合开关（转换开关）
外形符号	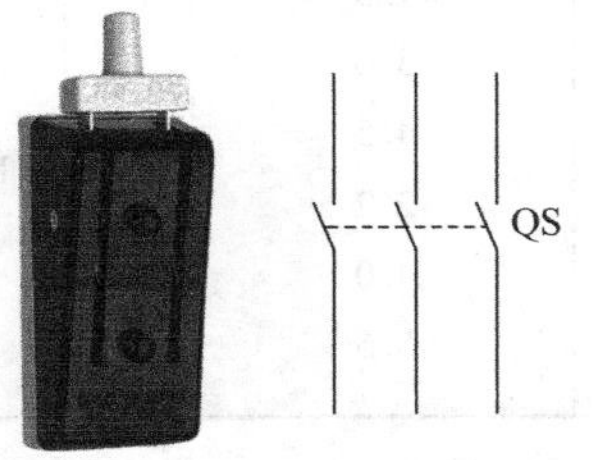 QS	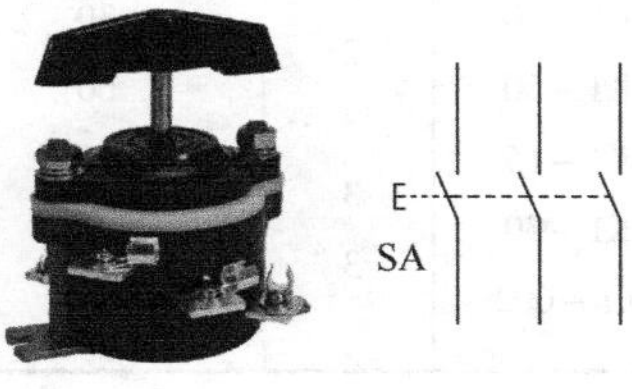 E SA
结构	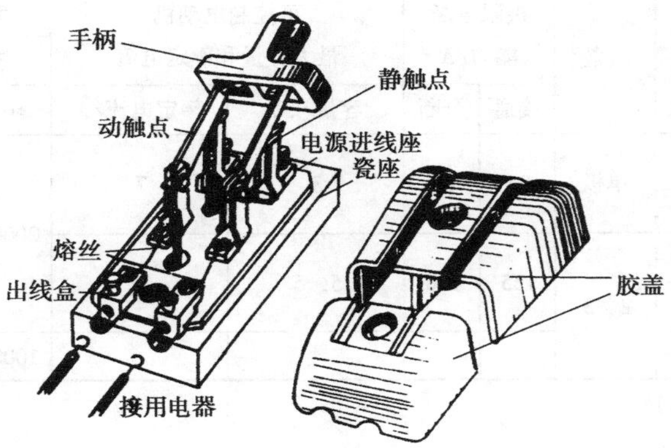 手柄 静触点 动触点 电源进线座 瓷座 熔丝 出线盒 胶盖 接用电器	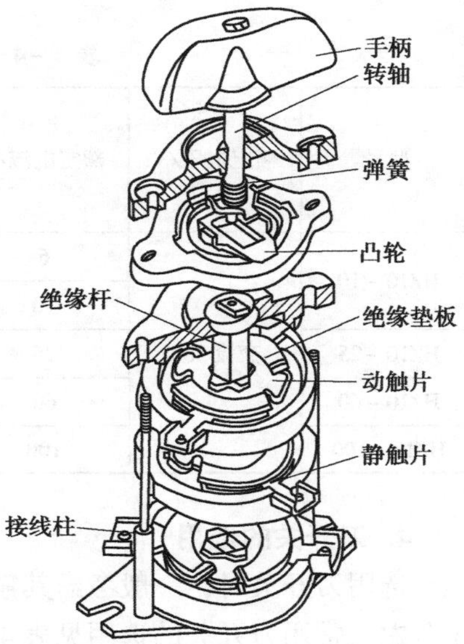 手柄 转轴 弹簧 凸轮 绝缘杆 绝缘垫板 动触片 静触片 接线柱

机床电气控制技术——项目教程

续表

分类	开启式负荷开关（瓷底胶盖开关）	组合开关（转换开关）
型号	HK 系列（HK1、HK2）系列	HZ 系列（HZ1 ~ HZ5、HZ10）
用途	主要用于照明、电热设备电路和功率小于 5.5kW 的异步电动机直接启动的控制电路中，供手动不频繁地接通或断开电路	多用于机床电气控制电路中作为电源引入开关，也可用作不频繁地断开电路，切换电源和负载，控制 5.5kW 及以下小容量异步电动机的正反转或丫－△启动

3. 刀开关的主要技术参数

常用 HK1 系列开启式刀开关和 HZ10 系列组合开关主要技术参数分别见表 4－3、表 4－4 所示。

表 4－3　HK1 系列开启式负荷开关的主要技术参数

型号	极数	额定电流/A	额定电压/V	可控制电动机最大容量/kW	配用熔丝规格 熔丝成分（%）			熔丝线径/mm
					铅	锡	锑	
HK1 – 15	2	15	220	1.5				1.45 ~ 1.95
HK1 – 30	2	30	220	3.0				2.30 ~ 2.52
HK1 – 60	3	60	220	4.5	98	1	1	3.36 ~ 4.00
HK1 – 15	3	15	380	2.2				1.45 ~ 1.95
HK1 – 30	3	30	380	4.0				2.30 ~ 2.52
HK1 – 602	3	60	380	5.5				3.36 ~ 4.00

表 4－4　HZ10 系列转换开关的主要技术参数

型号	额定电压/V	额定电流/A	极数	极限分断能力/A 接通	分断	可控制电动机最大容量和额定电流 容量/kW	额定电流/A	电寿命/次 交流 cosφ ≥0.8	≥0.3
HZ10 – 10	交流 380	6	单极	94	62	3	7	20000	10000
		10							
HZ10 – 25		25	2、3	155	108	5.5	12		
HZ10 – 60		60							
HZ10 – 100		100						10000	5000

4. 刀开关的选用

选用刀开关时，一般考虑其额定电压、额定电流两项参数，其他参数只有在特殊要求时才考虑。常用刀开关的选用见表 4－5。

68

表 4-5　常用刀开关的选用

分类	用途	选用原则
开启式负荷开关	用于控制照明和电热负载	选用额定电压 220V 或 250V，额定电流不小于电路所有负载额定电流之和的两极开启式负荷开关
	用于控制电动机的直接启动和停止	选用额定电压 380V 或 500V，额定电流不小于电动机额定电流 3 倍的三极开启式负荷开关
组合开关	用于直接控制异步电动机的启动和正反转	根据电源种类、电压等级、所需触点数、接线方式和负载容量进行选用，组合开关的额定电流一般取电动机额定电流的 1.5 ~ 2.5 倍

5. 刀开关的安装

1）将开启式刀开关垂直安装在配电板上，并保证手柄向上推为合闸。不允许平装或倒装，以防止产生误合闸。

2）电源进线应接在开启式刀开关上面的进线端子上，负载出线接在刀开关下面的出线端子上，保证刀开关分断后，闸刀和熔体不带电。

3）开启式负荷开关必须安装熔体。安装熔体时熔体要放长一些，形成弯曲形状。

4）开启式负荷安装在干燥、防雨、无导电粉尘的场所，其下方不得堆放易燃易爆物品。

5）HZ10 组合开关安装在控制箱（或壳体）内，其操作手柄在水平旋转位置时为断开状态。HZ3 组合开关的外壳必须可靠接地。

6. 刀开关的常见故障处理

刀开关的常见故障处理方法见表 4-6。

表 4-6　刀开关的常见故障处理方法

种类	故障现象	故障原因	处理方法
开启式负荷开关	合闸后，开关一相或两相开路	静触点弹性消失，开口过大，造成动、静触点接触不良	修整或更换静触点
		熔丝熔断或虚连	更换熔丝或紧固
		动、静触点氧化或有尘污	清洗触点
		开关进线或出线线头接触不良	重新连接
	合闸后，熔丝熔断	外接负载短路	排除负载短路故障
		熔体规格偏小	按要求更换熔体
	触点烧坏	开关容量太小	更换开关
		拉、合闸动作过慢，造成电弧过大，烧毁触点	修整或更换触点，并改善操作方法
组合开关	手柄转动后，内部触点未动	手柄上的轴孔磨损变形	调换手柄
		绝缘杆变形	更换绝缘杆
		手柄与方轴，或轴与绝缘杆配合松动	紧固松动部件
		操作机构损坏	修理更换

续表

种类	故障现象	故障原因	处理方法
组合开关	手柄转动后，动、静触点不能按要求动作	组合开关型号选用不正确	更换开关
		触点角度装配不正确	重新装配
		触点失去弹性或接触不良	更换触点或清除氧化层或尘污
	接线柱间短路	因铁屑或油污附着在接线柱间，形成导电层，将胶木烧焦，绝缘损坏而形成短路	更换开关

 知识链接3　熔断器、低压断路器的选用

1. 熔断器

低压熔断器是低压配电系统和电力拖动系统中常用的安全保护电器，主要用于短路保护，有时也可用于过载保护。主体是用低熔点的金属丝或金属薄片制成的熔体，串联在被保护电路中。在正常情况下，熔体相当于一根导线；当电路短路或过载时，电流很大，熔体因过热而熔化，从而切断电路起到保护作用。低压电器具有结构简单、价格便宜、动作可靠和使用维护方便等优点。

（1）熔断器的分类

$$
低压熔断器
\begin{cases}
按结构分
\begin{cases}
半封闭插入式熔断器 \\
有填料螺旋式熔断器 \\
有填料封闭管式熔断器 \\
无填料封闭管式熔断器
\end{cases} \\
按用途分
\begin{cases}
一般工业用熔断器 \\
保护硅元件用快速熔断器 \\
具有两段保护特性、快慢动作熔断器 \\
特殊用途熔断器
\begin{cases}
自复式熔断器 \\
直流式引用熔断器
\end{cases}
\end{cases}
\end{cases}
$$

（2）低压熔断器的型号

熔断器的型号及意义如图4-3所示。

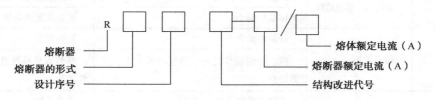

图4-3　熔断器的型号及意义

注：熔断器的形式有 C—瓷插式熔断器；L—螺旋式熔断器；M—无填料封闭管式熔断器；T—有填料封闭管式熔断器；S—快速熔断器；Z—自复式熔断器。

（3）常用的低压熔断器

低压熔断器的种类不同，其特性和使用场合也有所不同，常用的熔断器有瓷插式、螺旋式、无填料封闭管式、有填料封闭管式（快速熔断器）等，常用熔断器的结构、符号和用途见表4-7。

表4-7 常用熔断器的结构、符号和用途

种类	结构示意图	符号	用途
瓷插式熔断器	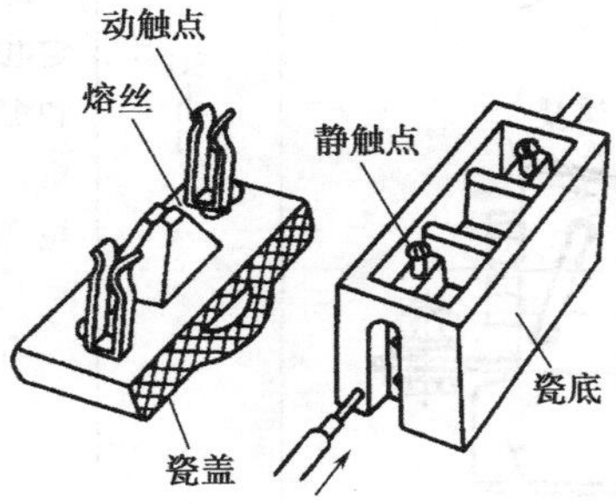 动触点 熔丝 静触点 瓷底 瓷盖		一般在交流额定电压380V、额定电流200A及以下的低压电路或分支电路中，作电气设备的短路保护及过载保护
螺旋式熔断器	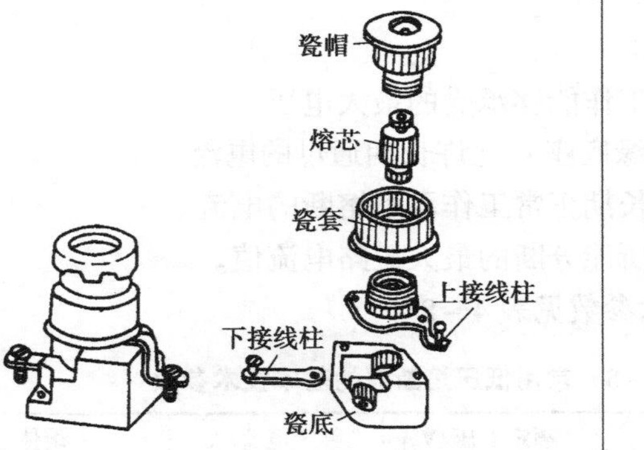 瓷帽 熔芯 瓷套 上接线柱 下接线柱 瓷底	FU 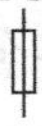	广泛应用于交流额定电压380V、额定电流200A及以下的电路，用于控制箱、配电瓶、机床设备及振动较大的场所，作短路保护
无填料封闭管式熔断器	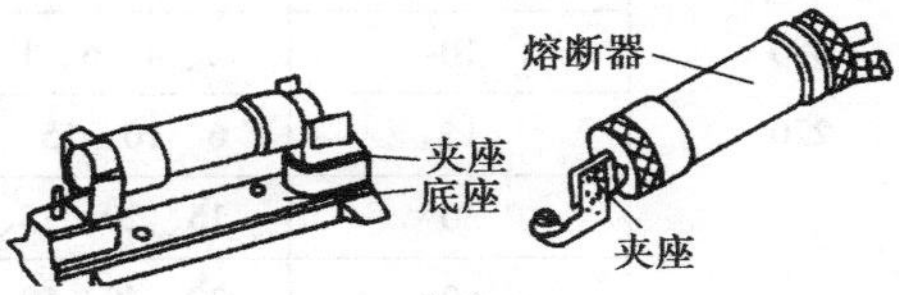 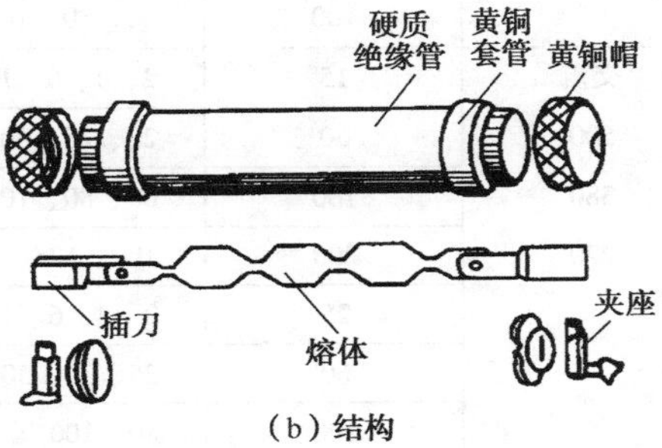 熔断器 夹座 底座 夹座 （a） 硬质绝缘管 黄铜套管 黄铜帽 插刀 熔体 夹座 （b）结构		用于交流额定电压500V或直流额定电压440V及以下电压等级的动力网络及成套电气设备中，作导线、电缆及较大容量电气设备的短路与过载保护

种类	结构示意图	符号	用途
有填料封闭管式（快速）熔断器	熔断指示器　硅砂（石英砂填料）　熔丝　插刀 熔管　熔体　底座	FU	用于交流额定电压380V、额定电流1000A以下的电力网络和配电装置中，作电路、电机、变压器及其他电气设备的短路和过载保护

（4）低压熔断器的技术数据

1）额定电压：熔断器长期工作能够承受的最大电压。

2）额定电流：熔断器（绝缘底座）允许长期通过的电流。

3）熔体的额定电流：熔体长期正常工作而不熔断的电流。

4）极限分断能力：熔断器所能分断的最大短路电流值。

常用低压熔断器的基本技术参数见表4-8。

表4-8　常用低压熔断器的基本技术参数

类别	型号	额定电压/V	额定电流/A	熔体额定电流等级/A
插入式熔断器	RCA-5	交流 380 220	5	2、4、5
	RCA-10		10	2、4、6、10
	RCA-15		15	6、10、15
	RCA-30		30	15、20、25、30
	RCA-60		60	30、40、50、60
	RCA-100		100	60、80、100
螺旋式熔断器	RL1-15	交流 500 380 220	15	2、4、6、10、15
	RL1-60		60	20、25、30、35、40、50、60
	RL1-100		100	60、80、100
	RL1-200		200	100、125、150、200
	RL2-25		25	2、4、6、10、15、20、25
	RL2-60		60	25、35、50、60
	RL2-100		100	80、100

（5）低压熔断器的选用

应根据使用场合选择熔断器的类型。电网配电一般用刀型触点熔断器（如 HDL-RT0RT36 系列）；电动机保护一般用螺旋式熔断器；照明电路一般用圆筒帽形熔断器；保护晶闸管元件则应选择半导体保护用快速式熔断器。

选用低压熔断器时，一般只考虑熔断器的额定电压、额定电流和熔体的额定电流这 3 项参数，其他参数只有在特殊要求时才考虑。

1）低压熔断器的额定电压。

低压熔断器的额定电压应不小于电路的工作电压。

2）低压熔断器的额定电流。

低压熔断器的额定电流应不小于所装熔体的额定电流。

3）熔体的额定电流。

根据低压熔断器保护对象的不同，熔体额定电流选择方法也有所不同。

①保护对象是电炉和照明等电阻性负载时，熔体额定电流 I_{RN} 不小于电路的工作电流 I_N，即

$$I_{RN} \geq I_N$$

②保护对象是电动机启动时，因电动机的启动电流很大，熔体的额定电流应保证熔断器不会因电动机启动而熔断，一般只用作短路保护而不能作过载保护。

对于单台电动机，熔体的额定电流应不小于电动机额定电流 I_N 的 1.5~2.5 倍，即

$$I_{RN} \geq (1.5 \sim 2.5)I_N$$

对于多台电动机，熔体的额定电流应不小于最大一台电动机额定电流 I_{Nmax} 的 1.5~2.5 倍，加上同时使用的其他电动机额定电流之和 $\sum I_N$，即

$$I_{RN} \geq (1.5 \sim 2.5)I_{Nmax} + \sum I_N$$

轻载启动或启动时间较短时，系数可取小些，若重载启动或启动时间较长时，系数可取大些。

③保护对象是配电电路时，为防止熔断器越级动作而扩大停电范围，后一级熔体的额定电流比前一级熔体的额定电流至少要大一个等级。同时，必须校核熔断器的极限分断能力。

④电容补偿柜主回路的保护，如选用 gG 型熔断器，熔体的额定电流 I_{RN} 约等于电路计算电流 1.8~2.5 倍；如选用 aM 型熔断器，熔体的额定电流 I_{RN} 约等于电路电流的 1~2.5 倍。

⑤电路上下级间的选择性保护，上级熔断器与下级熔断器熔体的额定电流 I_{RN} 的比等于或大于 1.6，就能满足防止发生越级动作而扩大故障停电范围的需要。

选用熔体时应考虑到环境及工作条件，如封闭程度、空气流动、连接电缆尺寸（长度及截面）、瞬时峰值等方面的变化；熔体的电流承载能力试验是在 20℃ 环境温度下进行的，实际使用时受环境温度变化的影响。环境温度越高，熔体的工作温度就越高，其寿命也就越短。相反，在较低的温度下运行将延长熔体的寿命。在 20℃ 环境温度下，我们推荐熔体的实际工作电流不应超过额定电流值。

（6）低压熔断器的安装要点（见表4-9）

表4-9 低压熔断器的安装要点

序号	示意图	说明
1		拔下熔断器瓷插盖，将瓷插式熔断器垂直固定在配电板上
2	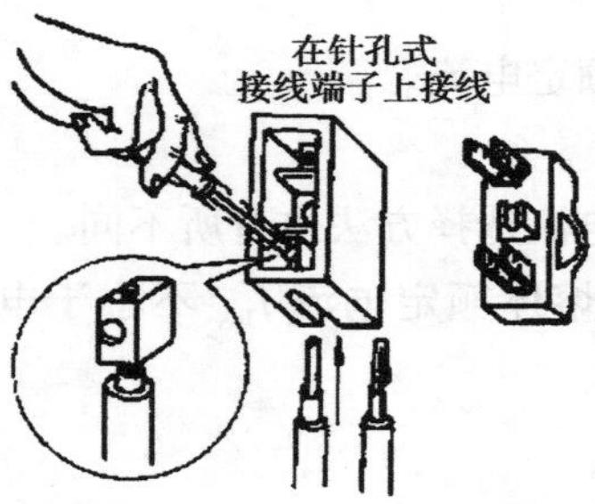 在针孔式接线端子上接线	用单股导线与熔断器底座上的接线端子（静触点）相连
3	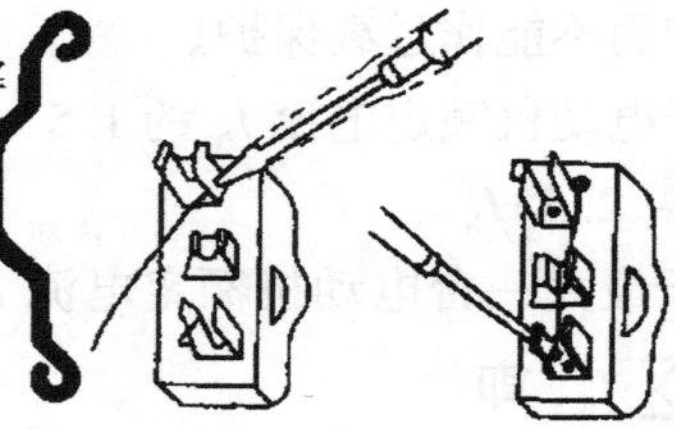 熔丝	安装熔体时，必须保证接触良好，不允许有机械损伤，若熔体为熔丝时，应预留安装长度，固定熔丝的螺钉应加平垫圈，将熔丝两端沿压紧螺钉顺时针方向绕一圈
4	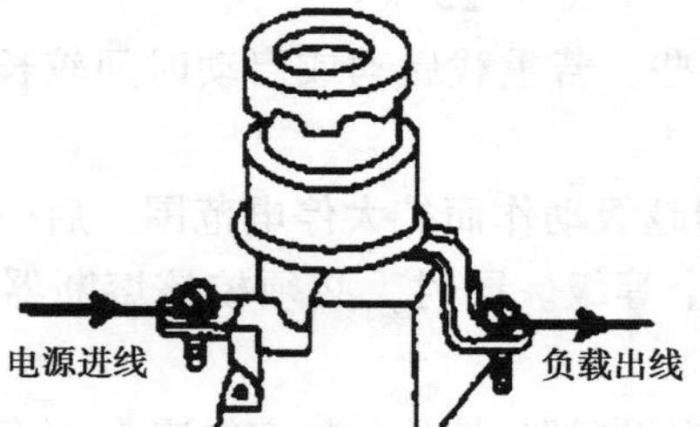 电源进线　负载出线	螺旋式熔断器的电源进线应接在下接线端子上，负载出线应接在上接线端子上
5	严禁在三相四线制电路的中性线上安装熔断器，而在单相二线制的中性线上要安装熔断器	
6	安装熔断器除保证适当的电气距离外，还应保证安装位置间有足够的间距，以便于拆卸、更换熔体	
7	更换熔体时，必须先断开负载。因熔体烧断后，外壳温度很高，容易烫伤，因此，不要直接用手拔管状熔体	

2. 低压断路器

低压断路器又称自动空气开关或自动空气断路器，是能自动切断故障电流并兼有控制和保护功能的低压电器。它主要用在交直流低压电网中，既可手动又可电动分合电路，且可对电路或用电设备实现过载、短路和欠电压等保护，也可用于不频繁启动电动机。

（1）低压断路器的分类

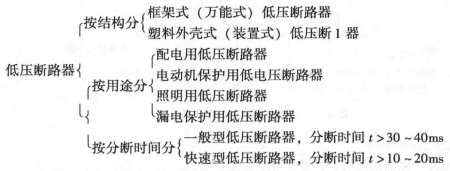

低压断路器
- 按结构分
  - 框架式（万能式）低压断路器
  - 塑料外壳式（装置式）低压断1器
- 按用途分
  - 配电用低压断路器
  - 电动机保护用低电压断路器
  - 照明用低压断路器
  - 漏电保护用低压断路器
- 按分断时间分
  - 一般型低压断路器，分断时间 $t > 30 \sim 40\text{ms}$
  - 快速型低压断路器，分断时间 $t > 10 \sim 20\text{ms}$

（2）低压断路器的结构、符号及工作原理

在自动控制中，塑料外壳式和漏电保护器因其结构紧凑、体积小、重量轻、价格低、安装方便和使用安全等优点，应用极为广泛。低压断路器的结构如图4-4所示。

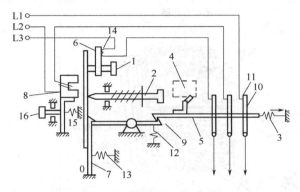

图 4 – 4　低压断路器的结构

1—热脱扣器的整定按钮；2—手动脱扣按钮；3—脱扣弹簧；4—手动合闸机构；5—合闸联杆；6—热脱扣器；7—锁钩；8—电磁脱扣器；9—脱扣联杆；10、11—动、静触点；12、13—弹簧；14—发热元件；15—电磁脱扣弹簧；16—调节按钮

低压断路器的工作原理，如图4-4所示，L1、L2、L3端为负载接线端，手动合闸后，动、静触点闭合，脱扣联杆9被锁扣7的锁钩钩住，它又将合闸联杆5钩住，将触点保持在闭合状态。发热元件14与主电路串联，有电流流过时发出热量，使热脱扣器6的下端向左弯曲。发生过载时，热脱扣器6弯曲到将脱扣锁钩推离脱扣联杆，从而松开合闸联杆，动、静触点受脱扣弹簧3的作用而迅速分开。电磁脱扣器8有一个匝数很少的线圈与主电路串联。

发生短路时，电磁脱扣器8使铁芯脱扣器上部的吸力大于弹簧的反力，脱扣锁钩向左转动，最后也使触点断开。同时，电磁脱扣器兼有欠电压保护功能，这样断路器在电路发生过载、短路和欠电压时起到保护作用。如果要求手动脱扣时，按下按钮2就可使触点断开。脱扣器的脱扣量值都可以进行整定，只要改变热脱扣器所需要的弯曲程度和电磁脱扣器铁芯机构的气隙大小就可以了。当低压断路器由于过载而断开后，应等待2~3min才能重新合闸，以保证热脱扣器回复原位。

（3）低压断路器的型号

低压断路器的型号及意义如图4－5所示。

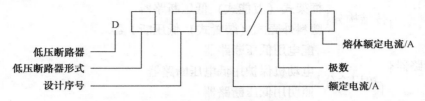

图4－5　低压断路器的型号及意义

（4）常用的低压断路器

几种常用低压断路器的结构、符号和用途见表4－10。

表4－10　低压断路器的结构、符号和用途

种类	结构示意图	符号	用途
塑料外壳式低压断路器	电磁脱扣器　按钮　自动脱扣器　动触点　静触点　热脱扣器　接线柱	QF	通常用作电源开关，有时，用来作为电动机不频繁启动、停止控制和保护
框架式断路器			用于需要不频繁地接通和断开容量较大的低压网络或控制较大容量电动机的场合

（5）低压断路器的主要技术数据

1）额定电压：低压断路器长期正常工作所能承受的最大电压。

2）壳架等级额定电流：每一塑壳或框架中所能装的最大额定电流脱扣器。

3）断路器额定电路：脱扣器允许长期通过的最大电流。

4）分断能力：在规定条件下能够接通和分断的短路电流值。

5）限流能力：对限流式低压断路器和快速断路器要求有较高的限流能力，能将短路电流限制在第一个半波峰值以下。

6）动作时间：从电路出现短路的瞬间到主触点开始分离后电弧熄灭，电路完全分断所需的时间。

7）使用寿命：包括电寿命和机械寿命，是指在规定的正常负载条件下，低压断路器可靠操作的总次数。

常用 DZ5 - 20 系列低压断路器的主要技术参数见表 4 - 11。

表 4 - 11　DZ5 - 20 系列低压断路器的主要技术参数

型号	额定电压/V	额定电流/A	极数	脱扣器类别	热脱扣器额定电流（括号内为整定电流调节范围）/A	电磁脱扣器瞬时动作整定电流/A
DZ5 - 20/200	交流 380	20	2	无脱扣器	—	—
DZ5 - 20/300			3			
DZ5 - 20/210			2	热脱扣器	0.15（0.10 ~ 0.15）	为热脱器额定电路的 8 ~ 12 倍（出厂时整定在 10 倍）
DZ5 - 20/310			3		0.20（0.15 ~ 0.20）	
DZ5 - 20/220	直流 220	20	2	电磁脱扣	0.30（0.20 ~ 0.30） 0.45（0.30 ~ 0.45） 0.65（0.45 ~ 0.65） 1.00（1.00 ~ 1.50） 2.00（1.50 ~ 2.00） 3.00（2.00 ~ 3.00） 4.50（3.00 ~ 4.50） 6.50（4.50 ~ 6.50） 10.00（6.50 ~ 10.00） 15.00（10.00 ~ 15.00） 20.00（15.00 ~ 20.00）	为热脱器额定电路的 8 ~ 12 倍（出厂时整定在 10 倍）

（6）低压断路器的选择及使用

1）选择低压断路器注意事项如下：

①低压断路器的额定电流和额定电压应大于或等于电路、设备的正常工作电压和电流。

②低压断路器的极限分断能力应大于或等于电路最大短路电流。

③过电流脱扣器的额定电流大于或等于电路的最大负载电流。

④欠电压脱扣器的额定电压等于电路的额定电压。

2）使用低压断路器注意事项如下：

①在安装低压断路器时，应注意把来自电源的母线接到开关灭弧罩一侧的端子上，来自电气设备的母线接到另外一侧的端子上。

②低压断路器投入使用时，应先进行整定，按照要求整定热脱扣器的动作电流，以后就

不应随意旋动有关的螺钉和弹簧。

③发生断、短路事故的动作后，应立即对触点进行清理，检查有无熔坏，清除金属熔粒、粉尘等，特别要把散落在绝缘体上的金属粉尘清除干净。

④在正常情况下，每六个月应对开关进行一次检修，清除灰尘。

使用低压断路器来实现短路保护比熔断器要好，因为当三相电路短路时，很可能只有一相的熔断器熔断，造成单相运行。对于低压断路器来说，只要造成短路都会使开关跳闸，将三相同时切断。低压断路器还有其他自动保护作用，所以性能优越。但它结构复杂，操作频率低，价格高，因此适用于要求较高的场合（如电源总配电盘）。

（7）低压断路器的安装要点

1）低压断路器应垂直安装。断路器底板应垂直于水平位置，固定后，断路器应安装平整。

2）板前接线的低压断路器允许安装在金属支架上或金属底板上，但板后接线的低压断路器必须安装在绝缘底板上。

3）电源进线应接在断路器的上母线上，而负载出线则应接在下母线上。

4）当低压断路器用作电源总开关或电动机的控制开关时，在断路器的电源进线则必须加装隔离开关、刀开关或熔断器，作为明显的断开点。

5）为防止发生飞弧，安装时应考虑断路器的飞弧距离，并注意灭弧室上方接近飞弧距离处不跨接母线。

（8）低压断路器的常见故障处理方法（见表4-12）

表4-12　低压断路器常见故障处理方法

序号	故障现象	故障原因	处理方法
1	不能合闸	欠电压脱扣器无电压和线圈损坏	检查施加电压和更换线圈
		储能弹簧变形	更换储能弹簧
		反作用弹簧力过大	重新调整
		机构不能复位再扣	调整再扣接触面至规定值
2	电流达到整定值，断路器不动作	热脱扣器双金属片损坏	更换双金属片
		电磁脱扣器的衔铁与铁芯距离太大或电磁线圈损坏	调整衔铁与铁芯的距离或更换断路器
		主触点熔焊	检查原因并更换主触点
3	启动电动机时断路器立即分断	电磁脱扣器瞬动整定值过小	调高整定值到规定值
		电磁脱扣器某些零件损坏	更换脱扣器
4	断路器闭合后经一定时间自行分断	热脱扣器整定值过小	调高整定值到规定值
5	断路器温升过高	触点压力过小	调整触点压力或更换弹簧
		触点表面过分磨损或接触不良	更换触点或整修接触面
		两个导电零件边接螺钉松动	重新拧紧

知识链接4　接触器的选用与检修

接触器是一种用来频繁地接通和断开（交、直流）负荷电流的电磁式自动切换电器，主要用于控制电动机、电焊机、电容器组等设备，具有低压释放的保护功能，适用于频繁操作和远距离控制，是电力拖动自动控制系统中使用最广泛的元器件之一。

1. 接触器的分类

$$\text{接触器} \begin{cases} \text{按主触点控制的电流性质分} \begin{cases} \text{交流接触器} \\ \text{直流接触器} \end{cases} \\ \text{按驱动触点系统动力来源分} \begin{cases} \text{电磁式接触器} \\ \text{气动式接触器} \\ \text{液动式接触器} \end{cases} \\ \text{按灭弧介质的性质分} \begin{cases} \text{空气式接触器} \\ \text{油浸式接触器} \\ \text{真空式接触器} \end{cases} \\ \text{按主触点的极数分} \begin{cases} \text{单极接触点} \\ \text{二极接触点} \\ \text{三级接触点} \\ \text{四级接触点} \\ \text{五极接触点} \end{cases} \end{cases}$$

2. 接触器的结构

交流接触器主要由电磁机构、触点系统、灭弧装置和其他辅助部件四大部分组成。交流接触器结构示意图如图4－6所示。

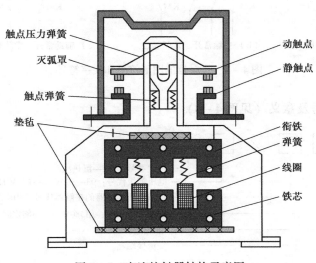

图4－6　交流接触器结构示意图

1）电磁机构电磁机构由线圈、铁芯和衔铁组成，用作产生电磁吸力，带动触点动作。

2）触点系统触点分为主触点及辅助触点。主触点用于接通或断开主电路或大电流电路，一般为三极。辅助触点用于控制电路，起控制其他元件接通或断开及电气联锁作用，常用的常开、常闭各两对；主触点容量较大，辅助触点容量较小。辅助触点结构上通常常开和常闭是成对的。当线圈得电后，衔铁在电磁吸力的作用下吸向铁芯，同时带动动触点移动，使其与常闭触点的静触点分开，与常开触点的静触点接触，实现常闭触点断开，常开触点闭合。辅助触点不能用来断开主电路。主、辅触点一般采用桥式双断点结构。

3）灭弧装置容量较大的接触器都有灭弧装置。对于大容量的接触器，常采用窄缝灭弧及栅片灭弧，对于小容量的接触器，采用电动力吹弧、灭弧罩等。

4）其他辅助部件包括反力弹簧、缓冲弹簧、触点压力弹簧、传动机构、支架及底座等。

3. 交流接触器的工作原理

接触器的工作原理是：当吸引线圈得电后，线圈电流在铁芯中产生磁通，该磁通对衔铁产生克服复位弹簧反力的电磁吸力，使衔铁带动触点动作。触点动作时，常闭触点先断开，常开触点后闭合。当线圈中的电压值降低到某一数值时（无论是正常控制还是欠电压、失电压故障，一般降至线圈额定电压的85%），铁芯中的磁通下降，电磁吸力减小，当减小到不足以克服复位弹簧的反力时，衔铁在复位弹簧的反力作用下复位，使主、辅触点的常开触点断开，常闭触点恢复闭合。这也是接触器的失压保护功能。直流接触器的结构和工作原理与交流接触器基本相同。

4. 接触器的图形符号和文字符号（见图4-7）

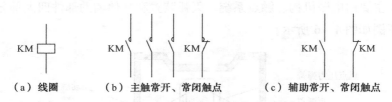

（a）线圈　　　（b）主触常开、常闭触点　　　（c）辅助常开、常闭触点

图4-7　接触器的图形符号和文字符号

5. 接触器的型号及意义（见图4-8）

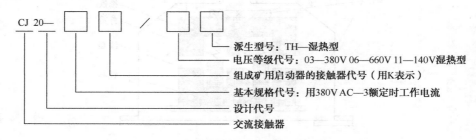

派生型号：TH—湿热型
电压等级号：03—380V 06—660V 11—140V湿热型
组成矿用启动器的接触器代号（用K表示）
基本规格代号：用380V AC—3额定时工作电流
设计代号
交流接触器

（a）CJ20系列交流接触器的型号含义

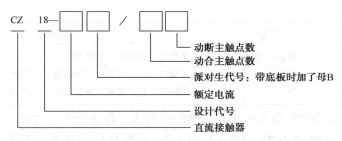

（b）CZ18 系列直流接触器的型号含义

图 4 – 8　接触器的型号及意义

6. 常用交流接触器

目前，我国常用的交流接触器主要有 CJ0、CJ10、CJ20、CJX1、CJX2 和 CJ24 等系列；引进产品应用较多的有德国 BBC 公司的 B 系列、西门子公司的 3TB 和 3TF 系列，法国 TE 公司的 LC1 和 LC2 系列等；常用的直流接触器有 CZ18、CZ21、CZ22、CZ10 和 CZ2 等系列。

7. 接触器的主要技术参数（见表 4 – 13）

表 4 – 13　常用 CJ0、CJ10 系列交流接触器的主要技术参数

型号	主触点（额定电压380V）		辅助触点（额定电压380V）	线圈		可控制电动机最大容量/kW	
	对数	额定电流/A		电压/V	功率/VA	220V	380V
CJ0 – 10	3	10	额定电流5A触点对数均为2常开、2常闭	可为36、110、127、220、380	14	2.5	4
CJ0 – 20		20			33	5.5	10
CJ0 – 40		40			33	11	20
CJ0 – 75		75			55	22	40
CJ10 – 10		10	额定电流5A触点对数均为2常开、2常闭	可为36、110、127、220、380	11	2.2	4
CJ10 – 20		20			22	5.5	10
CJ10 – 40		40			32	11	20
CJ10 – 60		60			70	17	30

另外，接触器还有个使用类别的问题。这是由于接触器用于不同负载时，对主触点的接通和分断能力的要求不一样，而不同类别接触器是根据其不同控制对象（负载）的控制方式所规定的。根据低压电器基本标准的规定，接触器的使用类别比较多，其中，在电力拖动控制系统中，接触器的使用类别及典型用途见表 4 – 14。

表 4 – 14　接触器的使用类别及典型用途

电流种类	使用类别代码	典型用途
AC	AC – 1	无感或微感负载、电阻炉
	AC – 2	绕线式电动机的启动和中断
	AC – 3	笼型电动机的启动和中断
	AC – 4	笼型电动机的启动、反接制动、反向和点动

续表

电流种类	使用类别代码	典型用途
DC	DC - 1	无感或微感负载、电阻炉
	DC - 3	并励电动机的启动、反接制动、反向和点动
	DC - 5	串励电动机的启动、反接制动、反向和点动

接触器的使用类别代号通常标注在产品的铭牌或工作手册中。表4-14中要求接触器主触点达到的接通和分断能力为：AC-1和DC-1类允许接通和分断额定电流；AC-2、DC-3和DC-5类允许接通和分断4倍的额定电流；AC-3类允许接通6倍的额定电流和分断额定电流；AC-4类允许接通和分断6倍的额定电流。

8. 接触器的选用

（1）接触器的类型选择

根据接触器所控制负载的轻重和负载电流的类型，来选择交流接触器或直流接触器。

（2）额定电压的选择

接触器的额定电压应大于或等于负载回路的电压。

（3）额定电流的选择

接触器的额定电流应大于或等于被控回路的额定电流。对于电动机负载可按下式计算：

$$I_C = \frac{P_N \times 10^3}{KU_N}$$

式中，I_C 为流过接触器主触点的电流（A）；P_N 为电动机的额定功率（kW）；U_N 为电动机的额定电压（V）；K 为经验系数，一般取 $1 \sim 1.4$。

（4）吸引线圈的额定电压选择

吸引线圈的额定电压应与所接控制电路的额定电压相一致。对于简单控制电路，可直接选用交流380V、220V电压，对于复杂、使用电器较多者，应选用110V或更低的控制电压。

（5）接触器的触点数量、种类选择

接触器的触点数量和种类应根据主电路和控制电路的要求选择。如辅助触点的数量不能满足要求时，可通过增加中间继电器的方法解决。

9. 交流接触器的安装

1）安装前检查接触器铭牌与线圈的技术参数是否符合实际使用要求；检查接触器外观，应无机械损伤；用手推动接触器可动部分时，接触器应动作灵活；灭弧罩应完整无损，固定牢固；测量接触器的线圈电阻和绝缘电阻等。

2）接触器一般应安装在垂直面上，倾斜度应小于50；安装和接线时，注意不要将零件失落或掉入接触器内部，安装孔的螺钉应装有弹簧垫圈和平垫圈，并拧紧螺钉以防振动松脱。

3）检查接线正确无误后，在主触点不带电的情况下操作几次，然后测量产品的动作值和释放值，所测得数值应符合产品的规定要求。

4）对有灭弧室的接触器，应先将灭弧罩拆下，待安装固定好后再灭弧罩装上。拆装时注意不要损坏灭弧罩，带灭弧罩的交流接触器绝不允许不带灭弧罩或带破损灭弧罩运行。

5）接触器触点表面应经常保持清洁，不允许涂油。当触点表面因电弧作用形成金属小珠时，应及时铲除，但银合金表面产生的氧化膜，由于接触电阻很小，不必铲修，否则会缩短触点寿命。

10. 交流接触器的常见故障分析及处理方法（见表4－15）

表4－15 交流接触器的常见故障分析及处理方法

序号	故障现象	故障原因	处理方法
1	触点过热	通过动、静触点间的电流过大	重新选择大容量触点
		动、静触点间接触电阻过大	用刮刀或细锉修整或更换触点
2	触点磨损	触点间电弧或电火花造成电磨损	更换触点
		触点闭合撞击造成机械磨损	更换触点
3	触点熔焊	触点压力弹簧损坏使触点压力过小	更换弹簧和触点
		电路过载使触点通过的电流过大	选用较大容量的接触器
4	铁芯噪声大	衔铁与铁芯的接触面接触不良或衔铁歪斜	拆下清洗、修整端面
		短路环损坏	焊接短路环或更换
		触点压力过大或活动部分受到卡阻	调整弹簧、消除卡阻因素
5	衔铁吸不上	线圈引出线的连接处脱落，线圈断线或烧毁	检查电路及时更换线圈
		电源电压过低或活动部分卡阻	检查电源、消除卡阻因素
6	衔铁不释放	触点熔焊	更换触点
		机械部分卡阻	消除卡阻因素
		反作用弹簧损坏	更换弹簧

知识链接5 继电器的选用与检修

继电器是一种根据某种输入信号的变化来接通或断开控制电路，实现自动控制和保护的电器。其输入量可以是电压、电流等电气量，也可以是温度、时间、速度、压力等非电气量。

1. 电磁式继电器

电磁式继电器是应用得最早、最多的一种继电器，其结构和工作原理与接触器大体相同，也由铁芯、衔铁、线圈、复位弹簧和触点等部分组成。电磁式继电器的典型结构如图4－9所示。

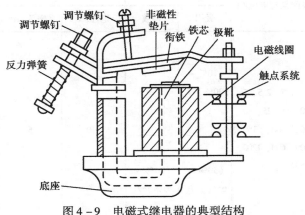

图4－9 电磁式继电器的典型结构

电磁式继电器的一般图形符号和文字符号如图4-10所示。

电磁式继电器按输入信号的性质可分为：电磁式电流继电器、电磁式电压继电器和电磁式中间继电器。

（1）电磁式电流继电器

电磁式电流继电器又分为过电流继电器和欠电流继电器。

1）过电流继电器。

过电流继电器用作电路的过电流保护。正常工作时，线圈电流为额定电流，此时衔铁为释放状态；当电路中电流大于负载正常工作电流时，衔铁才产生吸合动作，从而带动触点动作，断开负载电路。所以电路中常用过电流继电器的常闭触点。

2）欠电流继电器。

欠电流继电器在电路中作欠电流保护。正常工作时，线圈电流为负载额定电流，衔铁处于吸合状态；当电路的电流小于负载额定电流，达到衔铁的释放电流时，衔铁则释放，同时带动触点动作，断开电路。所以电路中常用欠电流继电器的常开触点。

电磁式电流继电器的图形和文字符号如图4-11所示。

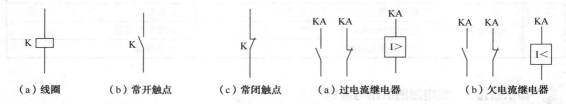

（a）线圈　　（b）常开触点　　（c）常闭触点　　　（a）过电流继电器　　　（b）欠电流继电器

图4-10　电磁式继电器的一般图形符号和文字符号　　图4-11　电磁式电流继电器的图形和文字符号

3）过电流继电器的技术参数。

JL14系列过电流继电器的基本技术参数见表4-16。

表4-16　JL14系列过电流继电器的基本技术参数

电流种类	型号	线圈额定电流/A	吸合电流调整范围		触点参数			复位方式
			吸引	释放	电压/V	电流/A	触点组	
直流	JL14-□□Z	1、1.5、2.5、5、10、15、25、40、60、100、150、300、600、1200、1500	（70%~300%）I_N		440	5	3常开，3常闭	自动
	JL14-□□ZS						2常开，1常闭 / 1常开，2常闭	手动
	JL14-□□ZQ		（30%~65%）I_N	（10%~20%）I_N			1常开，1常闭	自动

电流种类	型号	线圈额定电流/A	吸合电流调整范围		触点参数			复位方式
			吸引	释放	电压/V	电流/A	触点组	
交流	JL14 – □□J	1、1.5、2.5、5、10、15、25、40、60、100、150、300、600、1200、1500	（110% ~ 400%）I_N		380	5	2 常开，2 常闭	自动
	JL14 – □□JS						2 常开，1 常闭	手动
	JL14 – □□JG						2 常开，1 常闭	自动

4）过电流继电器的选用。

①保护中、小容量直流电动机和绕线式异步电动机时，线圈的额定电流一般可按电动机长期工作的额定电流来选择；对于频繁启动的电动机，线圈的额定电流可选大一级。

②过电流继电器的整定值，应考虑到动作误差，可按电动机最大工作电流的 1.7~2 倍来选用。

5）过电流继电器的安装要点。

过电流继电器在安装时，需将线圈串联于主电路中，常闭触点串联于控制电路中与接触器线圈连接，起到保护作用。

（2）电磁式电压继电器

触点的动作与线圈的电压大小有关的继电器称为电压继电器。

按线圈电流的种类可分为交流型和直流型；按吸合电压相对额定电压的大小又分为过电压继电器和欠电压继电器。

1）过电压继电器。

在电路中用于过电压保护。过电压继电器线圈在额定电压时，衔铁不产生吸合动作，只有当线圈的电压高于其额定电压的某一值时衔铁才产生吸合动作，所以称为过电压继电器。过电压继电器衔铁吸合而动作时，常利用其常闭触点断开需保护的电路的负荷开关，起到保护的作用。交流过电压继电器吸合电压的调节范围为 $U_x =$ （1.05 ~ 1.2）U_N。因为直流电路不会产生波动较大的过电压现象，所以产品中没有直流过电压继电器。

2）欠电压继电器。

在电路中用作欠电压保护。当电路中的电气设备在额定电压下正常工作时，欠电压继电器的衔铁处于吸合状态；如果电路出现电压降低至线圈的释放电压时，衔铁由吸合状态转为释放状态，同时断开与它相连的电路，实现欠电压保护。所以控制电路中常用欠电压继电器的常开触点。

电磁式电压继电器的图形和文字符号如图 4-12 所示。

（3）电磁式中间继电器

中间继电器的吸引线圈属于电压线圈，但它的触点数量较多（一般有 4 对常开、4 对常闭），触点容量较大（额定电流为 5~10A），且动作灵敏。其主要用途是当其他继电器的触

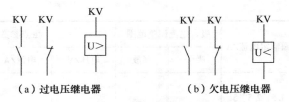

（a）过电压继电器　　　　　　　（b）欠电压继电器

图 4 – 12　电压继电器的图形和文字符号

点数量或触点容量不够时，可借助中间继电器来扩大触点容量（触点并联）或触点数量，起到中间转换的作用。

　　常用的中间继电器有 JZ7 系列。以 JZ7 – 62 为例，JZ 为中间继电器的代号，7 为设计序号，有 6 对常开触点、2 对常闭触点。JZ7 系列中间继电器的主要技术参数见表 4 – 17。

表 4 – 17　JZ7 系列中间继电器的主要技术参数

型号	触点数量及参数						操作频率次/h	线圈消耗功率/W	线圈电压/V
	常开	常闭	电压/V	电流/A	断开电流/A	闭合电流			
JZ – 44	4	4	380		3	13			12、24、36、48、
JZ – 62	6	2	220	5	4	13	1200	12	110、127、220、380、
JZ – 80	8	0	127		4	20			420、440、500

2. 时间继电器

时间继电器的图形符号和文字符号如图 4 – 13 所示。

（a）线圈一般符号　　（b）通电延时闭合的　（c）通电延时断开的　（d）断电延时断开的　（e）断电延时闭合的
　　　　　　　　　　　　　常开触点　　　　　　常闭触点　　　　　　常开触点　　　　　　常闭触点

图 4 – 13　时间继电器的图形符号和文字符号

时间继电器的型号及意义如图 4 – 14 所示。

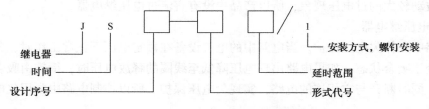

图 4 – 14　时间继电器的型号及意义

（1）常用的时间继电器

1）空气阻尼式时间继电器。

目前，在电力拖动电路中应用较多的空气阻尼式时间继电器是 JS7 – A 系列，其外形结构如图 4 – 15 所示。

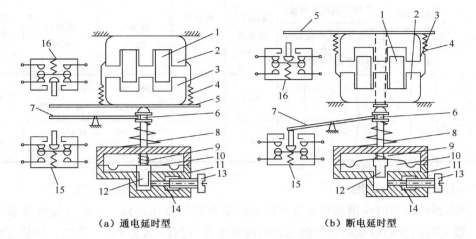

（a）通电延时型　　　　　　　　（b）断电延时型

图 4 – 15　JS7 – A 系列时间继电器

1—线圈；2—铁芯；3—衔铁；4—反力弹簧；5—推板；6—活塞杆；7—杠杆；8—塔形弹簧；9—弱弹；
10—橡皮膜；11—空气室壁；12—活塞；13—调节螺钉；14—进气孔；15、16—微动开关

2）电子式时间继电器。

电子式时间继电器体积小、重量轻、延时精度高、延时范围广、抗干扰性能强、可靠性好、寿命长，适用于各种要求高精度、高可靠自动化控制场合作延时控制，常用型号 JS14、ST3P、ST6P 外形如图 4 – 16 所示。

3）数字显示时间继电器。

采用集成电路，LED 数字显示，数字按键开关预置，具有工作稳定、精度高、延时范围宽、功耗低、外形美观、安装方便，广泛应用于自动控制中作延时元件用，常用型号 JS11S、JS14S，外形如图 4 – 17 所示。

图 4 – 16　电子式时间继电器　　　　　　图 4 – 17　数字显示时间继电器

（2）时间继电器的技术参数

JS7—A 系列空气阻尼式时间继电器的主要技术参数见表 4 – 18。

表4-18 JS7—A系列空气阻尼式时间继电器的主要技术参数

型号	瞬时动作触点数量		有延时的触点数量				触点额定电压/V	触点额定电流/A	线圈电压/V	延时范围/s	额定操作频率/（次/h）
			通电延时		断电延时						
	常开	常闭	常开	常闭	常开	常闭					
JS7-1A	-	-	1	1	-	-	380	5	24、36 110、127	0.4~60 及 0.4~180	600
JS7-2A	1	1	1	1	-	-					
JS7-3A	-	-	-	-	1	1	380	5	220、380 420	0.4~60 及 0.4~180	600
JS7-4A	1	1	-	-	1	1					

（3）时间继电器的选用

1）根据系统的延时范围和精度选择时间继电器的类型和系列。在延时精度要求不高的场合，一般可选用价格较低的空气阻尼式时间继电器（JS7-A系列）；反之，对精度要求较高的场合，可选用电子式时间继电器。

2）根据控制电路的要求选择时间继电器的延时方式（通电延时和断电延时）；同时还必须考虑电路对瞬间动作触点的要求。

3）根据控制电路电压选择时间继电器吸引线圈的电压。

（4）时间继电器的安装

1）时间继电器应按说明书规定的方向安装。

2）时间继电器的整定值，应预先在不通电时整定好，并在试车时校正。

3）时间继电器金属地板上的接地螺钉必须与接地线可靠连接。

4）通电延时型和断电延时型可在速写时间内自行调换。

（5）时间继电器的故障处理方法（见表4-19）

表4-19 时间继电器的故障处理方法

序号	故障现象	故障原因	处理方法
1	延时触点不动作	电磁线圈断线	更换线圈
		电源电压过低	调高电源电压
		传动机构卡住或损坏	排除卡住故障或更换部件
2	延时时间缩短	气室装配不严、漏气	修理或更换气室
		橡皮膜损坏	更换橡皮膜
3	延时时间变长	气室内有灰尘，使气道阻塞	清除气室内灰尘，使气道畅通

3. 热继电器

（1）热继电器的作用及分类

利用热继电器对连续运行的电动机实施过载及断相保护，可防止因过热而损坏电动机的绝缘材料。由于热继电器中发热元件有热惯性，在电路中不能作瞬时过载保护，更不能作短路保护，因此，它不同于过电流继电器和熔断器。

热继电器的分类

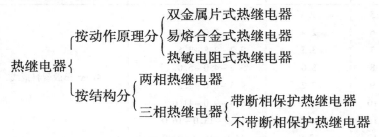

（2）热继电器的结构、外形及符号（见图4-18）

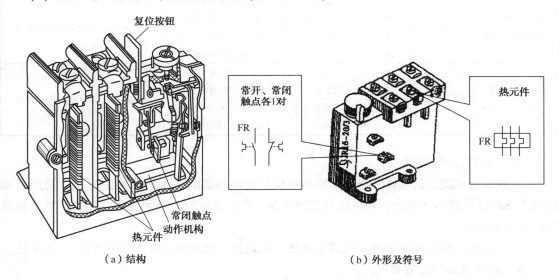

（a）结构　　　　　　　　　　　（b）外形及符号

图4-18　热继电器的结构外形及符号

（3）热继电器的型号及主要技术参数

在三相交流电动机的过载保护中，应用较多的有JR16和JR20系列三相式热继电器。这两种系列的热继电器都有带断相保护和不带断相保护两种形式，JR16系列热继电器的主要技术参数见表4-20。

表4-20　JR16系列热继电器的主要技术参数

型号	额定电流/A	发热元件规格			连接导线规格
		编号	额定电流/A	刻度电流调整范围/A	
JR16-20/3 JR16-20/3D	20	1	0.35	0.25~0.3~0.35	4mm² 单股塑料铜线
		2	0.5	0.32~0.4~0.5	
		3	0.72	0.45~0.6~0.72	
		4	1.1	0.68~0.9~1.1	

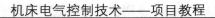

续表

型号	额定电流/A	发热元件规格			连接导线规格
		编号	额定电流/A	刻度电流调整范围/A	
JR16 – 20/3 JR16 – 20/3D	20	5	1.6	1.0 ~ 1.3 ~ 1.6	4mm² 单股塑料铜线
		6	2.4	1.5 ~ 2.0 ~ 2.4	
		7	3.5	2.2 ~ 2.8 ~ 3.5	
		8	5.0	3.2 ~ 4.0 ~ 5.0	
		9	7.2	4.5 ~ 6.0 ~ 7.2	
		10	11.0	6.8 ~ 9.0 ~ 11.0	
		11	16.0	10.0 ~ 13.0 ~ 16.0	
		12	22.0	14.0 ~ 18.0 ~ 22.0	
JR16 – 60/3 JR16 – 60/3D	60	13	22.0	14.0 ~ 18.0 ~ 22.0	16mm² 多股铜线橡皮软线
		14	32.0	20.0 ~ 26.0 ~ 32.0	
		15	45.0	28.0 ~ 36.0 ~ 45.0	
		16	63.0	40.0 ~ 50.0 ~ 63.0	
JR16 – 150/3 JR16 – 150/3D	150	17	63.0	40.0 ~ 50.0 ~ 63.0	35mm² 多股铜线橡皮软线
		18	85.0	53.0 ~ 70.0 ~ 85.0	
		19	120.0	75.0 ~ 100.0 ~ 120.0	
		20	160.0	100.0 ~ 130.0 ~ 160.0	

（4）热继电器的选用

1）热继电器类型的选择。当热继电器所保护的电动机绕组是星形接法时，可选用两相结构或三相结构的热继电器；如果电动机绕组是三角形接法时，必须采用三相结构带断相保护的热继电器。

2）热继电器整定电流选择。热继电器整定电流值一般取电动机额定电流的 1 ~ 1.1 倍。

（5）热继电器的安装要点。

1）热继电器的安装方向必须与产品说明书中规定的方向相同，误差不应小于 50。当它与其他电器安装在一起时，应注意将其安装他发热电器的下方，以免动作特性受到其他电器发热的影响。

2）热继电器的整定电流必须按电动机的额定电流进行调整，绝对不允许弯折双金属片。

3）一般热继电器应置于手动复位的位置上，若需要自动复位时，可将复位调节螺钉以顺时针方向向里旋紧。

4）热继电器进、出线端的连接导线，应按电动机的额定电流正确选用，尽量采用铜导线，并正确选择导线截面积。

5）热继电器由于电动机过载后动作，若要再次启动电动机，必须待热元件冷却后，才能使热继电器复位。一般自动复位需要 5min，手动复位需要 2min。

（6）热继电器的常见故障处理方法（见表 4 – 21）

表 4 – 21　热继电器的常见故障处理方法

序号	故障现象	故障原因	处理方法
1	热元件烧断	负载侧短路，电流过大	排除故障、更换热继电器
		操作频率过高	更换合适参数的热继电器
2	热继电器不动作	热继电器的额定电流值选用不合适	按保护容量合理选用
		整定值偏大	合理调整整定值
		动作触点接触不良	消除触点接触不良因素
		热元件烧断或脱掉	更换热继电器
		动作机构卡阻	消除卡阻因素
		导板脱出	重新放人并调试
3	热继电器动作不稳定，时快时慢	热继电器内部机构某些部件松动	将这些部件加以紧固
		在检查中弯折了双金属片	用 2 倍电流预试几次或将双金属片拆下来热处理以去除内应力
		通过电流波动太大，或接线螺钉松动	检查电流电压或拧紧接线螺钉
4	热继电器动作太快	整定值偏小	合理调整整定值
		电动机启动时间过长	按启动时间要求，选择具有合适的可返回时间的热继电器
		连接导线太细	选用标准导线
		操作频率过高	更换合适的型号
4	热继电器动作太快	使用场合有强烈的冲击和振动	采取防振动措施
		可逆转换频繁	改用其他保护方式
5	主电路不通	安装热继电器与电动机环境温差太大	按两地温差情况配置适当的热继电器
		热元件烧断	更换热元件或热继电器
6	控制电路不通	接线螺钉松动或脱落	紧固接线螺钉
		触点烧坏或动触点片弹性消失	更换触点或弹簧
		可调整式旋钮在不合适的位置	调整旋钮或螺钉
		热继电器动作后未复位	按动复位按钮

4. 速度继电器

速度继电器是利用速度原则对电动机进行控制的自动电器，常用作笼型异步电动机的反接制动，所以有时也称为反接制动继电器。

感应式速度继电器是依靠电磁感应原理实现触点动作的，因此，它的电磁系统与一般电磁式电器不同，而与交流电动机的电磁系统相似。感应式速度继电器的结构如图 4 – 19 所示，主要由定子、转子和触点三部分组成。使用时继电器轴与电动机轴相耦合，但其触点接在控制电路中。速度继电器的图形及文字符号如图 4 – 20 所示。

一般速度继电器的动作速度为 120r/min，触点的复位速度在 100r/min 以下，转速在 3000 ~ 3600r/min 能可靠地工作，允许操作频率不超过 30 次/h。

速度继电器主要根据电动机的额定转速来选择。使用时，速度继电器的转轴应与电动机同轴连接，安装接线时，正反向的触点不能接错，否则不能起到反接制动时接通和断开反向电源的作用。

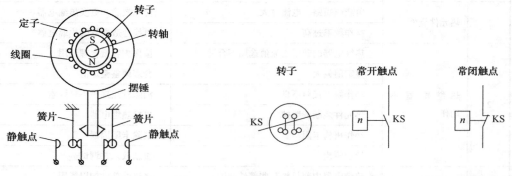

图4-19　感应式速度继电器的结构　　　　图4-20　速度继电器的图形及文字符号

知识链接6　按钮与行程开关的选用与检修

主令电器是在自动控制系统中发出指令或信号的电器，用来控制接触器、继电器或其他电器线圈，使电路接通或断开，以达到控制生产机械的目的。

主令电器应用十分广泛，种类繁多。常用的主令电器按其作用可分为控制按钮、行程开关、万能转换开关、主令控制器及其他主令电器（脚踏开关、钮子开关、紧急开关）等。

1. 按钮

按钮是一种结构简单、使用广泛的手动主令电器，在低压控制电路中，用来发出手动指令远距离控制其他电器，再由其他电器去控制主电路或转移各种信号，也可以直接用来转换信号电路和电器联锁电路等。

（1）按钮的型号

按钮的型号及意义如图4-21所示。

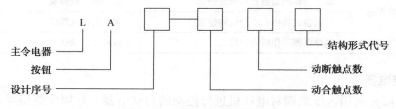

图4-21　按钮的型号及意义

（2）常用按钮

按钮一般由按钮帽、复位弹簧、触点和外壳等部分组成，其结构如图4-22所示，每个按钮中触点的形式和数量可根据需要装配成1常开、1常闭到6常开、6常闭形式。控制按钮可做成单式（一个按钮）、复式（两个按钮）和三联式（3个按钮）的形式。为便于识别各个按钮的作用，避免误操作，通常在按钮帽上做出不同标志或涂以不同颜色，表示不同作用。一般用红色作为停止按钮，绿色作为启动按钮。其图形及文字符号如图4-23所示。

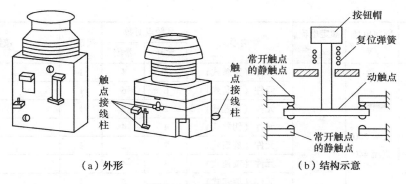

（a）外形 　　　　　　　　　　　（b）结构示意

图 4 – 22　按钮的结构

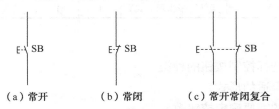

（a）常开　　　　　　（b）常闭　　　　　（c）常开常闭复合

图 4 – 23　按钮的图形及文字符号

常用按钮的型号有 LA4、LA10、LA18、LA19、LA25 等系列，其外形如图 4 – 24 所示。

图 4 – 24　常用按钮的外形

（3）常用按钮的主要技术参数（见表 4 – 22）

表 4 – 22　常用按钮的主要技术参数

型号	额定电压 /V	额定电流 /A	结构形式	触点对数		按钮数	按钮颜色
				常开	常闭		
LA2	交流 500 直流 440	5	元件	1	1	1	黑、绿、红
LA10 – 2K			开启式	2	2	2	黑红或绿红
LA10 – 3K			开启式	3	3	3	黑、绿、红
LA10 – 2H			保护式	2	2	2	黑红或绿红
LA10 – 3H			保护式	3	3	3	黑、绿、红
LA18 – 22J			元件（紧急式）	2	2	1	红

续表

型号	额定电压/V	额定电流/A	结构形式	触点对数		按钮数	按钮颜色
				常开	常闭		
LA18－44J	交流500直流440	5	元件（紧急式）	4	4	1	红
LA18－66J			元件（紧急式）	6	6	1	红
LA18－22Y			元件（钥匙式）	2	2	1	黑
LA18－44Y			元件（钥匙式）	4	4	1	黑
LA18－22X			元件（旋钮式）	2	2	1	黑
LA18－44X			元件（旋钮式）	4	4	1	黑
LA18－66X			元件（旋钮式）	6	6	1	黑
LA19－11J			元件（紧急式）	1	1	1	红
LA19－11D			元件（带指示灯式）	1	1	1	红、绿、黄、蓝、白

（4）按钮的选用

1）根据使用场合选择控制按钮的种类。

2）根据用途选择合适的形式。

3）根据控制回路的需要确定按钮数。

4）按工作状态指示和工作情况要求选择按钮和指示灯的颜色。

（5）按钮的安装

1）按钮安装在面板上时，应布置整齐，排列合理，如根据电动机启动的先后顺序，从上到下或从左到右排列。

2）同一机床运动部件有几种不同的工作状态时（如上、下、前、后、松、紧等），应使每一对相反状态的按钮安装在一组。

3）按钮的安装应牢固，安装按钮的金属板或金属按钮盒必须可靠接地。

4）由于按钮的触点间距较小，如有油污等极易发生短路故障，因此应注意保持触点间的清洁。

（6）按钮的故障处理方法（见表4－23）

表4－23　按钮的故障处理方法

序号	故障现象	故障原因	处理方法
1	触点接触不良	触点烧损	修整触点和更换产品
		触点表面有尘垢	清洁触点表面
		触点弹簧失效	重绕弹簧和更换产品
2	触点间短路	塑料受热变形，导线接线螺钉相碰短路	更换产品，并查明发热原因，如灯泡发热所致，可降低电压
		杂物和油污在触点间形成通路	清洁按钮内部

2. 行程开关

行程开关也称为限位开关或位置开关，用于检测工作机械的位置，是一种利用生产机械某些运动部件的撞击来发出控制信号的主令电器，所以称为行程开关。将行程开关安装于生产机械行程终点处，可限制其行程。主要用于改变生产机械的运动方向、行程大小及位置保护等。

（1）行程开关的型号

行程开关的型号及意义如图 4 – 25 所示。

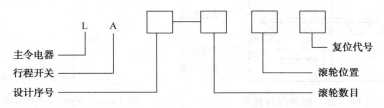

图 4 – 25 时间继电器的型号及意义

注：复位代号为 1—能自动复位，2—不能自动复位

（2）常用行程开关

行程开关的种类很多，按动作方式分为瞬动型和蠕动型；按其头部结构可分为直动式（如 LX1、JLXK1 系列）、滚轮式（如 LX2、JLXK2 系列）和微动式（如 LXW – 11、JLXK1 – 11 系列）3 种。

直动式行程开关的外形及结构如图 4 – 26 所示，其动作原理与按钮相同。但它的触点分合速度取决于生产机械的移动速度。当移动速度低于 0.4m/min 时，触点断开太慢，易受电弧烧损。

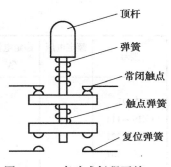

图 4 – 26 直动式行程开关的外形及结构

为此，应采用有盘形弹簧机构瞬时动作的滚轮式行程开关，如图 4 – 27 所示。当生产机械的行程比较小且作用力也很小时，可采用具有瞬时动作和微小动作的微动开关，如图 4 – 28 所示。

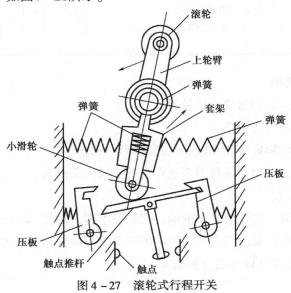

图 4 – 27 滚轮式行程开关

行程开关的图形及文字符号如图 4 - 29 所示。

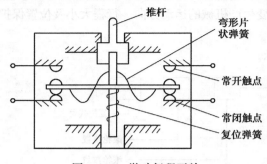

图 4 - 28 微动行程开关

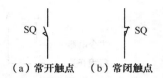

图 4 - 29 行程开关的图形及文字符号

（3）行程开关的主要技术参数（见表 4 - 24）

表 4 - 24 行程开关的主要技术参数

型号	额定电压 /V	额定电流 /A	结构形式	触点对数		工作行程	超行程
				常开	常闭		
LX19K	交流 380 直流 220	5	元件	1	1	3mm	1mm
LX19 - 111			内侧单轮，自动复位	1	1	~30°	~20°
LX19 - 121			外侧单轮，自动复位	1	1	~30°	~20°
LX19 - 131			内外侧单轮，自动复位	1	1	~30°	~20°
LX19 - 212			内侧双轮，不能自动复位	1	1	~30°	~15°
LX19 - 222			外侧双轮，不能自动复位	1	1	~30°	~15°
LX19 - 232			内外侧双轮，不能自动复位	1	1	~30°	~15°
LXK1 - 111			单轮防护式	1	1	12°~15°	≤30°
LXK1 - 211			双轮防护式	1	1	~45°	≤45°
LXK1 - 311			直动防护式	1	1	1~3mm	2~4mm
LXK1 - 411			直动滚轮防护式	1	1	1~3mm	2~4mm

（4）行程开关的选用

1）根据使用场合及控制对象选择种类。

2）根据安装环境选择防护形式。

3）根据控制回路的额定电压和额定电流选择系列。

4）根据行程开关的传力与位移关系选择合理的操作头形式。

（5）行程开关的安装

1）行程开关安装时，安装位置要准确，安装要牢固，滚轮的方向不能装反。

2）挡铁与其碰撞的位置应符合控制电路的要求，并确保能可靠地与挡铁碰撞。

（6）行程开关的故障处理方法（见表 4 - 25）

表 4 - 25 行程开关的故障处理方法

序号	故障现象	故障原因	故障处理
1	挡铁碰撞位置开关后，触点不动作	安装位置不准确	调整安装位置
		触点接触不良或接线松脱	清理触点或紧固接线
		触点弹簧失效	更换弹簧
2	杠杆已经偏转，或无外界机械力作用，但触点不复位	复位弹簧失效	更换弹簧
		内部撞块卡阻	清扫内部杂物
		调节螺钉太长，顶住开关按钮	检查调节螺钉

3. 接近开关

接近开关又称为无触点行程开关，当运动的物体与之接近到一定距离时，它就发出动作信号，从而进行相应的操作，不像机械行程开关那样需要施加机械力。

接近开关是通过其感应头与被测物体间介质能量的变化来取得信号的。接近开关的应用已远超出一般行程控制和限位保护的范畴，可用于高速计数、测速、液面检测、检测金属物体是否存在及其尺寸大小、加工程序的自动衔接和作为无触点按钮等。即使用作一般行程控制，其定位精度、操作频率、使用寿命及对恶劣环境的适应能力也比普通机械行程开关高。

接近开关按其工作原理可分为高频振荡型、感应电桥型、霍尔效应型、光电型、永磁及磁敏元件型、电容型及超声波型等多种形式，其中以高频振荡型最为常用。高频振荡型的结构包括感应头、振荡器、开关器、输出器和稳压器等几部分。当装在生产机械上的金属检测体（通常为铁磁件）接近感应头时，由于感应作用，使处于高频振荡器线圈磁场中的物体内部产生涡流（及磁滞）损耗，以致振荡回路因电阻增大、损耗增加而使振荡减弱，直至停止振荡。这时，晶体管开关就导通，并通过输出器（即电磁式继电器）输出信号，从而起到控制作用。高频振荡型用于检测各种金属，现在应用最为普遍；电磁感应型用于检测导磁和非导磁金属；电容型用于检测各种导电和不导电的液体及金属；超声波型用于检测不能透过超声波的物质。

 知识链接 7　变压器

变压器利用电磁感应原理，可以将一种电压等级的交流电变为同频率的另一种电压等级的交流电。变压器广泛应用于各种交流电路中，与人们的生产生活密切相关。小型变压器应用于机床的安全照明、整流电源、控制电源及减压启动、各种电子产品的电源适配器、电子电路中的阻抗匹配等。电力变压器是电力系统中的关键设备，起着高压输电、低压供电的重要作用。

1. 变压器的用途

变压器除了用于改变电压之外，还可用于改变电流（如变流器、大电流发生器等、变换阻抗（如电子电路中的输入、输出变压器）、改变相位（如通过改变变压器线圈接线端的顺序来改变其极性或级别）等。

图 4 - 30 是电力系统示意图，G 为发电机，T1 为升压变压器，T2 ~ T4 为降压变压器。

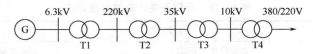

图 4 - 30　电力系统示意图

2. 变压器的分类

（1）根据用途不同分类

1）电力变压器。包括升压变压器、降压变压器、配电变压器、厂用变压器等。

2）特种变压器。包括电炉变压器、整流变压器、电焊变压器、仪用互感器（又可分为电压互感器和电流互感器）、高压试验变压器、调压变压器和控制变压器等。

（2）根据绕组数目不同分类

可分为自耦变压器（只有一个绕组）、双绕组变压器、三绕组变压器和多绕组变压器。

（3）根据冷却方式和冷却介质不同分类

1）干式变压器。

2）油浸式变压器。包括油浸自冷变压器、油浸风冷变压器、强迫油循环冷却变压器。

3）充气式变压器。

（4）根据铁芯结构不同分类

可分为芯式变压器和壳式变压器，如图 4 - 31 所示。

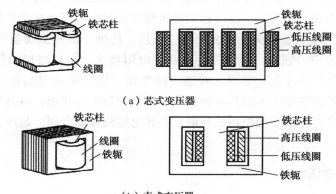

（a）芯式变压器

（b）壳式变压器

图 4 - 31　不同的铁芯结构

（5）根据容量不同分类

可分为中小型变压器（＜6300kVA）、大型变压器（8000～63000kVA）、特大型变压器（＞63000kVA）。

3. 变压器的基本结构

变压器最主要的组成部分是铁芯和绕组，称之为器身。大中容量的电力变压器的铁芯和绕组浸入盛满变压器油的封闭油箱中，各绕组对外电路的连接线由绝缘套管引出。为了使变压器安全可靠运行，还设有储油柜、安全气道、气体继电器等附件。中小型油浸自冷式三相电力变压器的外形如图 4 - 32 所示。

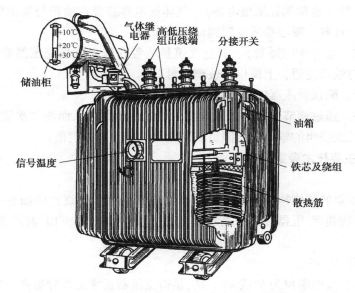

图 4-32　中小型油浸自冷式三相电力变压器的外形

（1）铁芯

变压器的铁芯有芯式和壳式两种基本形式。芯式变压器的铁芯由铁芯柱、铁轭和夹紧器件组成，绕组套在铁芯柱上。国产三相油浸式电力变压器大多采用芯式结构；壳式变压器的铁芯包围了绕组的四面，就像是绕组的外壳。小型电源变压器大多采用壳式结构。

（2）绕组

绕组是变压器的电路部，有同心式和交叠式两种，如图 4-33 所示。同心式绕组结构简单，绝缘和散热性能好，所以在电力变压器中得到广泛采用；交叠式绕组引线比较方便，机械强度好，易构成多条并联支路，因此常用于大电流变压器中，如电炉变压器、电焊变压器等。

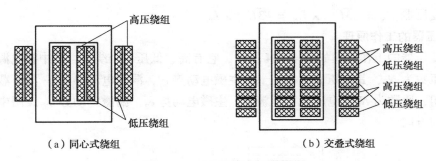

图 4-33　变压器的两种绕组

变压器中与电源相连的绕组叫一次绕组，与负载相连的绕组叫做二次绕组。

（3）其他部件

1）油箱。变压器的器身放置在灌有高绝缘强度、高燃点变压器油的油箱内。

2）储油柜（俗称为油枕）。通过连通管与油箱连通，起到保护变压器油的作用。

3）气体继电器（也称为瓦斯继电器）。气体继电器装置在油箱与储油柜的连通管道中，对变压器的短路、过载、漏油等故障起到保护的作用。

4）安全气道（也称为防爆管）。安全气道是装置在较大容量变压器油箱顶上的一个钢质长筒，下筒口与油箱连通，上筒口以玻璃板封口。

5）绝缘套管。确保变压器的引出线与油箱绝缘。

6）分接开关。通过调节分接开关来改变原绕组的匝数，从而使二次绕组的输出电压可以调节，以避免二次绕组的输出电压因负载变化而过分偏离额定值。

4. 变压器的主要技术参数

（1）型号

型号表示变压器的结构特点、额定容量和高压侧的电压等级。例如 S—100/10，S 表示三相油浸自冷铜绕组变压器，100 表示额定容量为 100kVA，10 表示高压侧电压等级为 10kV。

（2）额定电压 U_{1N}/U_{2N}

额定电压 U_{1N}/U_{2N} 的单位为 V 或 kV。U_{1N} 是指变压器正常工作时加在一次绕组上的电压；U_{2N} 是一次绕组加 U_{1N} 时，二次绕组的开路电压，即 U_{20}。在三相变压器中，额定电压是指线电压。

（3）额定电流 I_{1N}/I_{2N}

额定电流 I_{1N}/I_{2N} 的单位为 A。I_{1N}/I_{2N} 是指变压器一次、二次绕组连续运行所允许通过的电流。在三相变压器中，额定电流是指线电流。

（4）额定容量 SN

额定容量 SN 的单位为 VA 或 kVA。SN 是指变压器额定的视在功率，即设计功率，通常叫容量。在三相变压器中，SN 是指三相总容量。额定容量 SN、额定电压 U_{1N}/U_{2N}、额定电流 I_{1N}/I_{2N} 三者之间的关系如下：

单相变压器：$S_N = U_{1N} \times I_{1N} = U_{2N} \times I_{2N}$

三相变压器：$S_N = \sqrt{3}U_{1N} \times I_{1N} = \sqrt{3}U_{2N} \times I_{2N}$

5. 变压器的工作原理

单相变压器的工作原理如图 4-34 所示，它有高、低压两个绕组，其中接电源的绕组为原绕组，匝数为 N_1，其电压 u_1，电流 i_1，主磁电动势 e_1，漏磁电动势 $e_{\sigma1}$；与负载相接的绕组为副绕组，匝数为 N_2，电压 u_2，电流 i_2，主磁电动势 e_2，漏磁电动势 $e_{\sigma2}$。图中标明的是它们的参与方向。

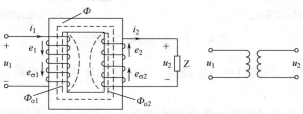

图 4-34　单相变压器的工作原理

由于变压器的工作原理涉及电路、磁路以及它们的相互联系等方面的问题，比较复杂。为了便于分析，在此把它们分为变压、变流、变阻抗三种情况来讨论。

（1）变压器的变压原理（变压器的空载运行）

变压器的空载运行是指原绕组接在正弦交流电源 u_1 上，二次绕组开路不接负载（$i_2 = 0$）。

在电压 u_1 的作用下，原绕组中有电流 i_1 通过，此时，$i_1 = i_0$ 称为空载电流。它在原边建立磁动势 i_0N_1，在铁芯中产生同时交链着原、副绕组的主磁通 Φ，主磁通 Φ 的存在是变压器运行的必要条件。

忽略电阻 R_1 和漏抗 $X_{\sigma 1}$ 的电压，且变压器空载时有：

$$U_1 \approx -E_1$$
$$U_2 \approx E_2$$

由此可以得出一次电压 U_1 与二次电压 U_2 之间的关系为

$$\frac{U_1}{U_2} \approx \frac{E_1}{E_2} = \frac{N_1}{N_2} = k$$

在负载状态下，由于二次绕组的电阻 R2 和漏抗 Xσ2 很小，其上的电压远小于 E_2，仍有：

$$\dot{U}_2 \approx \dot{E}_2 , U_2 \approx E_2 = 4.44fN_2\varphi_m , \frac{U_1}{U_2} \approx \frac{E_1}{E_2} = \frac{N_1}{N_2} = k$$

k 称为变压器的变压比（简称变比），变压器一、二次绕组的电压与一、二次绕组的匝数成正比。当 $k > 1$ 时，为降压变压器；当 $k < 1$ 时，为升压变压器。对于已经制成的变压器而言，k 值一定，故二次绕组电压随原绕组电压的变化而变化。

（2）变压器的变流原理（变压器的负载运行）

变压器的一次绕组接在正弦交流电源 u_1 上，二次绕组接上负载的运行情况，称为变压器的负载运行。

接上负载后，二次绕组中便有电流 i_2 通过，建立二次侧磁动势 i_2N_2，根据楞次定律，i_2N_2 将有改变铁芯中原有主磁通 Φ 的趋势。但是，在电源电压 u_1 及其频率 f 一定时，铁芯具有恒磁通特性，即主磁通 Φ 将基本保持不变。因此，原绕组中的电流由 i_0 变到 i_1，使一次侧的磁动势由 i_0N_1 变成 i_1N_1，以抵消三次侧磁动势 i_2N_2 的作用。也就是说变压器负载时的总磁动势应该与变压器空载时的磁动势基本相等。

由 $U_1 \approx E_1 = 4.44N_1f\Phi_m$ 可知，U_1 和 f 不变时，E_1 和 Φ_m 也都基本不变。因此，有负载时产生主磁通的一、二次绕组的合成磁动势（$i_1N_1 + i_2N_2$）和空载时产生主磁通的一次绕组的磁动势 i_0N_1 基本相等，即：

$$i_1N_1 + i_2N_2 = i_0N_1$$
$$I_1N_1 + I_2N_2 = I_0N_1$$

空载电流 i_0 很小，可忽略不计。

$$I_1N_1 \approx -I_2N_2$$

式中负号说明 I_1 和 I_2 的相位相反，即 I_2N_2 对 I_1N_1 有去磁作用。

其比例式，说明变压器负载运行时，其一、二次绕组电流有效值之比，等于它们匝数比的倒数，即变压比 k 的倒数。这也就是变压器的电流变换原理。

可见，变压器工作时，一次绕组和二次绕组中的电流大小跟它们的匝数成反比。变压器的高压端的线圈匝数多而通过的电流小，可以用较细的导线绕制；低压端的线圈匝数少而通过的电流大，要用较粗的导线绕制。

（3）阻抗变换

设接在变压器二次绕组的负载阻抗 Z 的模为 $|Z|$，则：$Z = \dfrac{U_2}{I_2}$

Z 反映到一次绕组的阻抗模 $|Z'|$ 为：

$$|Z'| = \frac{U_1}{I_1} = \frac{kU_2}{\dfrac{I_2}{k}} = k^2 \frac{U_2}{I_2} = k^2 Z$$

1）当变压器的二次侧接入负载阻抗 Z 时，反映（反射）到变压器一次侧的等效阻抗是 $|Z'| = k_2|Z|$，即增大 k_2 倍，这就是变压器的阻抗变换作用。

2）当二次侧的负载阻抗 $|Z|$ 一定时，通过选取不同的匝数比的变压器，在一次侧可得到不同的等效阻抗 $|Z'|$。因此，在一些电子设备中，为了获得最大的功率输出，可以利用变压器将负载的阻抗变换到正好等于电源的内阻抗，即"阻抗匹配"。

6. 特殊变压器

（1）自耦变压器

图 4 – 35 是自耦变压器示意图，它的结构特点是：二次绕组是一次绕组的一部分，一、二次绕组不但有磁的联系，也有电的联系。它在实验室或某些电子设备中经常用到。使用时注意要一、二次绕组的公共端应接零线，以保正用电安全。自耦变压器的原理与普通电力变压器相同，一、二次绕组的电压和电流关系如下：

$$\frac{U_1}{U_2} = \frac{N_1}{N_2} = k，\quad \frac{I_1}{I_2} = \frac{N_2}{N_1} = \frac{1}{k}$$

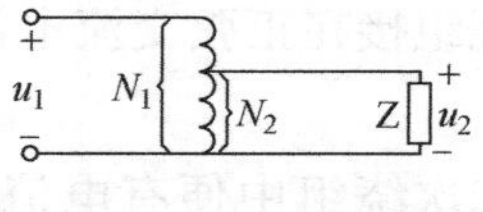

图 4 – 35　自耦变压器示意图

（2）仪用互感器

配合测量仪表专用的变压器称为仪用互感器，简称互感器。根据用途的不同，互感器有电压互感器和电流互感器两种。电压互感器可扩大交流电压表的量程，电流互感器可扩大交流电流表的量程。

1）电压互感器：如图 4 – 36（a）所示，它的一次绕组匝数很多，并联于待测电路两端；二次绕组匝数较少，与电压表及电度表、功率表、继电器的电压线圈并联。用于将高电压变换成低电压。使用时二次绕组不允许短路。其工作原理为：$\dfrac{U_1}{U_2} = \dfrac{N_1}{N_2} = k$

2）电流互感器：如图 4 – 36（b）所示，它的一次绕组线径较粗，匝数很少，与被测电路负载串联；二次绕组线径较细，匝数很多，与电流表及功率表、电能表、继电器的电流线圈串联。用于将大电流变换为小电流。使用时二次绕组电路不允许开路。其工作原理为：$\dfrac{I_1}{I_2} = \dfrac{N_2}{N_1}$

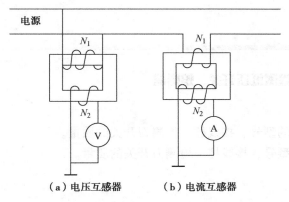

（a）电压互感器　　　（b）电流互感器

图4－36　仪用互感器

7. 常见故障及处理方法

小型电源变压器常见故障及处理方法见表4－26

表4－26　小型电源变压器常见故障及处理方法

故障现象	可能的原因	处理方法
接通电源无电压输出	①电源接线开路 ②一次绕组开路或引出线脱焊 ③二次绕组开路或引出线脱焊	①检查修理电源接线 ②用万用表检查后决定是否更换新品 ③重绕或更换新品
温升过高甚至冒烟	①匝间短路或一、二次绕组短路 ②铁芯涡流过大 ③铁芯片厚度不够 ④负载过重或输出电路局部短路 ⑤层间或匝间绝缘老化	①修理短路部分或更换新品 ②重新对硅钢片浸绝缘漆 ③加厚铁芯或重作骨架，重绕线包 ④减轻负载或排除短路故障 ⑤重新绝缘或更换新品
空载电流偏大	①一、二次绕组匝数不足 ②铁芯片叠厚不足 ③绕组局部匝间 ④铁芯质量不可靠	①增加绕组匝数 ②增加铁芯厚度 ③排除短路或更换新品 ④更换铁芯
运行中噪声过大	①铁芯片未插紧 ②电源电压过高 ③负载过重或短路引起振动 ④机械振动	①插紧铁芯片 ②适当降低电源电压 ③减轻负载或排除短路故障 ④压紧铁芯或紧固装配螺母
铁芯底板带电	①绕组对铁芯短路（或对地） ②长期使用，绝缘老化 ③引出线端碰触铁芯或底板 ④绕组受潮 ⑤变压器使用环境温度过大，底板感应带电	①重换绕组 ②重换绕组 ③排除线端与铁芯短路点 ④烘干后使用 ⑤置于干燥环境中使用

操作实践

 任务一　识别并检测低压开关、熔断器

一、任务描述

1）识别低压开关的型号、接线柱、检测刀开关的质量。

2）识别熔断器的型号、接线柱、检测刀开关的质量。

二、实训内容

1. 实训器材

1）电工常用工具。

2）ZC25 - 3 型兆欧表（500V、0 ~ 500MΩ）、MF47 型万用表。

3）开启式负荷开关一只（HK1 系列）、封闭式负荷开关一只（HH3 系列）、组合开关一只（HZ10 - 25 型）和低压断路器（DZ5 - 20 型、DZ47 型、DW10 型）各一只。以上低压开关未注明规格的，可根据实际情况在规定系列内选择。

在 RC1A、RL1、RT10、RT18、RS0 系列中，各选取不少于两种规格的熔断器。

2. 实训过程

（1）识别低压开关

1）在教师指导下，仔细观察各种不同类型、规格的低压开关、熔断器，熟悉它们的外形、型号、主要技术参数的意义、功能、结构及工作原理等。

2）将所给低压开关、熔断器的铭牌数据用胶布盖住并编号，由学生根据实物写出各电器的名称、型号规格及文字符号，并画出图形符号，填入表 4 - 27 中。

表 4 - 27　低压开关的识别

序号	名称	型号	图形符号	文字符号	主要参数	备注
1						
2						
3						
4						
5						
6						

（2）检测低压开关、更换 RC1A 系列和 RL1 系列熔断器的熔体

1）将低压开关的手柄扳到合闸位置，用万用表的电阻挡测量各对触点之间的接触情况。再用兆欧表测量每两相触点之间的绝缘电阻。

2）检查所给熔断器的熔体是否完好。对 RC1A 系列可拔下瓷盖进行检查；对 RL1 系列应首先查看其熔断指示器；若熔体已熔断，应按原规格选配熔体；更换熔体。对 RC1A 系列熔断器，安装熔丝时，熔丝缠绕方向一定要正确，安装过程中不得损伤熔丝，对 RL1 系列熔断器，熔断管不能倒装；用万用表检查更换熔体后的熔断器各部分接触是否良好。

（3）熟悉低压断路器的结构和原理

将一只 DZ5-20 型塑壳式低压断路器的外壳拆开，认真观察其结构，理解其控制和保护原理，并将主要部件的作用和有关参数填入表 4-28 中。

表 4-28　低压断路器的结构

主要部件名称	作用	参数
电磁脱扣器		
热脱扣器		
触点		
按钮		

3. 评分标准（见表 4-29、表 4-30）

表 4-29　低压开关识别与检测评分标准

项目	配分	评分标准		扣分
识别低压开关	40 分	①写错或漏写名称	每只扣 5 分	
		②写错或漏写型号	每只扣 5 分	
		③写错符号	每只扣 5 分	
检测低压开关	40 分	①仪表使用方法错误	扣 10 分	
		②检测方法或结果有误	扣 10 分	
		③损坏仪表仪器	扣 20 分	
		④不会检测	扣 40 分	
低压断路器结构	20 分	①主要部件的作用写错	每项扣 5 分	
		②参数漏写或写错	每项扣 5 分	
安全文明生产	违反安全文明生产规程		扣 5~40 分	
定额时间	60min，每超时 5min（不足 5min，以 5min 计）		扣 5 分	
备注	除定额时间外，各项目的最高扣分不应超过配分数		成绩	
开始时间		结束时间	实际时间	

表 4-30　低压熔断器的识别与检修评分标准

项目	配分	评分标准		扣分
熔断器识别	50 分	①写错或漏写名称	每只扣 5 分	
		②写错或漏写型号	每只扣 5 分	
		③漏写主要部件	每只扣 4 分	

续表

项目	配分	评分标准		扣分
更换熔体	50分	①检查方法不正确	扣10分	
		②不能正确选配熔体	扣10分	
		③更换熔体方法不正确	扣10分	
		④损伤熔体	扣20分	
		⑤更换熔体后熔断器断路	扣25分	
安全文明生产		违反安全文明生产规程	扣5~40分	
定额时间		60min，每超时5min（不足5min以5min计）	扣5分	
备注		除定额时间外，各项目的最高扣分不应超过配分数	成绩	
开始时间		结束时间		实际时间	

任务二　识别并检测主令电器

一、任务描述

识别主令电器的型号、接线柱、检测刀开关的质量；

二、实训内容

1. 实训器材

1）电工常用工具。

2）ZC25-3型兆欧表（500V、0~500MΩ）、MF47型万用表。

3）按钮 LA18-22、；LA18-22J、LA18-22X、LA18-22Y、LA19-11D、LA19-11DJ、LA20-22D 各一只；行程开关 JLXK1-311、JLXK1-211、JLXK1-111 各一只；万能转换开关 LW5-15/5.5N 一只；主令控制器 LK1-12/90 一只；凸轮控制器 KTJ1-50/1 一只。

2. 实训过程

（1）识别主令电器

1）在教师指导下，仔细观察各种不同类型、不同结构形式的主令电器，熟悉它们的外形、型号、主要技术参数的意义、功能、结构及工作原理等。

2）由指导教师从所给的主令电器中任选八种，用胶布盖住并编号，由学生根据实物写出各电器的名称、型号规格及文字符号，并画出图形符号，填入表4-31中。

表4-31　主令电器的识别

序号	名称	型号	图形符号	文字符号	主要参数	备注
1						
2						
3						
4						
5						
6						

（2）检测按钮和行程开关

拆开外壳观察其内部结构，比较按钮和行程开关的相似和不同之处，理解常开触点、常闭触点的动作情况，用电阻挡测量各对触点之间的接触情况，分辨常开触点和常闭触点。

（3）万能转换开关、主令控制器和凸轮控制器的检测

1）认真观察、比较三种主令电器，熟悉它们的外形、型号和功能，用兆欧表测量各触点的对地电阻，其值应小于 0.5MΩ。

2）用万用表依次测量手柄置于不同位置时各对触点的通断情况，根据测量结果分别作出三种主令电器的触点分合表，并与给出的分合表对比，初步判断触点的工作情况是否良好。

3）打开外壳，仔细观察、比较它们的结构和动作过程，指出主要零部件的名称，理解工作原理。

4）检查各对触点的接触情况和各凸轮片的磨损情况，若触点接触不良应予以修整，若凸轮片磨损严重予以更换。

5）合上外壳，转动手柄检查转动是否灵活、可靠，并再次用万用表依次测量手柄置于不同位置时各触点的通断情况，看是否与给定的触点分合表相符。

3. 评分标准（见表 4 –32）

表 4 –32　评分标准

项目	配分	评分标准		扣分
识别主令电器	40 分	①写错或漏写名称	每只扣 5 分	
		②写错或漏写型号	每只扣 5 分	
		③写错符号	每只扣 5 分	
检测主令电器	60 分	①仪表使用方法错误	扣 10 分	
		②测量结果有误	每次扣 5 分	
		③触点分合表有误	每错一处扣 5 分	
		④检查修整触点错误	扣 10 分	
		⑤检查更换凸轮片错误	扣 10 分	
		⑥损坏仪表电器	扣 20 分	
		⑦不会检测	扣 40 分	
安全文明生产	违反安全文明生产规程		扣 5 ~40 分	
定额时间	2h，每超时 5min（不足 5min，以 5min 计）		扣 5 分	
备注	除定额时间外，各项目的最高扣分不应超过配分数		成绩	
开始时间		结束时间	实际时间	

任务三　识别、拆装与检修交流接触器

一、任务描述

1）会说出常用交流接触器的型号、基本技术参数、价格和生产厂家。

2）能拆卸、组装和简单检测交流接触器。

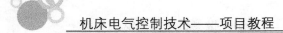

二、实训内容

1. 实训器材

电工常用工具、镊子、MF47 型万用表、CJ10（CJT1）、CJ20、CJ40、CJX1（3TB 和 3TF）、CJX2 和 CJX8（B）系列等常用交流接触器，其型号规格自定。

2. 实训过程

（1）交流接触器的识别

1）在教师指导下，仔细观察各种不同系列、规格的交流接触器，熟悉它们的外形、型号及主要技术参数的意义、结构、工作原理及主触点、辅助常开触点、辅助常闭触点、线圈的接线柱等。

2）用胶布盖住型号并编号，由学生根据实物写出各接触器的系列名称、型号、文字符号，画出图形符号，填入表 4 - 33 中，并简述接触器的主要结构和工作原理。

表 4 - 33　接触器的识别

序号	1	2	3	4	5	6
系列名称						
型号						
文字符号						
图形符号						
主要结构						
工作原理						

（2）CJ10—20 交流接触器的拆装与检修（见图 4 - 37、图 4 - 38）

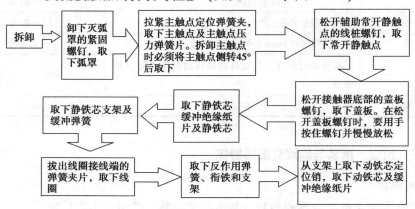

图 4 - 37　CJ10 - 20 交流接触器的拆卸

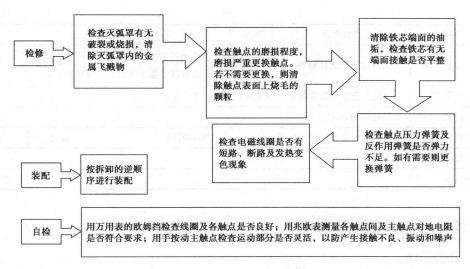

图 4 – 38 CJ10 – 20 交流接触器的检修

交流接触器的拆装和检测情况记录见表 4 – 34。

表 4 – 34 交流接触器的拆装和检测情况记录

型号	容量/A			拆装步骤	主要零部件	
					名称	作用
触点对数						
主触点	辅助触点	常开触点	常闭触点			
触点电阻						
常开		常闭				
动作前/Ω	动作后/Ω	动作前/Ω	动作后/Ω			
电磁线圈						
线径/mm	匝数	工作电压/V	直流电阻			

3. 评分标准（见表 4 – 35）

表 4 – 35 交流接触器的识别与检测评分标准

班级		学号		姓名		日期		
序号	项目	考核要求		配分	评分标准			扣分
1	电器拆装	按要求正确拆卸、组装交流接触		40	①拆卸、组装步骤不正确，每步扣 10 分 ②损坏和丢失零件，每处扣 10 分			
2	电器识别	正确识别交流接触器型号、接线柱		30	识别错误，每处扣 10 分			

续表

序号	项目	考核要求	配分	评分标准	扣分
3	电器检测	正确检测交流接触器	30	①检测不正确，每处扣10分 ②工具仪表使用不正确，每次扣5分	
安全文明操作		违反安全文明操作规程（视实际情况进行扣分）			
额定时间		每超过5min扣5分			
开始时间			结束时间		实际时间		成绩	
收获体会					
综合评价					

 任务四　识别并检测常用继电器

一、任务描述

1）会说出常用继电器（热继电器、时间继电器）型号、基本技术参数、价格和生产厂家。

2）能拆卸、组装和简单检测常用继电器（热继电器、时间继电器）。

二、实训内容

1. 实训器材

尖嘴钳、螺钉旋具、活络扳手、万用表、热继电器、时间继电器。

2. 实训过程

1）说一说：结构参数。

2）比一比：性能价格。由学生写出热继电器和时间继电器的型号、价格等信息，填入表4-36、表4-37中。

表4-36　热继电器的识别

序号	热继电器型号	额定电流/A	热元件等级		价格	生产厂家
			额定电流/A	整定电流调节范围/A		
1						
2						
3						

表4-37　时间继电器的识别

序号	时间继电器型号	瞬时动作触点数量	延时动作触点数量	触点额定电压	触点额定电流	延时范围	价格	生产厂家
1								
2								
3								

3）做一做：拆装检测。

拆卸、组装和简单检测某一型号的热继电器、时间继电器，记录拆装和检测情况，填入表 4 – 38、表 4 – 39 中。

表 4 – 38　热继电器的拆装和检测情况记录

型号	类型		主要零部件	
热元件电阻值（Ω）			名称	作用
U 相	V 相	W 相		
整定电流调整值				

表 4 – 39　热继电器的拆装和检测情况记录

型号	线圈电阻/Ω	主要零部件	
		名称	作用
动合触点对数	动断触点对数		
延时触点对数	瞬时触点对数		
瞬时分断触点对数	瞬时闭合触点对数		

3. 评分标准（见表 4 – 40、表 4 – 41）

表 4 – 40　热继电器的识别与检测评分标准

班级		学号		姓名		日期		
序号	项目	考核要求	配分	评分标准				扣分
1	电器拆装	按要求正确拆卸、组装热继电器	40	①拆卸、组装步骤不正确，每步扣 10 分 ②损坏和丢失零件，每处扣 10 分				
2	电器识别	正确识别热继电器型号、接线柱	30	识别错误，每处扣 10 分				
3	电器检测	正确检测热继电器	30	①检测不正确，每处扣 10 分 ②工具仪表使用不正确，每次扣 5 分				
安全文明操作		违反安全文明操作规程（视实际情况进行扣分）						
额定时间		每超过 5min 扣 5 分						
开始时间		结束时间		实际时间		成绩		
收获体会								
综合评价								

表 4-41　时间继电器的识别与检测实训评分表

班级			学号		姓名		日期		
序号	项目	考核要求		配分	评分标准				扣分
1	电器拆装	按要求正确拆卸、组装时间继电器		40	①拆卸、组装步骤不正确，每步扣 10 分 ②损坏和丢失零件，每处扣 10 分				
2	电器识别	正确识别时间继电器型号、接线柱		30	识别错误，每处扣 10 分				
3	电器检测	正确检测时间继电器		30	①检测不正确，每处扣 10 分 ②工具仪表使用不正确，每次扣 5 分				
安全文明操作		违反安全文明操作规程（视实际情况进行扣分）							
额定时间		每超过 5min 扣 5 分							
开始时间			结束时间		实际时间		成绩		
收获体会									
综合评价									

 任务五　小型变压器的故障检修

一、任务描述

学会对小型变压器常见故障的分析与检修方法

二、实训内容

1. 实训器材

万用表、电桥、电烙铁、烙铁架（带焊锡、松香）、锥子、电工刀、鎯头、绝缘导线、电磁线、硅钢片等适量。

2. 实训过程

先由实习指导教师在变压器上预设故障（也可以组织学生互相交叉设置）。然后规定学生按时排除，并将检修情况记录于表 4-42 中。

表 4-42　小型变压器检修训练记录

步骤	故障现象	教师预设故障点	学生排除故障检修程序	结论
1	接通电源，变压器无电压输出	①一次绕组焊片脱焊 ②二次绕组焊片脱焊 ③电源线断 ④电源线与插头接触不良		
2	变压器发高热	①加重变压器二次侧负载 ②减少铁芯迭厚 ③人为造成原边绕组与二次侧绕组短路		
3	空载电流偏大	①减少铁芯迭厚 ②减少原边绕组匝数		

续表

步骤	故障现象	教师预设故障点	学生排除故障检修程序	结论
4	运行中有响声	①调松铁芯插片 ②用调压器调高电源电压 ③加重变压器负载		
5	铁芯或底板带电	①使引出线头碰触铁芯或底板 ②人为造成绕组局部对铁芯短路		

训练所用时间＿＿＿＿＿＿＿＿＿　　　　参加训练者（签字）＿＿＿＿＿＿＿＿

得分＿＿＿＿＿＿＿＿＿　　　　指导教师（签字）＿＿＿＿＿＿＿＿

＿＿＿＿＿＿年＿＿＿＿月＿＿＿＿日

小结与习题

 项目小结

1）电器是指对电能的测试、运输、分配与应用起开关、控制、保护和调节作用的电工器件，而低压电器是指工作在交流 1200V 及以下，直流 1500V 以下的电器。在电力输、配电系统和电力拖动等自动控制系统中。按工作电压等级分为高压电器和低压电器；按用途分为配电电器和控制电器；按执行机构分为有触点电器和无触点电器；按工作环境分为一般用途电器和特殊用途电器。

2）低压熔断器是低压配电系统和电力拖动系统中常用的安全保护电器，主要用于短路保护，有时也可用于过载保护，主体是用低熔点的金属丝或金属薄片制成的熔体，串联在被保护电路中。

刀开关是低压供配电系统和控制系统中常用的配电电器，常用于电源隔离，也可用于不频繁地接通和断开小电流配电电路或直接控制小容量电动机的启动和停止，是一种拖动操作电器。

低压断路器是一种重要的控制和保护电器，能自动切断故障电路并兼有控制和保护功能。

3）交流接触器通断电流能力强，动作迅速，操作安全，但不能切断短路电流，因此它通常与熔断器配合使用。

按钮是一种拖动操作，分断小电流控制电路的主令电器。由于按钮的触点允许通过的电流较小，一般不超过 5A，一般情况下，它不直接控制大电流主电路的通断，而是在控制电路中发出"指令"去控制接触器、继电器等电器，再由它们来控制主电路。

行程开关，又称位置开关或限位开关，它主要是按运动部件的行程或位置要求而动作的电器，是一种利用生产机械运动部件的碰撞使触点动作来实现分断控制电路，从而达到一定控制目的的控制电器。

热继电器是一种利用流过继电器的电流所产生的热效应而动作的电器，主要用于电动机的过载保护、断相保护、电流不平衡运行的保护及其他电器设备发热状态的控制。

　　时间继电器是一种按时间原则进行控制的继电器。时间继电器是指从得到输入信号（线圈的通电或断电）起，需经过一段时间的延时后才输出信号（触点的闭合或分断）的继电器

　　中间继电器实质上是电压继电器，是将一个输入信号变换成一个或多个输出信号的继电器。

　　电流继电器是根据通过线圈电流的大小断开电路的继电器。它串联在电路中，作过电流或欠电流保护。

　　速度继电器又称为反接制动继电器。它是以旋转速度的快慢为指令信号，通过触点的分合传递给接触器，从而实现对电动机反接制动控制。

　　4）变压器除了用于改变电压之外，还可用以改变电流（如变流器、大电流发生器等、变换阻抗（如电子电路中的输入、输出变压器）、改变相位（如通过改变变压器线圈接线端的顺序来改变其极性或级别）等。

　　5）实训操作包括低压配电电器的识别、拆装、安装操作；低压控制电器的识别、拆装、安装操作；小型变压器故障检修。

习题四

　　1）试述电磁式低压电器的一般工作原理。

　　2）低压电器中熄灭电弧所依据的原理有哪些？常见的灭弧方法有哪些？

　　3）接触器的作用是什么？根据结构特征如何区分交流、直流接触器？

　　4）常开与常闭触点如何区分？时间继电器的常开与常闭触点与普通常开与常闭触点有什么不同？

　　5）何谓电磁式电器的吸力特性和反力特性？为什么吸力特性与反力特性的配合应使两者尽量靠近为宜？

　　6）交流电磁机构中的短路环的作用是什么？

　　7）交流接触器在衔铁吸合前的瞬间，为什么在线圈中会产生很大的电流冲击？直流接触器会不会出现这种现象？为什么？

　　8）交流接触器能否串联使用？为什么？

　　9）选用接触器时应注意哪些问题？接触器和中间继电器有何差异？

　　10）交流接触器在运行中有时线圈断电后，衔铁仍掉不下来，电动机不能停止，这时应如何处理？故障原因在哪里？应如何排除？

　　11）线圈电压为220V的交流接触器，误接入380V交流电源上会发生什么问题？为什么？

项目五

安装与调试机床基本电气控制电路

知能目标

知识目标

- 了解电气控制电路的基本安装步骤。
- 能叙述点动控制、启停控制、正反转控制、顺序启动逆序停止控制、丫－△降压启动控制、能耗制动控制、双速异步电动机调速控制、并励直流电动机单向启动控制、并励直流电动机双向启动控制、并励直流电动机制动控制电路的操作过程和工作原理。
- 会列出三相异步电动机点动控制、启停控制、正反转控制、顺序启动逆序停止控制、丫－△降压启动降压启动控制、能耗制动控制、双速异步电动机调速控制、并励直流电动机单向启动控制、并励直流电动机双向启动控制、并励直流电动机制动控制电路的元器件清单。

技能目标

- 会安装点动控制、启停控制、正反转控制、顺序启动逆序停止控制、丫－△降压启动控制、能耗制动控制、双速异步电动机调速控制、并励直流电动机单向启动控制、并励直流电动机双向启动控制、并励直流电动机制动控制电路。
- 会测试点动控制、启停控制、正反转控制、顺序启动逆序停止控制、丫－△降压启动控制、能耗制动控制、双速异步电动机调速控制、并励直流电动机单向启动控制、并励直流电动机双向启动控制、并励直流电动机制动控制电路。
- 会处理点动控制、启停控制、正反转控制、顺序启动逆序停止控制、丫－△降压启动控制、能耗制动控制、双速异步电动机调速控制、并励直流电动机单向启动控制、并励直流电动机双向启动控制、并励直流电动机制动控制电路的简单故障。

基础知识

 知识链接 1　电气控制电路图的识读、绘制原则

1. 电气控制系统图基本知识

电气控制系统图是由许多电气元件按一定要求连接而成的。为了表达生产机械电气控制系统的结构、原理等设计的示意图，同时，也为了便于电气系统的安装、调整、使用和维修，需要将电气控制系统中各电气元件的连接用一定的图形表达出来，这种图就是电气控制系统图。

电气控制系统图一般有三种。电路图（又称电气原理图）、电气元件布置图、电气安装接线图。我们将在图上用不同的图形符号表示各种电器元器件，用不同的文字符号表示设备及电路功能、状况和特征，各种图纸有其不同的用途和规定的画法。国家标准局参照国际电工委员会（IEC）颁布的有关文件，制定了我国电气设备的有关国家标准，如：

GB/T 4728—2008《电气简图用图形符号》

GB/T 5226.1—2008《机械电气安全机械电气设备 第 1 部分：通用技术条件》

GB/T 6988.1—2008《电气技术用文件的编制 第 1 部分：规则》

电气图示符号有图形符号、文字符号及回路标记等。

（1）图形符号

图形符号通常用于图样或其他文件，以表示一个设备或概念的图形、标记或字符。电气控制系统图中的图形符号必须按国家标准绘制。图形符号含有符号要素、一般符号和限定符号。

1）符号要素一种具有确定意义的简单图形，必须同其他图形组合才构成一个设备或概念的完整符号。如接触器常开主触点的符号就由接触器触点功能符号和常开触点符号组合而成。

2）一般符号用以表示一类产品和此类产品特征的一种简单的符号。如电动机可用一个圆圈表示。

3）限定符号用于提供附加信息的一种加在其他符号上的符号。

运用图形符号绘制电气系统图时应注意以下几个方面：

①符号尺寸大小、线条粗细依国家标准可放大与缩小，但在同一张图样中，同一符号的尺寸应保持一致，各符号间及符号本身比例应保持不变。

②标准中示出的符号方位，在不改变符号含义的前提下，可根据图面布置的需要旋转或成镜像位置，但文字和指示方向不得倒置。

③大多数符号都可以加上补充说明标记。

④有些具体器件的符号由设计者根据国家标准的符号要素、一般符号和限定符号组合而成。

⑤国家标准未规定的图形符号，可根据实际需要，按突出特征、结构简单、便于识别的原则进行设计，但需要报国家标准局备案。当采用其他来源的符号或代号时必须在图解和文件上说明其含义。

（2）文字符号

文字符号分为基本文字符号和辅助文字符号。常用文字符号见附录 A。

1）基本文字符号基本文字符号有单字母符号与双字母符号两种。单字母符号按拉丁字母顺序将各种电气设备、装置和元器件划分为 23 大类，每一类用一个专用单字母符号表示，如"C"表示电容，"R"表示电阻器等。双字母符号由一个表示种类的单字母符号与另一个字母组成，且以单字母符号在前，另一个字母在后的次序列出，如"F"表示保护器件类，"FU"则表示为熔断器，"FR"表示为热继电器。

2）辅助文字符号辅助文字符号是用来表示电气设备、装置和元器件以及电路的功能、状态和特征的。如"RD"表示红色，"SP"表示压力传感器，"YB"表示电磁制动器等。辅助文字符号还可以单独使用，如"ON"表示接通，"N"表示中间线等。

3）补充文字符号的原则如规定的基本文字符号和辅助文字符号不够使用，可按国家标准中文字符号组成规律和下述原则予以补充。

①在不违背国家标准文字符号编制原则的条件下，可采用国家标准中规定的电气技术文字符号。

②在优先采用基本和辅助文字符号的前提下，可补充国家标准中未列出的双字母文字符号和辅助文字符号。

③使用文字符号时，应按电气名词术语国家标准或专业技术标准中规定的英文术语缩写而成。

④基本文字符号不得超过两位字母，辅助文字符号一般不超过三位字母。文字符号采用拉丁字母大写正体字，且拉丁字母中"I"和"O"不允许单独作为文字符号使用。

（3）接线端子标记

1）主电路各接线端子标记三相交流电源引入线采用 L1、L2、L3 标记。主电路在电源开关的出线端按相序依次编号为 U11、V11、W11。然后按从上至下、从左至右的顺序，每经过一个元器件后，编号要递增，如 U12、V12、W12；U13、V13、W13 等。单台三相交流电动机（或设备）的 3 根引出线，按相序依次编号为 U、V、W。对于多台电动机引出线的编号，为了不致引起误解和混淆，可在字母前用不同的数字加以区别，如 1U、1V、1W；2U、2V、2W 等。

2）控制电路各电路连接点标记。控制电路采用阿拉伯数字编号，一般由三位或三位以下的数字组成。标注方法按"等电位"原则进行，在垂直绘制的电路图中，标号顺序一般由上而下编号，凡是被线圈、绕组、触点或电阻、电容等元件所间隔的线段，都应标以不同的电路标号。

2. 电路图的绘制、识读原则

（1）电气原理图

电气原理图也称为电路图，用于表达电路设备电气控制系统的组成部分和连接关系，如图 5-1 所示。通过电路图，可详细地了解电路设备电气控制系统的组成和工作原理，并可在测试和寻找故障时提供足够的信息，同时，电路图也是编制接线图的重要依据。

电气原理图是根据电路工作原理绘制的，在绘制、识读原理图时，一般应遵循下列

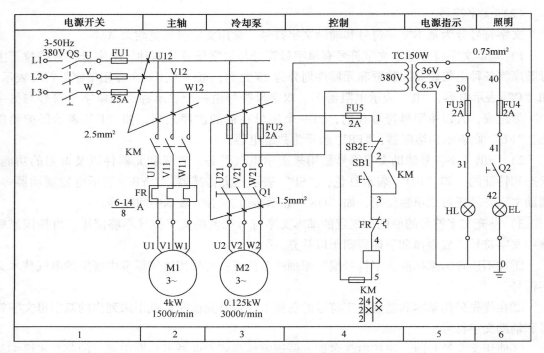

图 5 - 1　CW6132 卧式车床电气原理图

规则：

1）电气原理图按所规定的图形符号、文字符号和回路标号进行绘制。

2）电源电路一般画成水平线，三相交流电源相序 L1、L2、L3 自上而下依次画出，若有中线 N 和保护地线 PE，则应依次画在相线之下。直流电源的"＋"端在上，"－"端在下画出。电源开关要水平画出；

主电路通过的是电动机的工作电流，电流比较大，因此，一般在图纸上用粗实线垂直于电源电路绘于电路图左侧。

辅助电路一般包括控制主电路工作状态的控制电路、显示主电路工作状态的指示电路、提供机床设备局部照明的照明电路等。一般由主令电器的触点、接触器的线圈和辅助触点、继电器的线圈和触点、仪表、指示灯及照明灯等组成。通常辅助电路通过的电流较小，一般不超过 5A。

辅助电路要跨接在两相电源之间，一般按照控制电路、指示电路和照明电路的顺序，用细实线依次垂直画出主电路的右侧，并且耗能元件（如接触器和继电器的线圈、指示灯、照明灯等）要画在电路图的下方，与下边电源线相连，而元器件的触点要画在耗能元件与上边电源线之间。为读图方便，一般应按照自左至右、自上而下的排列来表示操作顺序。

3）电路图中，元器件不画实际的外形图，而应采用国家统一规定的电气图形符号表示。同一元器件的各部分不按它们的实际位置画在一起，而是按其在电路中所起的作用分别画在不同的电路中，但它们的动作是相互关联的，必须用同一文字符号标记。若一电路图中，相同的元器件较多时，需要在元器件文字符号后面加注不同的数字以示区别。各元器件的触点位置均按元器件未接通电源和没有受外力作用时的常态位置画出，分析原理时应从触点的常态出发。

促使触点动作的外力方向必须是：当图形垂直放置时为从左向右，即在垂线左侧的触点为常开触点，在垂线右侧的触点为常闭触点；当图形水平放置时为从上向下，即水平线下方的触点为常开触点，在水平线上方的触点为常闭触点。

4）电气原理图的布局。按动作顺序从上到下，或从左到右绘制。

5）标注。电源电压值、极性、频率、相数；电容、电阻值；人工操作电器的操作方式。

6）在原理图上方将图分成若干图区，并标明该区电路的用途与作用；在继电器、接触器线圈下方列有触点表，以说明线圈和触点的从属关系。触点的位置索引及含义见表5－1所示。

表5－1　触点的位置索引及含义

KM 2|4|× 2|×|× 2| |			KA 9|8 13|12 ×|× ×|×	
左栏	中栏	右栏	左栏	右栏
主触点图区号	辅助常开触点图区号	辅助常闭触点图区号	常开触点图区号	常闭触点图区号

7）电气原理图的全部电机、电气元件的型号、文字符号、用途、数量、额定技术数据，均应填写在元器件明细表内。

（2）电气元件布置图

电气元件布置图用来表明电气原理图中各元器件的安装位置。主要由电气设备安装布置图、控制柜电气元件布置图等组成。CW6132卧式车床电气设备安装布置图如图5－2所示。

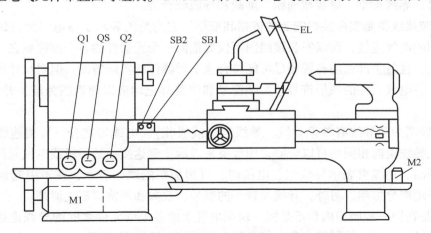

图5－2　CW6132卧式车床电气设备安装布置图

CW6132卧式车床电气元件布置图，如图5－3所示，图中各电气元件代号应与有关电路图和电气元件清单上所有元器件代号相同，在图中往往留有10%以上的备用面积及导线管（槽）的位置，以供改进设计时用。图 5 – 3 中 FU1 ~ FU4 为熔断器、KM 为接触器、FR 为热继电器、T 为控制变压器、XT 为接线端子板。

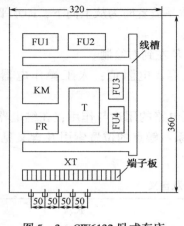

图 5 – 3　CW6132 卧式车床
电气元件布置图

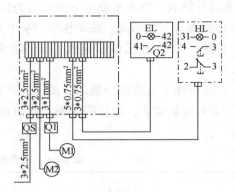

图 5 – 4　CW6132 卧式车床
电气安装接线图

（3）绘制、识读接线图的原则

接线图是根据电气设备和元器件的实际位置和安装情况绘制的，它只用来表示电气设备和元器件的位置、配线方式和接线方式，而不明显表示电气动作原理和元器件之间的控制关系。它是电气施工的主要图样，主要用于安装接线、电路的检查和故障处理。因此，安装接线图要求准确、清晰，以便于施工和维护。为 CW6132 车床电气安装接线图如图 5 –4 所示。

绘制、识读接线图应遵循以下原则：

1）接线图中一般应示出如下内容：电气设备和电气元件的相对位置、文字符号、端子号、导线号、导线类型、导线截面积、屏蔽和导线绞合等。

2）安装接线图是实际接线安装的依据和准则。它清楚地表示了各电气元件的相对位置和它们之间的电气连接，所以安装接线图不仅要把同一个元器件的各个部件画在一起，并用点画线框上，且各个部件的布置要尽可能符合这个元器件的实际情况，但对尺寸和比例没有严格要求。各电气元件的图形符号、文字符号和回路标记均应以原理图为准，并保持一致，以便查对。

3）接线图中的导线有单根导线、导线组（或线扎）、电缆等之分，可用连续线或中断线表示。凡导线走向相同的可以合并，用线束来表示，到达接线端子板或电气元件的连接点时再分别画出。用线束表示导线组、电缆时，可用加粗的线条表示，在不引起误解的情况下，也可采用部分加粗。另外，导线及管子的型号、根数和规格应标注清楚。

4）不是在同一控制箱内和不是同一块配电屏上的各电气元件之间的导线连接，必须通过接线端子进行；同一控制箱内各电气元件之间的接线可以直接相连。

5）在安装接线图中，分支导线应在各电气元件接线端上引出，而不允许在导线两端以外的地方连接，且接线端上只允许引出两根导线。安装接线图上所表示的电气连接，一般并不表示实际走线途径，施工时由操作者根据经验选择最佳走线方式。

知识链接2　常用电气控制电路图的识读方法

看懂电路图，不仅要认识图形符号和文字符号，而且要能与电气设备的工作原理结合起来。

1. 阅读电气图的一般规律

（1）读图的要求

电路可分为主电路和辅助电路。主电路又称为一次回路，是电源向负载输送电能的电路，包括发电机、变压器、开关、熔断器接触器主触点、电容器、电力电子器件和负载（如电动机、电灯）等。辅助电路又称为二次回路，是对主电路进行控制、保护、检测心脏指示的电路。辅助电路一般包括继电器、仪表、指示灯、控制开关、接触器辅助触点等。

电气元件是电路不可缺少的组成部分。在供电电路中常用隔离开关、断路器、负荷开关、熔断器、互感器等；在机床等机械控制中，常用各种继电器、接触器和控制开关等；在电力电子电路中，常用各种二极管、晶体管、晶闸管和集成电路等。使用前应了解这些电气元件的性能、结构、原理、相互控制关系及在整个电路中的地位和作用。

（2）图形符号、文字符号要熟练应用

电气简图用图形符号与文字符号以及项目代号、接线端子标记等电气技术的"词汇"、符号越多，读图越快捷、越方便。

（3）掌握各类电气图的绘制特点

各类电气图都有各自的绘制方法和特点，掌握这些特点，利用它，可以提高读图的效率，进而设计、绘制电气图。

（4）熟悉典型电路的工作原理

典型电路是构成电气控制电路图的基本电路，例如电气原理图中的电动机启动、制动、正反转控制电路，电子电路中的整流、放大和振荡电路等。分析典型电路，就容易看懂电气控制电路图了。

2. 电气原理图的识读

（1）识读电气原理图的方法

1）查阅图纸说明。图纸说明包括图纸目录、技术说明、元器件明细表和施工说明书等。看图纸说明有助于了解大体情况并抓住识读的重点。

2）分清电路性质。分清电气原理图的主电路和控制电路，交流电路和直流电路。

3）注意识读顺序。在识读电气原理图时，应先看主电路，后看控制电路。识读主电路时，通常从下往上看，即从电气设备（电动机）开始，经控制元件，依次到电源，搞清电源是经过哪些元器件到达用电设备的。

①看电路及设备的供电电源（车间机械生产多用380V、50Hz的三相交流电），应看懂电源引自何处。

②分析主电路共用了几台电动机，并了解各台电动机的功能。

③分析各台电动机的工作状况（如启动方式、是否有可逆、调速、制动等控制）及它

们的制约关系。

④了解主电路中所有的控制电器（如刀开关和交流接触器的主触点等）及保护电器（如熔断器、热继电器与低压断路器的脱扣器等）。

识读控制电路时，通常从左往右看，即先看电源，再依次到各条回路，分析各回路元件的工作情况与主电路的控制关系。搞清回路构成，各元件间的联系，控制关系及在什么条件下回路接通或断开等。

4）复杂电路的识读。对于复杂电路，还可以将它分成几个功能（如启动、制动、调速等）。在分析控制电路时要紧扣主电路动作与控制电路的联动关系，不能孤立地分析控制电路。分析控制电路一般按下列三步进行：

①弄清控制电路的电源电压。在车间机械生产中，电动机台数少，控制不复杂的电路，常采用380V交流电压；电动机台数多、控制较复杂的电路，常采用110V、127V、220V的交流电压，其中又以110V用得最多，由控制变压器提供控制电压。

②依次到各条控制回路，了解电路中常用的继电器、接触器、行程开关、按钮等的用途、动作原理及对主电路的控制关系。

③结合主电路有关元器件对控制电路的要求，分析控制电路的动作过程。

（2）电气原理图识读实例

电动机双向运行直接启动控制电气原理图如图5-5所示，图中采用两只接触器，即正转接触器KM1，反转接触器KM2。当KM1主触点接通时，三相电源L1、L2、L3按U、V、W正

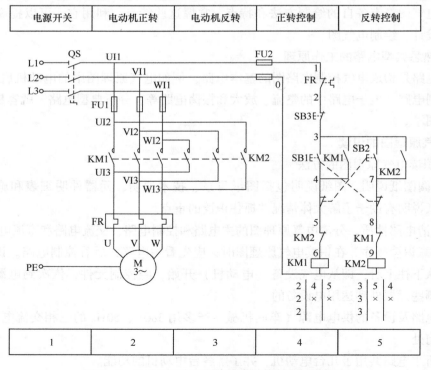

图5-5 电动机双向运行直接启动控制电气原理图

相序接入电动机；当 KM2 主触点接通时，三相电源 L1、L2、L3 按 W、V、U 反相序接入电动机，即对调了 W 和 U 两相相序，所以当两只接触器分别工作时，电动机的旋转方向相反。

为防止两只接触器 KM1、KM2 的主触点同时闭合，造成主电路 L1 和 L3 两相电源短路，电路要求 KM1、KM2 不能同时通电。因此，在控制电路中采用了按钮和接触器双重联锁（互锁），以保证接触器 KM1、KM2 不会同时通电：即在接触器 KM1 和 KM2 线圈回路中，相互串联对方的一对常闭触点（接触器联锁），正反转启动按钮 SB1、SB2 的常闭触点分别与对方的常开触点相互串联（按钮联锁）。合上电源开关 QS，电路的操作过程和工作原理如下：

1）正转控制：

2）反转控制：

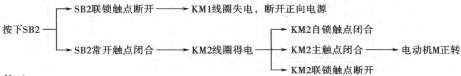

3）停止：

熔断器 FU1 作主电路（电动机）的短路保护，熔断器 FU2 作控制电路的短路保护，热继电器 FR 作电动机的过载保护。

3. 电气安装接线图的识读

（1）识读电气安装接线图的基本方法

1）熟悉电气原理图。电气安装接线图是根据电气原理图绘制的，因此识读电气安装接线图首先要熟悉电气原理图。

2）熟悉布线规律。熟悉电气安装接线图中各元器件的实际位置和安装接线图的布线规律。

3）注意识读顺序。分析电气安装接线图时，先看主电器上，后看控制电路。看主电路时，可根据电流流向，从电源引入处开始，自上而下，依次经过控制电器到达用电设备。看控制电路时，可以从某一相电源出发，从上至下、从左至右，按照线号，根据假定电流方向经控制元件到另一相电源。

4）注意其他资料。识读时，还应注意所用元器件的型号、规格、数量和布线方式、安装高度等重要资料。

（2）电气安装接线图识读实例

电动机双向运行直接启动控制电路的电气安装接线图如图 5-6 所示，电源开关 QS、熔断器 FU1、FU2、交流接触器 KM1、KM2、热继电器 FR 是固定在配电板上的，控制按钮 SB1、SB2、SB3 和电动机 M 装在配电板外，通过接线端子 XT 与配电板上的电器连接。主电路的元器件 QS、FU1、KM1、FR 在一条直线上，接线图上的端子标号与电气原理图上的线号相同。控制电路中，每只接触器的联锁触点并排在自锁触点旁边。图 5-6 中各元器件的接线关系见表 5-2。

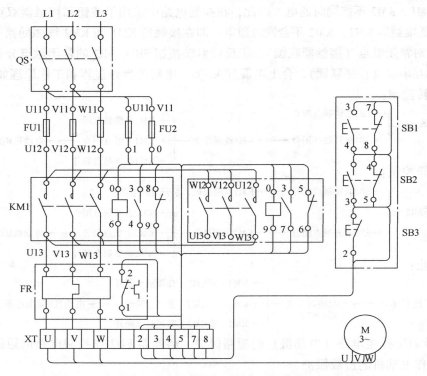

图 5-6　电动机双向运行直接启动控制电路的电气安装接线图

表 5-2　图 5-6 中各元器件的接线关系

序号	名称		符号	数量	接线关系			
					进线		出线	
					来源	线号	去向	线号
1	电源开关		QS	1	电源	L1、L2、L3	FU1	U11、V11、W11
2	熔断器		FU1	3	QS	U11、V11、W11	KM1、KM2 主触点	U12、V12、W12
			FU2	2	FU1	U11	FR 常闭触点	1
						V11	XT 的 1 端	0
3	接触器	主触点	KM1	3	FU1	U12、V12、W12	FR 热元件	U13、V13、W13
		常开触点		1	XT 的 3 端（KM2 常开触点）	3	XT 的 4 端	4
		常闭触点		1	XT 的 8 端	8	KM2 线圈	9

序号	名称		符号	数量	接线关系			
					进线		出线	
					来源	线号	去向	线号
3	接触器	线圈	KM1	1	FU2（KM2 线圈）	0	KM2 常开触点	6
		主触点	KM2	3	FU1	W12、V12、U12	FR 热元件	U13、V13、W13
		常开触点		1	XT 的 3 端（KM1 常开触点）	3	XT 的 7 端	7
		常闭触点		1	XT 的 5 端	5	KM1 线圈	6
		线圈		1	FU2（KM1 线圈）	0	KM1 常闭触点	9
4	热继电器	热元件	FR	3	KM1、KM2 主触点	U13、V13、W13	经 XT 至 电动机 M	U、V、W
		常闭触点		1	XT 的 2 端	2	FU2	1
5	接线端子	U、V、W	XT	3	FR 热元件	U、V、W	电动机 M	U、V、W
		2		1	FR 常闭触点	2	SB3 常闭触点	2
		3		1	KM1 常开触点	3	SB3 常闭触点（SB1 常开触点）（SB2 常开触点）	3
		4		1	KM1 常开触点	4	SB1 常开触点	4
		5		1	KM2 常闭触点	5	SB2 常闭触点	5
		7		1	KM2 常开触点	7	SB2 常开触点	7
		8		1	KM1 常闭触点	8	SB1 常闭触点	8
6	电动机		M	1	XT 的 U、V、W 端	U、V、W	／	／
7	正转按钮	常开触点	SB1	1	XT 的 3 端（SB2 常开触点）（SB3 常闭触点）	3	XT 的 4 端（SB2 常闭触点）	4
		常闭触点			XT 的 7 端（SB2 常开触点）	7	XT 的 8 端	8
	反转按钮	常开触点	SB2	1	XT 的 3 端（SB1 常开触点）（SB3 常闭触点）	3	XT 的 7 端（SB1 常闭触点）	7
		常闭触点			XT 的 4 端（SB1 常开触点）	4	XT 的 5 端	5
	停止按钮	常闭触点	SB3		XT 的 2 端	2	XT 的 3 端（SB1 常开触点）（SB2 常开触点）	3

知识链接3　基本控制电路类型及其安装步骤和方法

1. 基本控制电路的类型

三相异步电动机的基本控制电路类型如下：

$$
\text{基本控制电路类型}
\begin{cases}
\text{启动}
\begin{cases}
\text{全压启动}
\begin{cases}
\text{手动控制} \\
\text{点动控制} \\
\text{连续单向运行控制} \\
\text{正反转控制}
\end{cases} \\
\text{减压启动}
\begin{cases}
\text{串电阻减压控制} \\
\curlyvee-\triangle\text{减压控制} \\
\text{延边三角形减压控制}
\end{cases}
\end{cases} \\
\text{调速}
\begin{cases}
\text{双速三相异步电动机手动调速控制} \\
\text{双速三相异步电动机自动调速控制} \\
\text{电磁调速电动机的调速控制}
\end{cases} \\
\text{制动}
\begin{cases}
\text{反接制动控制} \\
\text{能耗制动控制}
\end{cases}
\end{cases}
$$

2. 基本控制电路的安装步骤及方法

（1）识读电路图

明确电路所用元器件名称及其作用，熟悉电路的工作原理，在电气原理图上编号。

（2）检查元器件

按元件明细表配齐元器件，并对元器件进行检查。对元器件的检查主要包括以下几个方面：

1）元器件外观是否清洁、完整；外壳有无碎裂；零部件是否齐全、有效；各接线端子及紧固件有无缺失、生锈等现象。

2）元器件的触点有无熔焊黏结、变形、严重氧化锈蚀等现象；触点的闭合、分断动作是否灵活；触点的开距、超程是否符合标准，接触压力弹簧是否有效。

3）低压电器的电磁机构和传动部件的动作是否灵活；有无衔铁卡阻、吸合位置不正等现象；新品使用前应拆开清楚铁芯端面的防锈油；检查衔铁复位弹簧是否正常。

4）用万用表或电桥检查所有元器件的电磁线圈（包括继电器、接触器及电动机）的通断情况，测量他们的直流电阻并做好记录，以备在检查电路和排除故障时作为参考。

5）检查有延时作用的元器件的功能；检查热继电器的热元件和触点的动作情况。

6）核对各元器件的规格与图纸要求是否一致。元器件先检查、后使用，避免安装、接线后发现问题再拆换，提高制作电路的工作效率。

（3）固定元件

根据接线图将元器件安装在控制板上，固定元器件时应按以下步骤进行：

1）定位。将元器件摆放在确定好的位置，元器件应排列整齐，以保证连接导线时做到横平竖直、整齐美观，同时尽量减少弯折。

2）打孔。用手钻在做好的记号处打孔，孔径应略大于固定螺钉的直径。

3）固定。安装底板上所有的安装孔均打好后，用螺钉将元器件固定在安装底板上。

固定元器件时，应注意在螺钉上加装平垫圈和弹簧垫圈。紧固螺钉时将弹簧垫圈压平即可，不要过分用力。防止用力过大将元器件的底板压裂造成损失。

（4）连接导线

连接导线时，必须按照电气安装接线图规定的走线方位进行。一般从电源端起按线号顺序进行，先做主电路，然后做辅助电路。

接线前应做好准备工作，如按主电路，辅助电路的电流容量选好规定截面的导线；准备适当的线号管；使用多股线时应准备烫锡工具或压接钳等。

连接导线应按以下的步骤进行：

1）选择适当截面的导线，按电气安装接线图规定的方位，在固定好的元器件之间测量所需要的长度，截取适当长短的导线，剥去两端绝缘外皮。使用多股芯线时要将线头绞紧，必要时应烫锡处理。

2）走线时应尽量避免导线交叉。先将导线校直，把同一走向的导线汇成一束，依次弯向所需要的方向。走好的导线束用铝线卡（钢金轧头）垫上绝缘物卡好。

3）将成型好的导线套上写好的线号管，根据接线端子的情况，将芯线弯成圆环或直接压进接线端子。

4）接线端子应紧固好，必要时加装弹簧垫圈紧固，防止元器件动作时因振动而松脱。接线过程中注意对照图纸核对，防止错接。必要时用试灯、蜂鸣器或万用表校线。同一接线端子内压接两根以上导线时，可以只套一只线号管；导线截面不同时，应将截面大的放在下层，截面小的放在上层。所使用的线号要用不易退色的墨水（可用环乙酮与龙胆紫调和）用印刷体工整地书写，防止检查电路时误读。

（5）检查电路

连接好的控制电路必须经过认真检查后才能通电调试，以防止错接、漏接及电器故障引起的动作不正常，甚至造成短路事故。检查电路应按以下步骤进行：

1）核对接线。对照电气原理图、电气安装接线图，从电源开始逐段核对端子接线的线号，排除漏接、错接现象，重点检查辅助电路中容易错接处的线号，还应核对同一根导线的两端线号是否一致。

2）检查端子接线是否牢固。检查端子所有接线的接触情况，用手一一摇动，拉拔端子的接线，不允许有松动与脱落现象，避免通电调试时因虚接造成麻烦，将故障排除在通电之前。

3）万用表导通法检查。在控制电路不通电时，用手动来模拟电器的操作动作，用万用表检查与测量电路的通断情况。根据电路控制动作来确定检查步骤和内容；根据电气原理图和电气安装接线图选择测量点。先断开辅助电路，以便检查主电路的情况，然后再断开主电路，以便检查辅助电路的情况。主要检查以下内容：

①主电路不带负荷（电动机）时相间绝缘情况；接触器主触点接触的可靠性；正反转控制电路的电源换相电路及热继电器热元件是否良好，动作是否正常等。

②辅助电路的各个控制环节及自锁、联锁装置的动作情况及可靠性；与设备的运动部件联动的元器件（如行程开关、速度继电器等）动作的正确性和可靠性；保护电器（如热继电器触点）动作的准确性等情况。

（6）调试与调整

为保证安全，通电调试必须在指导老师的监护下进行。调试前应做好准备工作，包括：清点工具；清除安装底板上的线头杂物；装好接触器的灭弧罩；检查各组熔断器的熔体；分断各开关，使按钮、行程开关处于未操作前的状态；检查三相电源是否对称等。然后，按下述的步骤通电调试：

1）空操作试验。先切除主电路（一般可断开主电路熔断器），装好辅助电路熔断器，接通三相电源，使电路不带负荷（电动机）通电操作，以检查辅助电路工作是否正常。操作各按钮检查他们对接触器、继电器的控制作用；检查接触器的自锁、联锁等控制作用；用绝缘棒操作行程开关，检查它的行程控制或限位控制作用等。还要观察各电器操作动作的灵活性，注意有无卡住或阻滞等不正常现象；细听电器动作时有无过大的振动噪声；检查有无线圈过热等现象。

2）带负荷调试。控制电路经过数次空操作试验动作无误后即可切断电源，接通主电路，带负荷调试。电动机启动前应先做好停机准备，启动后要注意它的运行情况。如果发现电动机启动困难、发出噪声及线圈过热等异常现象，应立即停机，切断电源后进行检查。

3）有些电路的控制动作需要调整。例如，星形－三角形启动电路的转换时间；反接制动电路的终止速度等。应按照各电路的具体情况确定调整步骤。调试运转正常后，可投入正常运行。

知识链接4 基本控制电路故障检修步骤和方法

任何电路或设备经一段时间的使用，都会产生一些故障，根据故障现象，进行检测和分析是排除故障时必须进行的一项工作。电气控制电路故障检修步骤和方法见表5-3。

表5-3 电气控制电路故障检修步骤和方法

序号	步骤	故障检修方法	备注
1	观察故障现象，初步判断故障范围	电气控制电路出现故障后，经常采用试验的方法观察故障现象，初步判断故障 所谓试验法，就是在不扩大故障范围、不损坏电气设备和生产机械设备的前提下，对控制电路进行通电试验，观察电气设备、元器件的动作情况等是否正常，找出故障发生的部位、元器件或回路	也经常采用看、听、摸等方法初步判断故障范围
2	用逻辑分析法缩小故障范围	逻辑分析法就是根据电气控制电路的工作原理、各控制环节的动作顺序、相互之间的联系，结合观察到的故障现象进行具体的分析，迅速缩小故障的范围，进而判断故障所在	是一种快速、准确的检查方法，适用于较复杂的控制电路故障检查

序号	步骤	故障检修方法	备注
3	用测量法确定故障点	测量法就是利用电工工具和仪表（如测电笔、万用表等）对控制电路进行通电或断电测量，准确找出故障点或故障元器件。常用的测量方法的电压分阶测量法、电阻分阶测量法、电阻分段测量法等 （1）电压分阶测量法 　　测量时，像上、下台阶一样依次测量电压，称为电压分阶测量法，即按图5-7所示的方法进行测量 　　①测量时，先将万用表的挡位选择在交流电压500V挡 　　②断开主电路，接通控制电路的电源，如按下启动按钮SB1时，接触器KM不吸合，则说明控制电路有故障 　　③先测0-1两点间的电压，若电压为380V，说明控制电路的电源电压正常。然后按下启动按钮SB1，先后测量0-2、0-3、0-4点间的电压 　　④若0号点与2、3、4号点间电压均为零，则说明1-2号点1间FR动断触点或电路断开；若0号点与3、4号点间电压均为零，则说明2-3号点间SB2动断触点或电路断开；若0号点与4号点间电压均为零，则说明3-4号点间SB1动合触点或电路断开；若0号点与2、3、4号点间电压均为380V，则说明KM线圈或电路断开 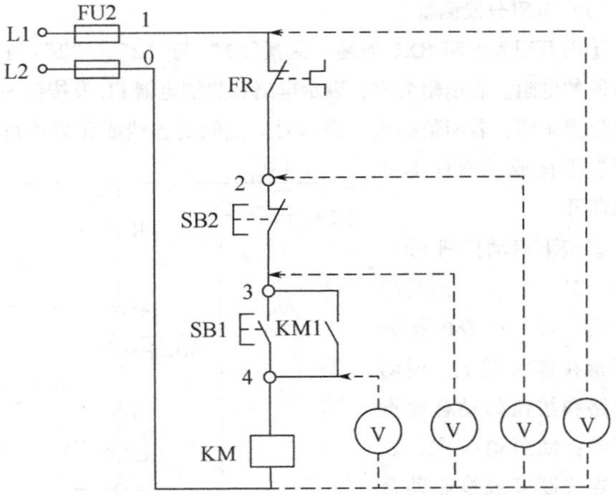 图5-7　电压分阶测量法	运用电压分阶测量法测量时，应两人配合进行，注意安全用电操作规程

续表

序号	步骤	故障检修方法	备注
3	用测量法确定故障点	（2）电阻分阶测量法 ①测量时，应将万用表的挡位选择在合适倍率的电阻挡 ②断开主电路，接通控制电路的电源，如按下启动按钮 SB1 时，接触器 KM 不吸合，则说明控制电路有故障 ③切断控制电路电源，按下 SB1，按图 5-8 所示的测量方法，依次测量 0-4、0-3、0-2、0-1 各两点之间的电阻值，根据测量结果判断故障点 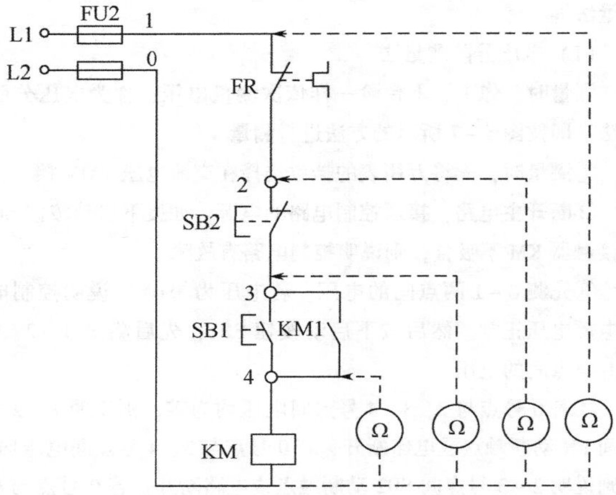 图 5-8　电阻分阶测量法	运用电阻分阶测量法时，应注意：测量前要切断电源，不能带电操作，否则会损坏万用表、发生触电事故等；测量电路不能与其他电路或负载并联，否则测量结果不准确；测量时要正确选择万用表的挡位
		（3）电阻分段测量法 ①用万用表电阻 RX1 挡逐一测量"1"与"2"、"2"与"3"点间的电阻。若电阻为零，表示电路和热继电器 FR 及按钮 SB2 动断触点正常；若阻值很大，表示对应点间的连线或元器件可能接触器不良或元器件本身已断开 ②按下启动按钮 SB1，测"3"与"4"点间的电阻。若万用表的指针不指在零位置上，说明电路和按钮的动合触点正常；如阻值很大，表示连线断开或按钮动合触点接触不良 ③图 5-9 所示为电阻分段测量法 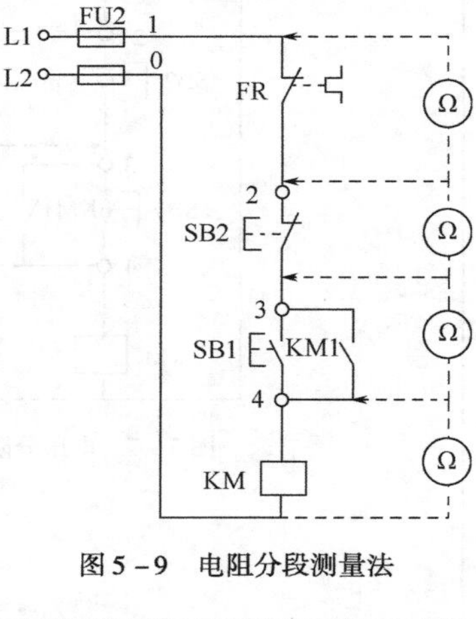 图 5-9　电阻分段测量法	运用电阻分段测量法时，万用表在测量不同段的电阻时，应采用不同的电阻挡量程，否则测量结果会不正确的

知识链接 5 控制电路故障的分析

1. 故障分析的前提

电动机控制电路是由一些元器件按一定的控制关系连接而成。这种控制关系反映在电气原理图上。为了顺利地安装、检查和分析电路，必须熟悉和了解相应的电路，所以在故障分析之前必须认真阅读原理图。

要看懂电气原理图中各个元器件之间的控制关系以及连接顺序；分析电路控制动作，以便确定控制电路的检查步骤和方法；明确元器件的数目、种类、规格；对于复杂的电路，还应知道由哪几个环节组成的，分析这些环节之间的逻辑关系。

为了便于电路的维护和排除故障，安装或检修时，应按规定对原理图进行标注电路。主电路与控制电路分开标注，各自从电源端起，各相分开，顺次标注到负荷端，标注时应每段导线均有线号，一线一号，不得重复。

2. 分析举例

电路故障现象与分析见表 5-4（表 5-4 所涉及的故障，部分是学生安装过程中所产生的）。

表 5-4 电路故障现象与分析

自锁控制电路	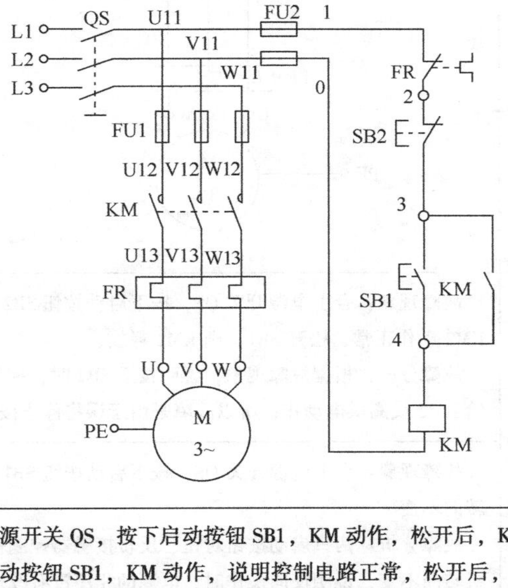 （电气原理图）
故障现象与故障分析	故障现象：合上电源开关 QS，按下启动按钮 SB1，KM 动作，松开后，KM 立即复位 故障分析：按下启动按钮 SB1，KM 动作，说明控制电路正常，松开后，KM 复位，说明自锁功能不正常→KM 自锁触点接触不良、接线有断路或误将常开自锁接成常闭自锁 故障现象：合上电源开关 QS，在未按下启动按钮 SB1 时，电动机立即得电启动运转；按下停止按钮 SB2 后，电动机停转，但是松开停止按钮 SB2 后，电动机又得电启动运转 故障分析：故障现象中停止按钮 SB2 能正常工作，而启动按钮 SB1 不起作用。启动按钮 SB1 上并联接触器自触点 KM，从原理分析可以知道，其原因可能是 SB2 下端的 3 号线直接接在 KM 的上端 4 号接线处

故障现象与故障分析	故障现象：合上电源开关 QS，接触器剧烈振动（振动频率较低，为 10～20Hz），主触点严重起弧，电动机时转时停，按下停止按钮 SB2，KM 立即释放 故障分析：故障现象表明启动按钮 SB1 不起作用，而停止按钮有停止控制功能，说明接线有错，而且与上例相似。接触器振动频率较低，不是由于电源电压过低（50Hz）或短路环（100Hz）引起，所以怀疑是自锁接错→将常开触点接成常闭触点
	故障现象：合上电源开关 QS，按下启动按钮 SB1，KM 不动作，检查电路无错误；检查电源，三相电压正常，电路无接触不良 故障分析：根据故障现象和对电路的检查，怀疑问题在元器件上，如按钮的触点、接触器线圈、热继电器触点有断路点
正反转控制电路	（电路图）
故障现象与故障分析	故障现象：合上电源开关 QS，按下启动按钮 SB2 时 KM2 不动作，而同时按下 SB1 和 SB2 时，KM2 动作正常，松开 SB1，则 KM2 释放 故障分析：根据故障现象，说明按下 SB2 时，控制电路未给 KM2 线圈供电，而按下 SB1 时却给 KM2 线圈供电动作，所以故障是由于误将停止按钮 SB1 的常闭触点接成常开触点
	故障现象：合上电源开关 QS，按下启动按钮 SB1、SB2 时 KM1、KM2 动作正常，但是电动机转向不变 故障分析：两只启动按钮对正、反转接触器控制作用正常，说明控制电路接线无误，而电动机转向不变，说明反向操作时，电源的相序没有改变，检查 KM2 主触点接线即可
	故障现象：合上电源开关 QS，按下启动按钮 SB2 时，KM2 动作且电动机启动运转，但是松开 SB2 后，KM2 立即释放，电动机停转；操作 SB1 时 KM1 动作，且电动机启动反向旋转，但是松开 SB1 后，KM1 立即释放，电动机停转 故障分析：两只启动按钮的控制及电动机的转向均符合要求，但是自锁功能均不起作用，而接触器辅助触点同时损坏的可能性很小，故怀疑是启动按钮自锁有问题→常开、常闭触点错误或接线错误

故障现象与故障分析	故障现象：合上电源开关 QS，交替操作 SB1、SB2 均正常，但是几次后控制电路突然不工作，启动按钮失效 故障分析：几次操作，电动机工作均正常，说明控制电路和主电路都准确，元器件功能也正常。怀疑是由于电动机几次频繁正、反转操作，电动机反复启动，绕组电流过大，使热继电器保护断路动作，切断了控制电路
	故障现象：合上电源开关 QS，操作 SB1，接触器 KM1 剧烈振动，主触点严重起弧，电动机时转时停，松开后 KM1 立即释放；操作 SB2 时与 SB1 相同 故障分析：由于两只按钮同时控制 KM1、KM2，而且都可以启动电动机，表明主电路正常，故障是控制电路引起的，从接触器的振荡现象来看，怀疑是自锁、联锁电路问题→误将联锁触点接到自锁的电路中，使接触器频繁得电、失电而造成
Y–△减压启动控制电路	
故障现象与故障分析	故障现象：电路经万用表检查无误，进行空载操作运行时，按下 SB1 后，KT、KM1、KM2、KM3 得电动作，而延时 5s 电路无转换动作 故障分析：分析可知，故障是由于时间继电器延时触点未动作引起的。由于按下 SB1 时 KT 得电动作，所以怀疑 KT 的电磁铁位置不正常，造成延时器不工作
	故障现象：启动时，电动机得电，转速上升，经 1s 左右时间电动机忽然发出嗡嗡声，伴有转速下降，继而断电停转 故障分析：尽管 Y–△减压启动方式可以降低电动机启动时的冲击电流，但是启动电流仍可以达到电动机额定电流的 2～3 倍。开始电动机启动状态正常，说明电源在开始时正常，继而电动机忽然发出嗡嗡声是由于缺相引起的，怀疑熔断器的额定电流过小，启动时，一相熔断器的熔丝熔断使电动机缺相运行

故障现象与故障分析	故障现象：启动时正常，转换成△连接运行时，电动机发出异响且转速急剧下降，随之熔断器动作，电动机断电停转 故障分析：丫连接启动正常表明电源及电动机绕组正常，转换成△连接运行时电动机转速急剧下降，与电动机反接制动现象类似，怀疑△连接时电源相序错误，使电动机绕组电流值大于全压直接启动电流，因此熔断器熔丝熔断
顺序控制电路	
故障现象与故障分析	故障现象：合上隔离开关 QS，电动机能顺序启动正常，按下 SB3，电动机 M1、M2 同时停止。但是如果按下 SB4，电动机 M2 则无法独立停止 故障分析：根据现象可以判定启动正常，问题在于与停止按钮 SB4 相关的电路，一般是该停止按钮被自锁给锁定，使它失去了应有的功能
	故障现象：合上隔离开关 QS，按下 SB1，KM1 动作正常，但是按下 SB2 时，KM2 不能得电动作；但是如果未按 SB1，而是直接按 SB2，KM2 却能正常工作 故障分析：根据现象说明电路正常，而且在 SB1 操作前，SB2 控制却正常，说明接线有误，误将常开联锁接成了常闭联锁
	故障现象：合上电源开关 QS，按下 SB1，KM1 动作正常，按下 SB2，KM2 动作正常，但是松开 SB2，KM2 失电 故障分析：故障现象说明 SB2 的自锁 KM2 有问题，自锁接错

续表

工作台自动往返控制电路	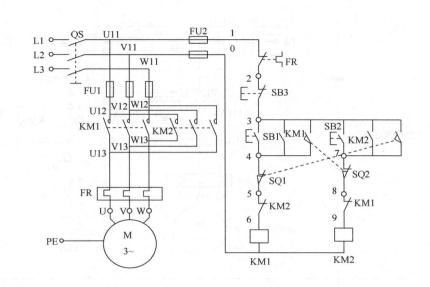
故障现象与故障分析	**故障现象：** 合上隔离开关 QS，按下 SB1、SB2，KM1、KM2 动作，电动机发出嗡嗡声，不转动 **故障分析：** 按下 SB1、SB2 能使接触器 KM1、KM2 动作，说明控制电路正常。电动机不转发出嗡嗡声，可以断定主电路电动机在电源缺相下运行
	故障现象： 合上隔离开关 QS，按下 SB1，工作台向右移动，当挡块碰撞 SQ1 后，工作台停止，KM2 线圈不能得电；按下 SB2，KM2 得电动作，电动机运转，工作台向左移动 **故障分析：** 根据这一现象，说明工作台不能自动往返，问题在 SQ1 上，SQ1 常闭（4-5）号线正常，而 SQ1 常开（3-7）号线有开路故障
	按下 SB1，工作台向右移动，当挡块碰撞 SQ1 后，工作台能自动往返向左移动，当挡块碰撞 SQ2 后，工作台继续向右移动，直到碰撞 SQ4，工作台才停止 **故障分析：** 故障现象表明断路安装正常，工作失常的原因是由于 SQ2 造成的，更换即可
	故障现象： 合上隔离 QS，按下 SB1、SB2，KM1、KM2 无反应，电动机不启动运转 **故障分析：** 根据这一现象可以判断，断路有开路故障，重点应放在公共电路上

两地控制电路	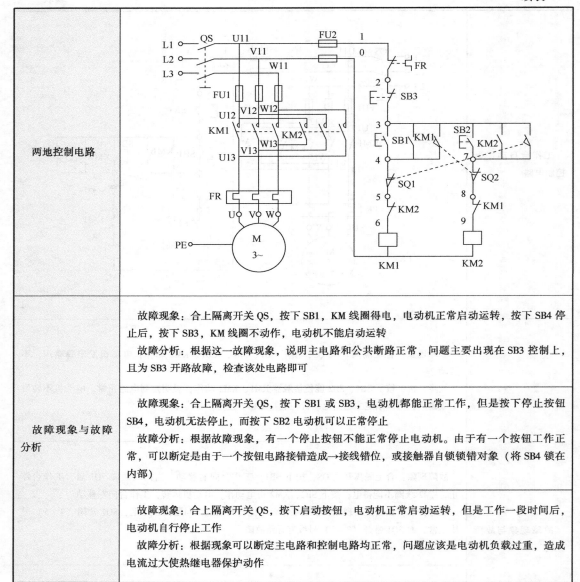
故障现象与故障分析	故障现象：合上隔离开关 QS，按下 SB1，KM 线圈得电，电动机正常启动运转，按下 SB4 停止后，按下 SB3，KM 线圈不动作，电动机不能启动运转 　　故障分析：根据这一故障现象，说明主电路和公共断路正常，问题主要出现在 SB3 控制上，且为 SB3 开路故障，检查该处电路即可
	故障现象：合上隔离开关 QS，按下 SB1 或 SB3，电动机都能正常工作，但是按下停止按钮 SB4，电动机无法停止，而按下 SB2 电动机可以正常停止 　　故障分析：根据故障现象，有一个停止按钮不能正常停止电动机。由于有一个按钮工作正常，可以断定是由于一个按钮电路接错造成→接线错位，或接触器自锁锁错对象（将 SB4 锁在内部）
	故障现象：合上隔离开关 QS，按下启动按钮，电动机正常启动运转，但是工作一段时间后，电动机自行停止工作 　　故障分析：根据现象可以断定主电路和控制电路均正常，问题应该是电动机负载过重，造成电流过大使热继电器保护动作

知识链接 6　板前明线布线安装工艺

1）布线通道尽可能少，同路并行导线按主电路、控制电路分类集中，单层密排，紧贴安装面布线。

2）同一平面的导线应高低一致或前后一致，尽量避免交叉。非交叉不可时，该根导线应在接线端子引出时就水平架空跨越，且必须走线合理。安装导线尽可能靠近元器件走线。

3）布线应平竖直，分布均匀。变换走向时应垂直转向。

4）布线时严禁损伤线芯和导线绝缘。

5）布线顺序一般以接触器为中心，由里向外，由低至高，先控制电路，后主电路的顺序进行，以不妨碍后续布线为原则。

6）在每根剥去绝缘层的导线两端套上编码套管。所有从一个接线端子（或接线桩）到另一个接线端子（或接线桩）的导线必须连续，中间无接头。

7）导线与接线端子或接线桩连接时，不得压绝缘层，不反圈及不露铜过长。

8）按钮连接线必须用软线，与配电板上的元器件连接时必须通过接线端子，并编号。

9）同一元器件、同一回路的不同接点的导线间距应保持一致。

10）一个元器件接线端子上的连接导线不得多于两根，每节接线端子板上的连接导线一般只允许连接一根。

操作实践

 任务一　安装三相笼型异步电动机点动控制电路

一、任务描述

1）由电气原理图绘制电气安装接线图。

2）合理布置元器件，正确安装电动机控制电路。

3）根据电气原理图和故障现象准确分析与判断故障原因。

三相异步电动机单向点动控制电路如图5-10（a）所示，当合上电源开关QS时，电动机是不会启动运转的，因为这时接触器KM的线圈未通电，它的主触点处在断开状态，电动机M的定子绕组上没有电压。

按下启动按钮SB→KM线圈通电→KM主触点闭合→M启动运转。当松开按钮SB→KM线圈失电→KM主触点分开→电动机M停转。这种只有当按下按钮电动机才会运转，松开按钮即停转的电路，称为点动控制电路。

二、实训内容

1. 实训器材（见表5-5）

表5-5　实训设备与器材

工具		测电笔、螺钉旋具、尖嘴钳、剥线钳、电工刀等常用工具			
仪表		MF47型万用表			
器材	代号	名称	型号	规格	数量
	M	电动机	Y-112M-4	4KW、380V、8.8A、1440r/min	1台
	QS	组合开关	HZ10-25/3	三极额定电流25A	若干个
	FU1	熔断器	RL1-60/25	500V、60A、配熔体额定电流25A	3台
	FU2	熔断器	RL1-15/2	500V、15A、配熔体额定电流2A	2个
	KM	交流接触器	CJ10-20	20A 线圈电压380V	1个
	SB	按钮	LA4-3H	保护式按钮3（代用）	1个
	XT	端子板	JX2-1015	10A15节	1个

2. 实训过程

1）熟悉点动控制电路如图 5 – 10（a）所示，并绘制电气安装接线图如图 5 – 10（b）所示。

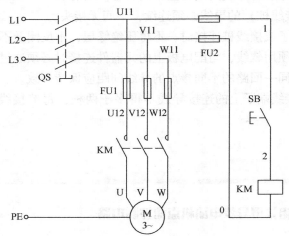

（a）点动控制电路

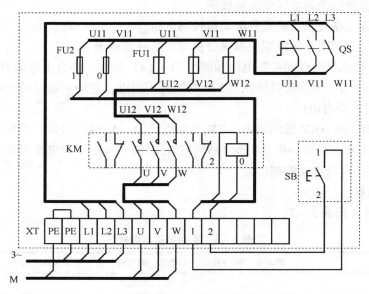

（b）点动控制电路电气安装接线图

图 5 – 10　三相异步电动机单向点动控制电路

2）检查元器件，并固定元器件。

3）按电气安装接线图接线，注意接线要牢固，接触要良好，文明操作。

安装动力电路的导线采用黑色，控制电路采用红色，图 5 – 10（b）中实线表示明配线，虚线表示暗配线，安装后应符合要求。

4）检测与调试。接线完成后，检查无误，经指导教师检查允许后方可通电。

检查接线无误后，接通交流电源，合上开关 QS，此时电动机不转，按下按钮 SB，电动机 M 即可启动，松开按钮电动机即停转。若出现电动机不能点动控制或熔丝熔断等故障，则应分断电源，分析和排除故障后使之正常工作。

3. 注意事项

电动机必须安放平稳，电动机金属外壳须可靠接地。接至电动机的导线必须穿在导线通道内加以保护，或采用坚韧的四芯橡皮套导线进行临时通电校验。

电源进线应接在螺旋式熔断器底座中心端上，出线应接在螺纹外壳上。

接线要求牢靠，不允许用手触及各元器件的导电部分，以免触电及意外损伤。

4. 思考与讨论

1）检查电路和调试是按哪几个步骤进行的？

2）接触器的结构是由哪几个部分组成的？

3）点动控制的特点是什么？

5. 评分标准（见表 5 - 6）

表 5 - 6　评分标准

项目内容	配分	评分标准	扣分
装前检查	5 分	元器件漏检或错检	每处扣 1 分
安装元件	15 分	①不按布置图安装 ②元器件安装不牢固 ③元器件安装不整齐、不匀称、不合理 ④损坏元器件	扣 15 分 每只扣 4 分 每只扣 3 分 扣 15 分
布线	40 分	①不按电路图接线 ②布线不符合要求 ③接点松动、露铜过长、反圈 ④损伤导线绝缘或线芯 ⑤编码套管套装不正确 ⑥漏接地线	扣 20 分 每根扣 3 分 每个扣 1 分 每根扣 5 分 每处扣 1 分 扣 10 分
通电试车	40 分	①熔体规格选用不当 ②第一次试车不成功 ③第二次试车不成功 ④第三次试车不成功	扣 10 分 扣 20 分 扣 30 分 扣 40 分
安全文明生产		违反安全文明生产规程	扣 5 ~ 40 分
定额时间		2.5h，每超时 5min（不足 5min 以 5min 计）	扣 5 分
备注		除定额时间外，各项目的最高扣分不应超过配分数	成绩	
开始时间		结束时间	实际时间	

 任务二　安装三相笼型异步电动机启停控制电路

一、任务描述

1）学会绘制电气安装接线图，熟悉安装控制电路的步骤。

2）培养电气控制电路的安装、调试、故障分析与排除的操纵能力。

三相笼形异步电动机单向全压启动控制电路如图 5 - 11 所示。

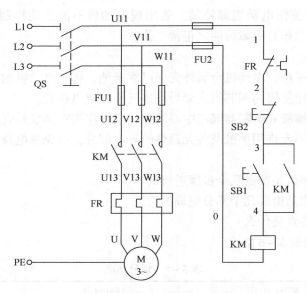

图 5 – 11　三相笼型异步电动机单向全压启动控制电路

启动：合上电源开关 QS，按下按钮 SB2→KM 线圈得电→KM 主触点闭合（KM 辅助触点闭合）→电动机 M 启动运转。实现了三相笼形异步电动机单向全压启动控制。

停止：按下停止按钮 SB1→KM 线圈失电→KM 主触点断开→电动机 M 停止运转。

二、实训内容

1. 实训器材（见表 5 –7）

表 5 –7　实训器材

工具			测电笔、螺钉旋具、尖嘴钳、剥线钳、电工刀等常用工具		
仪表			MF47 型万用表		
器材	代号	名称	型号	规格	数量
	M	电动机	Y – 112M – 4	4KW、380V、8.8A、1440r/min	1 台
	QS	组合开关	HZ10 – 25/3	三极额定电流25A	若干个
	FU1	熔断器	RL1 – 60/25	500V、60A、配熔体额定电流25A	3 台
	FU2	熔断器	RL1 – 15/2	500V、15A、配熔体额定电流2A	2 个
	KM	交流接触器	CJ10 – 20	20A 线圈电压380V	1 个
	SB	按钮	LA4 – 3H	保护式按钮3（代用）	2 个
	FR	热继电器	JR16 – 20/3	三极、20A、整定电流8.8A	1 个
	XT	端子板	JX2 – 1015	10A15 节	1 个
		主电路导线	BV – 1.5	1.5mm² （7×0.25mm）	若干
		控制电路导线	BVR – 1.0	1 mm² （7×0.43mm）	若干

2. 实训过程

1）分析识读三相异步电动机单向全压启动控制电路。

2）根据图 5 – 11 绘制电气安装接线图，如图 5 – 12 所示。

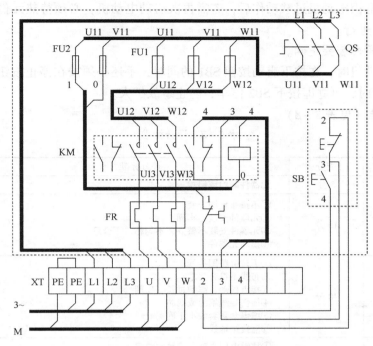

图 5 – 12　三相笼型异步电动机单向全压启动控制电路电气安装接线图

3）检查元器件，并固定元器件。

4）按电气安装接线图接线，注意接线要牢固，接触要良好，工艺力求美观。

5）检查控制电路的接线是否正确，是否牢固。

6）接线完成后，检查无误，经指导教师检查允许后方可通电调试。

确认接线正确后，接通交流电源 L1、L2、L3 并合上开关 QS，此时电动机不转。按下按钮 SB2，电动机 M 应自动连续转动，按下按钮 SB1 电动机应停转。若按下按钮 SB2 启动运转一段时间后，电源电压降到 320V 以下或电源断电，则接触器 KM 主触点会断开，电动机停转。再次恢复电压 380V（允许 ±10% 波动），电动机应不会自行启动——具有欠压或失压保护。

如果电动机转轴被卡住而接通交流电源，则在几秒内热继电器应动作，自动断开加在电动机上的交流电源（注意不能超过 10s，否则电动机过热会冒烟导致损坏）。

3. 注意事项

1）接触器 KM 的自锁触点应并接在启动按钮 SB1 两端，停止按钮 SB2 应串接在控制电路中；热继电器 FR 的热元件应串接在主电路中，它的常闭触点应串接在控制电路中。

2）电源进线应接在螺旋式熔断器的下接线座上，出线则应接在接线座上。

3）按钮内接线时，用力不可过猛，以防螺钉打滑。

4）电动机及按钮的金属外壳必须可靠接地。接至电动机的导线，必须穿在导线通道内加以保护，或采用坚韧的四芯橡皮线或塑料护套线进行临时通电校验。

5）热继电器的整定电流应按电动机的额定电流自行调整，绝对不允许弯折双金属片。

6）热继电器因电动机过载动作后，若需再次启动电动机，必须待热元件冷却并且热继电器复位后才可进行。

7）编码套管套装要正确。

8）启动电动机时，在按下启动按钮 SB1 的同时，手还必须按在停止按钮 SB2 上，以保证万一出现故障时，可立即按下 SB2 停车，防止事故扩大。

4. 评分标准（见表 5 - 8）

表 5 - 8　评分标准

项目内容	配分	评分标准	扣分
装前检查	5 分	元器件漏检或错检	每处扣 1 分
安装元件	15 分	①不按布置图安装 ②元器件安装不牢固 ③元器件安装不整齐、不匀称、不合理 ④损坏元器件	扣 15 分 每只扣 4 分 每只扣 3 分 扣 15 分
布线	40 分	①不按电路图接线 ②布线不符合要求 ③接点松动、露铜过长、反圈 ④损伤导线绝缘或线芯 ⑤编码套管套装不正确 ⑥漏接接地线	扣 25 分 每根扣 3 分 每个扣 1 分 每根扣 5 分 每处扣 1 分 扣 10 分
通电试车	40 分	①热继电器未整定或整定错误 ②熔体规格选用不当 ③第一次试车不成功 　　第二次试车不成功 　　第三次试车不成功	扣 15 分 扣 10 分 扣 20 分 扣 30 分 扣 40 分
安全文明生产		违反安全文明生产规程	扣 5 ~ 40 分
定额时间		3h，每超时 5min（不足 5min 以 5min 计）	扣 5 分
备注		除定额时间外，各项目的最高扣分不应超过配分数	成绩
开始时间		结束时间　　　　实际时间	

任务三　安装与检修三相笼型异步电动机正反转控制电路

一、任务描述

1）掌握三相异步电动机接触器联锁的正、反转控制电路的工作原理；学习电动机正、反转控制电路的安装工艺。

2）熟悉电气联锁的使用和正确接线。

三相异步电动机接触器联锁正反转控制电路如图 5 - 13 所示，先合上电源开关 QS，电路的动作过程：

正转控制：按下按钮 SB2→KM1 线圈得电→KM1 主触点闭合→电动机 M 启动连续正转。

反转控制：先按下按钮 SB1→KM1 线圈失电→KM1 主触点分断→电动机 M 失电停转；再按下按钮 SB3。→KM2 线圈得电→KM2 主触点闭合→电动机 M 启动连续反转。

停止：按停止按钮 SB1→控制电路失电→KM1（或 KM2）主触点分断→电动机 M 失电

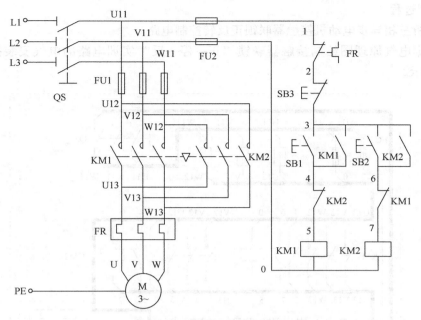

图 5 - 13　三相异步电动机接触器联锁控制正反转控制电路

停转。

二、实训内容

1. 实训器材（见表 5 - 9）

表 5 - 9　实训器材

工具		测电笔、螺钉旋具、尖嘴钳、剥线钳、电工刀等常用工具				
仪表		MF47 型万用表				
器材	代号	名称	型号	规格	数量	
	M	三相异步电动机	Y - 112M - 4	4kW、380V、△接法、8.8A、1440r/min	1 台	
	QS	组合开关	HZ10 - 25/3	三极、25A	1 个	
	FU1	熔断器	RL1 - 60/25	500V、60A、配熔体25A	3 个	
	FU2	熔断器	RL1 - 15/2	500V、15A、配熔体2A	2 个	
	KM	交流接触器	CJ10 - 20	20A、线圈电压380V	2 个	
	FR	热继电器	JR16 - 20/3	三极、20A、整定电流8.8A	1 个	
	SB	按钮	LA4 - 3H	保护式、500V、5A、按钮数3	3 个	
	XT	端子板	JX2 - 1015	500V、10A、15 节	1 个	
		主电路导线	BVR - 1.5	1.5mm² （7×0.25mm）	若干	
		控制电路导线	BVR - 1.0	1 mm² （7×0.43mm）	若干	

2. 实训过程

1）分析三相异步电动机接触器联锁正反转控制电路。

2）根据电气原理图绘制接触器联锁"正—停—反"实训电路的电气安装接线图，如图5-14所示。

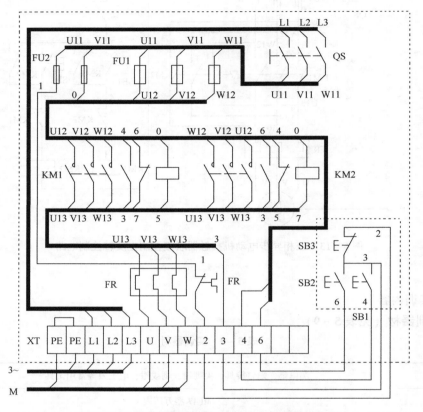

图5-14　接触器联锁控制正反转电气安装接线图

3）检查各元器件。

4）固定各元器件，安装接线。

5）用万用表检查控制电路是否正确，工艺是否美观。

6）经教师检查后，通电调试。

仔细检查确认接线无误后，接通交流电源，按下 SB2，电动机应正转，（若不符合转向要求，可停机，换接电动机定子绕组任意两个接线即可）。按下 SB3，电动机仍正转（因 KM1 联锁断开）。如果要电动机反转，应按下 SB1，使电动机停转，然后再按下 SB3，则电动机反转，若电动机不能正常工作，则应分析并排除故障，使电路正常工作。

3. 注意事项

1）接线后要认真逐线检查核对接线，重点检查主电路 KM1 和 KM2 之间的换相线及辅助电路中接触器辅助触点之间的连接线。

2）电动机必须安放平稳，以防止在可逆运转时，电动机滚动而引起事故。并将电动机外壳可靠接地。

3）要特别注意接触器的联锁触点不能接错，否则，将会造成主电路中二相电源短路事故。

4. 检修双重联锁正反转控制电路

1）故障设置

在控制电路或主电路中人为设置电气自然故障两处。

2）教师示范检修

教师进行示范检修时，可把下述检修步骤及要求贯穿其中，直至故障排除。

①用试验法来观察故障现象。主要注意观察电动机的运行情况、接触器的动作情况和电路的工作情况等，如发现有异常情况，应马上断电检查。

②用逻辑分析法缩小故障范围，并在电路图上用虚线标出故障部位的最小范围。

③用测量法准确、迅速地找出故障点。

④根据故障点的不同情况，采取正确的修复方法迅速排除故障。

⑤排除故障后通电试车。

3）学生检修

教师示范检修后，再由指导教师重新设置两个故障点，让学生进行检修。在学生检修的过程中，教师可以进行启发性指导。

4）检修注意事项

1）要认真听取和仔细观察指导教师在示范过程中的讲解和检修操作。

2）要熟练掌握电路图中各个环节的作用。

3）在排除故障的过程中，分析思路和排除方法要正确。

4）工具和仪表使用要正确。

5）不能随意修改电路和带电触摸元器件。

6）带电检修故障时，必须有教师现场监护，并要确保用电安全。

7）检修必须在规定的时间内完成。

5. 评分标准（见表 5 – 10）

表 5 – 10　评分标准

项目内容	配分	评分标准	扣分
选用工具、仪表及器材	15 分	①工具、仪表少选或错选	每个扣 2 分
		②元器件选错型号和规格	每个扣 4 分
		③选错元器件数量或型号规格没有写全	每只扣 2 分
装前检查	5 分	元器件漏检或错检	每处扣 1 分
安装布线	30 分	①电动机安装不符合要求	扣 15 分
		②控制板安装不符合要求	
		● 元器件布置不合理	扣 5 分
		● 元器件安装不牢固	每只扣 4 分
		● 元器件安装不整齐、不匀称、不合理	每只扣 3 分
		● 损坏元器件	扣 15 分

项目内容	配分	评分标准	扣分
安装布线	30分	• 不按电路图接线 • 布线不符合要求 • 接点松动、露铜过长、反圈等 • 损伤导线绝缘层或线芯 • 漏装或套错编码管 • 漏接地线	扣15分 每根扣3分 每个扣1分 每根扣5分 每个扣1分 扣10分
故障分析	10分	①故障分析、排除故障思路不正确 ②标错电路故障范围	每个扣5~10分 每个扣5分

排除故障	20分	①停电不验电
		②工具及仪表使用不当
		③排除故障的顺序不对
		④不能查出故障点
		⑤查出故障点，但不能排除
		⑤产生新的故障：
		   不能排除
		   已经排除
		⑦损坏电动机
		⑧损坏元器件，或排除故障方法不正确
			扣5分
			扣5分
			扣5分
			每个扣10分
			每个故障扣5分
			
			每个扣10分
			每个扣5分
			扣20分
			每只（次）扣5~20分

通电试车	20分	①热继电器未整定或整定错误
		②熔体规格选用不当
		③第一次试车不成功
		   第二次试车不成功
		   第三次试车不成功
			扣10分
			扣5分
			扣10分
			扣15分
			扣20分

安全文明生产		违反安全文明生产规程	扣10~70分
定额时间		4h，训练不允许超时，在修复故障过程中才允许超时每超时1min	扣5分
备注		除定额时间外，各项目的最高扣分不应超过配分数	成绩
开始时间		结束时间	实际时间

任务四　安装两台三相电动机顺序启动、逆序停止控制电路

一、任务描述

1）通过的各种不同顺序控制电路的学习，加深对有一些特殊要求控制电路了解。

2）掌握两台电动机顺序启动控制方法。

两台三相电动机顺序启动、逆序停止控制电路如图5-15所示。

顺序启动：先合上电源开关QS。只有先按下按钮SB1→KM1线圈得电→KM1主辅触点闭合并自锁→M1启动运转后，再按下按钮SB2→KM2线圈得电→KM2主触点闭合并自锁→M2启动运转。

逆序停止：只有先按下按钮SB4→KM2线圈失电→KM2主触点断开→M2电动机停转，

KM2 与 M1 电动机的停止按钮 SB3 常闭触点并联常开触点断开后→按下 SB3→KM1 线圈失电 →KM1 主触点断开→M1 电动机停转。

二、实训内容

1. 实训器材（见表 5 – 11）

表 5 – 11 实训器材

工具	测电笔、螺钉旋具、尖嘴钳、剥线钳、电工刀等常用工具				
仪表	MF47 型万用表				
器材	**代号**	**名称**	**型号**	**规格**	**数量**
	M	三相异步电动机	Y – 112M – 4	4kW、380V、△接法、8.8A、1440r/min	2 台
	QS	组合开关	HZ10 – 25/3	三极、25A	1 个
	FU1	熔断器	RL1 – 60/25	500V、60A、配熔体25A	3 个
	FU2	熔断器	RL1 – 15/2	500V、15A、配熔体2A	2 个
	KM	交流接触器	CJ10 – 20	20A、线圈电压380V	2 个
	FR	热继电器	JR16 – 20/3	三极、20A、整定电流8.8A	2 个
	SB	按钮	LA4 – 3H	保护式、500V、5A、按钮数3	6 个
	XT	端子板	JX2 – 1015	500V、10A、20 节	1 个
		主电路导线	BVR – 1.5	1.5mm² （7 × 0.25mm）	若干
		控制电路导线	BVR – 1.0	1 mm² （7 × 0.43mm）	若干

2. 实训过程

1）熟悉图 5 – 15，分析控制电路实现电动机顺序启动、逆序停止控制电路的控制关系。

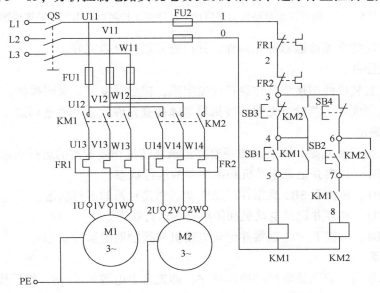

图 5 – 15 两台三相电动机顺序启动、逆序停止控制电路

2）根据电气原理图绘制控制电路实现电动机顺序启动、逆序停止控制电路电气安装接

线图如图 5 – 16 所示。

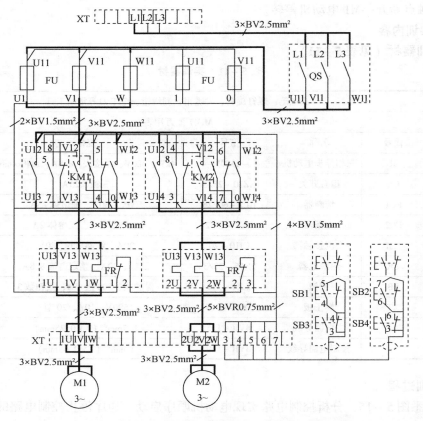

图 5 – 16　两台三相电动机顺序启动、逆序停止控制电路电气安装接线图

3）找到对应的交流接触器等元器件，并检查元器件是否完好。

4）固定元器件。

5）按电气安装接线图接线。注意接线要牢固，接触要良好，文明操作。

6）在接线完成后，若检查无误，经指导老师检查允许后方可通电调试。

3. 检测与调试

1）接通三相交流电源。按下 SB2 观察并记录电动机和接触器的运行状态。

2）按下 SB1，观察并记录电动机和接触器的运行状态。

3）按下 SB1，再按下 SB2 观察并记录电动机和接触器的运行状态。

4）按下 SB3，观察并记录电动机和接触器的运行状态。

5）按下 SB4，再按下 SB3 观察并记录电动机和接触器的运行状态。

4. 注意事项

1）通电试车前，应熟悉电路的操作顺序，即先合上电源开关 QS，然后按下 SB1 后再按下 SB2 顺序启动，按下 SB4 后再按下 SB3 逆序停止。

2）通电试车时，注意观察电动机、各元器件及电路各部分工作是否正常。若发现异常情况，必须立即切断电源开关 QS，而不是按下 SB3，因为此时停止按钮 SB2 可能已失去作用。

5. 评分标准（见表 5-12）

表 5-12　评分标准

项目内容	配分	评分标准	扣分
装前检查	15 分	①电动机质量检查	每漏一处扣 5 分
		②元器件漏检或错检	每处扣 1 分
安装布线	45 分	①电器布置不合理	扣 5 分
		②元件安装不牢固	每只扣 4 分
		③元件安装不整齐、不匀称、不合理	每只扣 3 分
		④损坏元器件	扣 15 分
		⑤不按电路图接线	扣 25 分
		⑥布线不符合要求	每根扣 3 分
		⑦接点松动、露铜过长、反圈等	每个扣 1 分
		⑧损伤导线绝缘层或线芯	每根扣 5 分
		⑨漏装或套错编码管	每个扣 1 分
		⑩漏接接地线	扣 10 分
通电试车	40 分	①热继电器未整定或整定错误	每只扣 5 分
		②熔体规格选用不当	扣 5 分
		③第一次试车不成功	扣 10 分
		第二次试车不成功	扣 20 分
		第三次试车不成功	扣 40 分
安全文明生产		①违反安全文明生产规程	扣 10~40 分
		②乱线敷设	扣 10 分
定额时间	3h，每超时 5min（不足 5min 以 5min 计）		扣 5 分
备注	除定额时间外，各项目的最高扣分不应超过配分数	成绩	
开始时间		结束时间	实际时间

 任务五　安装三相笼型异步电动机丫-△减压启动控制电路

一、任务描述

1）掌握三相异步电动机丫-△减压启动控制电路

2）培养三相异步电动机丫-△减压启动电气电路的安装操作能力。

三相笼型异步电动机丫-△减压启动控制电路如图 5-17 所示，即实训电路。电路的动作过程：

合上电源开关 QS→按下按钮 SB1→KT、KM丫线圈得电→KM丫触点闭合→KM 线圈得电→KM 主触点、KM丫主触点闭合→电动机 M 接成星形减压启动→同时 KT 线圈得电、KM2 联锁分断→当 M 转速上升到一定值时，KT 延时结束→KT 常闭触点分断→KM丫线圈失电→KM丫主触点分断（KM丫常开触点分断→KT 线圈失电）→解除星形连接→KM丫联锁触点闭

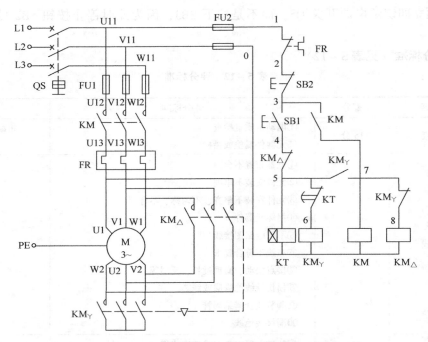

图 5－17　三相笼型异步电动机丫—△减压启动控制电路

合→KM△线圈得电→KM△主触点闭合→电动机 M 接成三角形全压运转→KM△联锁分断。停止时按下 SB1 即可。

二、实训内容

1. 实训器材（见表 5－13）

表 5－13　实训设备与器材

工具	测电笔、螺钉旋具、尖嘴钳、剥线钳、电工刀等常用工具				
仪表	MF47 型万用表				
器材	代号	名称	型号	规格	数量
	M	三相异步电动机	Y－132S－4	7.5kW、380V、△连接、15.4A、1440r/min	1 台
	QS	组合开关	HZ10－25/3	三极、35A	1 个
	FU1	熔断器	RL1－60/25	500V、60A、配熔体 35A	3 个
	FU2	熔断器	RL1－15/2	500V、15A、配熔体 2A	2 个
	KM	交流接触器	CJ10－20	20A、线圈电压 380V	2 个
	KT	时间继电器	JS7－2A	线圈电压 380V	1 个
	FR	热继电器	JR16－20/3	三极、20A、整定电流 8.8A	1 个
	SB	按钮	LA4－3H	保护式、500V、5A、按钮数 3	3 个
	XT	端子板	JX2－1015	500V、10A、20 节	1 个
		主电路导线	BVR－1.5	1.5mm² （7×0.25mm）	若干
		控制电路导线	BVR－1.0	1mm² （7×0.43mm）	若干

2. 实训过程

1）分析三相异步电动机Y－△减压启动控制电气控制电路。

2）绘制电气安装接线图，正确标注线号。

三相异步电动机Y－△减压启动控制电气控制电路的安装接线图，如图5－18所示。

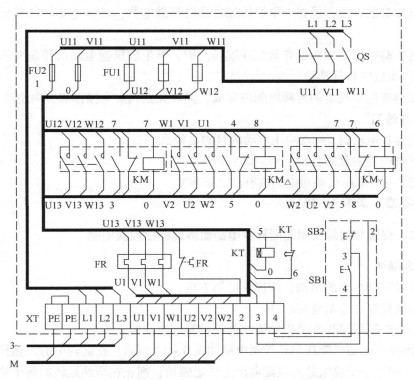

图5－18 三相笼型异步电动机Y－△减压启动控制电路电气安装接线图

3）检查各元器件。特别是时间继电器的检查，对其延时类型、延时器的动作是否灵活，将延时时间调整的5S（调节延时器上端的针阀）左右。

4）固定元器件，安装接线。要注意JS7－1A时间继电器的安装方位。如果设备安装底板垂直于地面，则时间继电器的衔铁释放方向必须指向下方，否则违反安装规程。

5）按电气安装接线图连接导线。注意接线要牢固，接触要良好，文明操作。

6）在接线完成后，用万用表检查电路的通断。分别检查主电路，辅助电路的启动控制、联锁电路、KT的控制作用等，若检查无误，经指导老师检查允许后，方可通电调试。

3. 注意事项

1）进行Y/△启动控制的电动机，接法必须是△连接。额定电压必须等于三相电源线电压。其最小容量为2、4、8极的4kW。

2）接线时要注意电动机的△接法不能接错，同时应该分清电动机的首端和尾端的连接。

3）电动机、时间继电器、接线端板的不带电的金属外壳或底板应可靠接地。

4）接触器KM_Y的进线必须从三相定子绕组的末端引入，若误将其首端引入，则在

KM$_Y$吸合时，会产生三相电源短路事故。

5）控制板外部配线，必须按要求一律装在导线通道内，使导线有适当的机械保护，以防止液体、铁屑和灰尘的侵入。在训练时，可适当降低要求，但必须以能确保安全为条件，如采用多芯橡皮线或塑料护套软线。

6）通电校验前，要再检查一下熔体规格及时间继电器、热继电器的各整定值是否符合要求。

7）通电校验时，必须有指导教师在现场监护，学生应根据电路的控制要求独立进行校验，若出现故障也应自行排除。

8）安装训练应在规定的定额时间内完成，同时要做到安全操作和文明生产。

4. 思考与练习

1）三相异步电动机Y—△减压启动的目的是什么？

2）时间继电器的延时长短，对启动有何影响？

3）采用Y—△减压启动对电动机有什么要求？

5. 评分标准（见表5–10）

任务六 安装与检修三相笼型异步电动机能耗制动控制电路

一、任务描述

1）熟悉时间继电器的结构、原理及使用方法。

2）掌握能耗制动控制电路原理。

3）学会三相笼形异步电动机的能耗制动控制电路安装。

三相笼形异步电动机能耗制动控制电路如图5–19所示。在运转中的三相异步电动机脱离电源后，立即给定子绕组通入直流电产生恒定磁场，则正在惯性运转的转子绕组中的感生电流将产生制动力矩，使电动机迅速停转，这就是能耗制动。

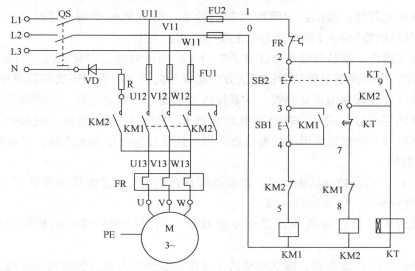

图5–19 三相笼型异步电动机能耗制动控制电路

主电路由 QS、FU1、KM1 和 FR 组成单向启动控制环节；整流二极管 VD 将 C 相电源整流，得到脉动直流电，由 KM2 控制通入电动机绕组，显然 KM1、KM2 不能同时得电动作，否则将造成电源短路事故。辅助电路中，由时间继电器延时触点来控制 KM2 的动作，而时间继电器 KT 的线圈由 KM2 的常开辅助触点控制。电路由 SB1 控制电动机惯性停机（轻按SB1）或制动（将 SB1 按到底）。制动电源通入电动机的时间长短由 KT 的延时长短决定。

二、实训内容

1. 实训器材（见表 5 – 14）

表 5 – 14　实训设备与器材

工具	测电笔、螺钉旋具、尖嘴钳、剥线钳、电工刀等常用工具				
仪表	MF47 型万用表				
器材	代号	名称	型号	规格	数量
	M	三相异步电动机	Y – 112S – 4	4kW、380V、△接法、15.4A、1440r/min	1 台
	QS	组合开关	HZ10 – 25/3	三极、35A	1 个
	FU1	熔断器	RL1 – 60/25	500V、60A、配熔体 25A	3 个
	FU2	熔断器	RL1 – 15/4	500V、15A、配熔体 4A	2 个
	KM	交流接触器	CJ10 – 20	20A、线圈电压 380V	2 个
	KT	时间继电器	JS7 – 2A	线圈电压 380V（代用）	1 个
	FR	热继电器	JR16 – 20/3	三极、20A、整定电流 8.8A	1 个
	SB	按钮	LA4 – 3H	保护式、500V、5A、按钮数 3	3 个
	VD	整流二极管	2CZ30	30A、600V	1 个
	R	制动电阻		0.5Ω、50W	1 个
	XT	端子板	JD0 – 1020	500V、10A、20 节	1 个
		主电路导线	BVR – 1.5	1.5mm^2（7×0.52mm）	若干
		控制电路导线	BVR – 1.0	1 mm^2（7×0.43mm）	若干

2. 实训过程

（1）安装训练

1）分析三相笼形异步电动机能耗制动控制电路。

2）根据电气原理图绘制电气安装接线，如图 5 – 20 所示，正确标注线号。元器件的布置与正反转控制电路相似。

3）检查元器件。按照常规要求检查按钮、接触器、时间继电器等元器件；检查整流器的耐压值、额定电流值是否符合要求，检查热继电器的热元件、触点、试验其保护动作。

4）按照电器安装接线图连接导线。先连接主电路，后连接辅助电路，先串联连接，后并联连接。

5）检查电路。仍旧按照先主电路，后辅助电路，先串联，后并联进行检查。检查元器件连接是否正确和牢靠。再检查时间继电器 KT 的延时控制。

6）在接线完成后且检查无误后，经指导老师检查允许方可通电调试。

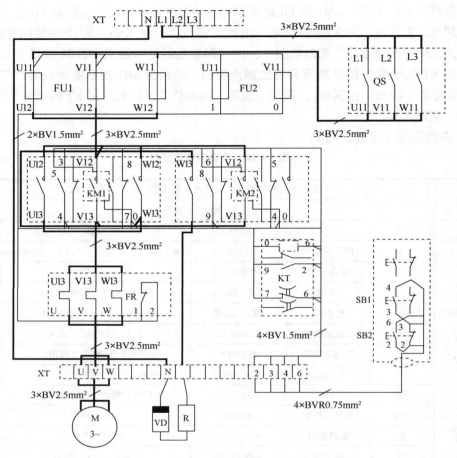

图 5-20　三相笼型异步电动机能耗制动控制电路电气安装接线图

（2）检修训练

在主电路或控制电路中，人为设置电气自然故障两处。自编检修步骤及注意事项，经教师审查合格后进行检修训练。

3. 注意事项

1）试验时应注意启动、制动不可过于频繁，防止电动机过载或整流器过热。

2）试验前应反复核查主电路接线，并一定要先进行空操作试验，直到电路动作正确可靠后，再进行带负荷试验，避免造成损失。

3）制动直流电流不能太大，一般取 3~5 倍电动机的空载电流，可通过调节制动电阻 R 来实现。制动时 SB1 必须按到底。

4. 评分标准（见表 5-15）

表 5-15　评分标准

项目内容	配分	评分标准	扣分
装前检查	10 分	元器件漏检或错检	每处扣 1 分

续表

项目内容	配分	评分标准	扣分
安装布线	30 分	①元器件布置不合理	扣 5 分
		②元器件安装不牢固	每只扣 4 分
		③元器件安装不整齐、不匀称、不合理	每只扣 3 分
		④损坏元器件	扣 15 分
		⑤走线槽安装不符合要求	每处扣 2 分
		⑥不按电路图接线	扣 20 分
		⑦布线不符合要求	每根扣 3 分
		⑧接点松动、露铜过长、反圈等	每个扣 1 分
		⑨损伤导线绝缘层或线芯	每根扣 5 分
		⑩漏装或套错编码管	每个扣 1 分
		⑪漏接接地线	扣 10 分
故障分析	10 分	①故障分析、排除故障思路不正确	每个扣 5～10 分
		②标错电路故障范围	每个扣 5 分
排除故障	30 分	①断电不验电	扣 5 分
		②工具及仪表使用不当	每次扣 5 分
		③排除故障的顺序不对	扣 5 分
		④不能查出故障点	每个扣 15 分
		⑤查出故障点，但不能排除	每个故障扣 10 分
		⑥产生新的故障：	
		不能排除	每个扣 15 分
		已经排除	每个扣 10 分
		⑦损坏电动机	扣 30 分
		⑧损坏元器件，或排除故障方法不正确	每只(次)扣 5～20 分
通电试车	20 分	①热继电器未整定或整定错误	扣 5 分
		②熔体规格选用不当	扣 5 分
		③第一次试车不成功	扣 10 分
		第二次试车不成功	扣 15 分
		第三次试车不成功	扣 20 分
安全文明生产		违反安全文明生产规程	扣 10～70 分
定额时间		4h，训练不允许超时，在修复故障过程中才允许超时每超时 1min	扣 5 分
备注		除定额时间外，各项目的最高扣分不应超过配分数	成绩	
开始时间		结束时间	实际时间	

 任务七　安装与检修时间继电器控制双速电动机的控制电路

一、任务描述

学会安装与检修时间继电器控制双速电动机的控制电路。

二、实训内容

1. 实训器材

根据三相笼型异步电动机的技术数据及图 5 – 21 所示的电路图，选用工具、仪表及器材，并填入表 5 – 16 中。

表 5 – 16 实训设备与器材

工具					
仪表					
器材	代号	名称	型号	规格	数量
	M	三相异步电动机	YD112M – 4/2	3.3kW/4kW、380V、7.4A/8.6A、△/丫丫接法、1440r/min 或 2890r/min	1 台
	QS	组合开关			
	FU1	熔断器			
	FU2	熔断器			
	KM	交流接触器			
	KT	时间继电器			
	FR	热继电器			
	SB	按钮			
	XT	端子板			
		主电路导线			
		控制电路导线			
		按钮线			
		接地线			
		电动机引线			
		控制板			
		走线槽			
		紧固体及编码管			

2. 实训过程

（1）安装训练

双速电动机三相定子绕组△/丫丫接线图如图 5 – 22 所示。

自编安装步骤，并熟悉其工艺要求，经指导教师审查合格后，开始安装训练。安装注意事项如下：

1）接线时，注意主电路中的接触器 KM1、KM2 在两种转速下电源相序的改变，不能接错，否则，两种转速下电动机的转向相反，换相时产生很大的冲击电流。

2）控制双速电动机△接法的接触器 KM1 和丫丫接法的 KM2 的主触点不能对换接线，否则不但无法实现双速控制要求，而且会在丫丫运转时造成电源短路事故。

3）热继电器 FR 的整定电流及其在主电路中的接线不要搞错。

4）通电试车前，要复验一下电动机的接线是否正确，并测试绝缘电阻是否符合要求。

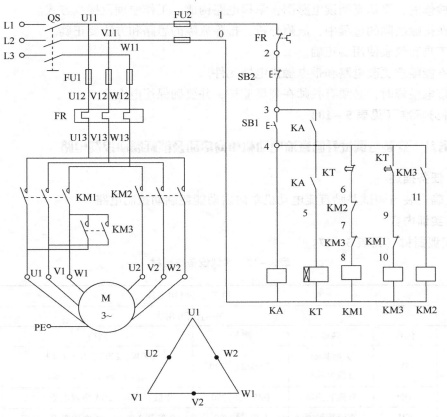

图 5 - 21 时间继电器控制双速电动机的控制电路

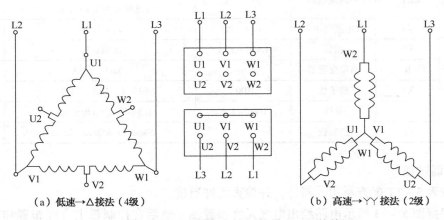

（a）低速→△接法（4级）　　　　（b）高速→丫丫接法（2级）

图 5 - 22 双速电动机三相定子绕组△/丫丫接线图

5）通电试车时，必须有指导教师在现场监护，并用转速表测量电动机的转速。

（2）检修训练

在控制电路或主电路中人为设置电气自然故障两处。由学生自编检修步骤，经教师审查合格后进行检修。检修过程中应注意：

1）检修前，要认真阅读电路图，掌握电路构成、工作原理及接线方式。

2）在排除故障的过程中，故障分析，排除故障的思路和方法要正确。

3）工具和仪表使用要正确。

4）不能随意更改电路和带电触摸电器元件。

5）带电检修时，必须有教师在现场监护，并要确保用电安全。

3. 评分标准（见表 5 – 10）

任务八　安装与调试并励直流电动机单向启动及能耗制动控制电路

一、任务描述

能正确安装与调试并励直流电动机单向启动能耗制动控制电路。

二、实训内容

1. 实训器材（见表 5 – 17）

表 5 – 17　实训设备与器材

工具		电工刀等常用工具			
仪表		MF47 型万用表			
器材	代号	名称	型号	规格	数量
	M	Z 型并励 直流电动机	Z200/20 – 220	200W、220V、I_N = 1.1A、 I_{fn} = 0.24A、200r/min	1 台
	QF	直流断路器	DZ5 – 20/220	2 极、220v、20A 整定电流 1.1A	1 个
	KM	直流接触器	CZ0 – 40/20	2 常开 2 常闭、线圈功率 P = 22W	3 个
	KT	时间继电器	JS7 – 3A	线圈电压互感器20V、 延时范围 0.4 ~ 0.6s	2 个
	KA	欠电流继电器	JL14 – ZQ	I_N = 1.5A	1 个
	SB	按钮	LA19 – 11A	电流：5A	2 个
	R	启动变阻器		100Ω、1.2A	2 个
	XT	端子板	JD0	380V、10A、20 节	1 个
		导线	BVR – 1.5	1.5mm² （7 × 0.52mm）	若干
		控制板		500mm × 400mm × 20mm	1 个

2. 实训过程

1）按表 5 – 17 配齐所用元器件，并检查元件质量。

2）根据图 5 – 23 所示电路绘出电气元件布置图，然后在控制板上合理布置和牢固安装各电器元件，并贴上醒目的文字符号。

3）在控制板上根据图 5 – 23 所示电路进行正确布线和套编码套管。并调节时间继电器的动作时间，时间继电器 KT2 的控制时间要大于 KT1 的时间。

4）电路安装完成后要仔细检查电路，检查无误后将电动机连接到接线端子上。励磁绕组的接线要牢靠，以防止因励磁绕组开路出现弱磁状况，引起电动机转速过高而产生"飞车"事故。

5）检查无误后通电试车。具体操作如下：

①启动操作。合上电源开关 QF，接通励磁电源。按下 SB1 按钮，接触器 KM1 吸合，电动机串联电阻启动。经过第一段延时时间后，时间继电器 KT1 延时触点接通，KM2 线圈得电动作，电阻 R1 被短接。经过第二段延时时间，时间继电器 KT2 延时触点接通，KM3 线圈得电动作，电阻 R2 被短接，电动机以全速运行。

②停止操作。按下 SB2，电枢绕组失电，电动机停转，切断励磁电源。

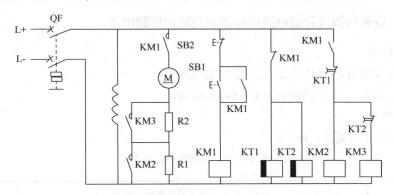

图 5 – 23 并励直流电动机单向启动控制电路

3. 评分标准（见表 5 – 18）

表 5 – 18 评分标准

项目内容	配分	评分标准	扣分
装前检查	10 分	①电动机质量检查 ②元器件漏检或错检	每漏一处扣 5 分 每处扣 1 分

安装	20 分	①电动机安装不符合要求：
		  松动
		  地脚螺栓未拧紧
		②其他元器件安装不紧固
		③安装位置不符合要求
		④损坏元器件
			
			扣 15 分
			每只扣 10 分
			每只扣 5 分
			扣 10 分
			扣 10 ~ 20 分

布线	30 分	①不按电路图接线 ②接点不符合要求 ③布线不符合要求 ④损伤导线绝缘或线芯 ⑤不会接直流电动机或启动变阻器	扣 20 分 每个扣 4 分 每根扣 4 分 扣 10 分 扣 30 分
通电试车	40 分	①操作顺序不对 ②第一次试车不成功 ③第二次试车不成功 ④第三次试车不成功	每一次扣 10 分 扣 20 分 扣 30 分 扣 40 分

续表

项目内容	配分	评分标准	扣分
安全文明生产		违反安全文明生产规程	扣5~40分
定额时间		3h，每超时10min（不足10min以10min计）	扣5分
备注		除定额时间外，各项目的最高扣分不应超过配分数	成绩	
开始时间		结束时间		实际时间	

 任务九　安装与调试并励直流电动机双向启动控制电路

一、任务描述

1）能正确安装并励直流电动机正反控制电路。

2）能进行通电调试，并能独立检修各种故障。

二、实训内容

1. 实训器材（见表5-19）

表5-19　实训设备与器材

工具		电工刀等常用工具				
仪表		MF47型万用表、ZC25-3型兆欧表、636转速表、MG20（或MG21）型电磁系钳形电流表				
器材	代号	名称	型号	规格	数量	
	M	Z型并励直流电动机	Z200/20-220	200W、220V、I_N=1.1A、I_{fn}=0.24A、200r/min	1台	
	QF	直流断路器	DZ5-20/220	2极、220V、20A整定电流1.1A	1个	
	KM	直流接触器	CZ0-40/20	2常开2常闭、线圈功率P=22W	3个	
	KT	时间继电器	JS7-3A	线圈电压互感器20V、延时范围0.4~0.6s	1个	
	KA	欠电流继电器	JL14-ZQ	I_N=1.5A	1个	
	SB	按钮	LA19-11A	电流：5A	3个	
	R	启动变阻器		100Ω、1.2A	1个	
	XT	端子板	JD0	380V、10A、20节	1个	
		导线	BVR-1.5	1.5mm²（7×0.52mm）	若干	
		控制板		500mm×400mm×20mm	1个	

2. 实训过程

（1）安装训练

1）按照图5-24配齐元器件，并检查元件质量，调节欠电流继电器KA的整定值。

2）对图5-24所示电路进行电路编号，画出接线图，在控制板上合理布置安装各元器件。

3）在控制板上按照图 5 – 24 合理布线，完成后仔细检查电路，检查无误后将电动机连接到接线端子上。

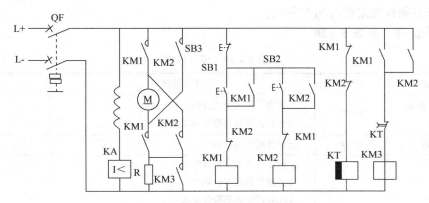

图 5 – 24　并励直流电动机双向启动控制电路

4）检查无误后通电试车。

①正转启动操作。合上电源开关 QF，接通励磁电源。按下 SB1 按钮，接触器 KM1 吸合，电动机串联电阻启动。经过一段延时时间，时间继电器 KT 的延时触点接通，KM3 线圈得电，其常开触点接通，电阻 R1 被短接，电动机以全速正向运行。

②反转启动操作。先按下 SB3 按钮，KM1、KM3 失电，切断电枢绕组正向电流，电阻 R1 串入电枢回路。再按下 SB2 按钮，接触器 KM2 吸合，接通电枢绕组反向电流，电动机串联电阻启动。经过一段延时时间，时间继电器延时触点接通，KM3 得电，电阻 R1 被短接，电动机以全速反向运行。

③停止操作。按下 SB3，电枢绕组失电，电动机停转，切断励磁电源。

5）在电动机运行过程中，如果励磁回路出现开路故障，励磁电流减小使 KA1 欠电流继电器动作，其常开触点断开，切断电枢电源，保证了电动机不会出现"飞车"现象。

（2）检修训练

1）故障设置在控制电路或主电路中人为设置电气自然故障两处。

2）教师示范检修教师进行示范检修时，可把下述检修步骤及要求贯穿其中，直至故障排除。用试验法来观察故障现象→用逻辑分析法缩小故障范围并在电路图上用虚线标出故障部位的最小范围→用测量法正确迅速地找出故障点→正确修复迅速排除故障点→排除故障后通电试车。

3）学生检修训练教师示范检修后，再由指导教师重新设置两个故障点，让学生进行检修训练。在学生检修的过程中，教师要巡回进行启发性指导。

4）检修注意事项

①要认真听取和仔细观察指导教师在示范过程中的讲解和检修操作。

②要熟练掌握电路图中各个环节的作用。

③故障分析、排除故障的思路和方法要正确。

④工具和仪表使用要正确。

⑤不能随意修改电路和带电触摸元器件。

⑥带电检修故障时，必须有教师现场监护，并要确保用电安全。

⑦检修必须在规定的时间内完成。

4. 评分标准（见表 5 – 20）

表 5 – 20　评分标准

项目内容	配分	评分标准	扣分
选用工具、仪表及器材	10分	①工具、仪表少选或错选 ②电器元件选错型号和规格	每个扣2分 每个扣2分
装前检查	10分	元器件漏检或错检	每处扣1分
安装布线	30分	①电动机安装不符合要求 ②元器件布置不合理 ③元器件安装不符合要求 ④损坏元器件 ⑤不按电路图接线 ⑥布线不符合要求 ⑦接点松动、露铜过长、反圈等 ⑧损伤导线绝缘层或线芯 ⑨漏装或套错编码管	扣15分 扣5分 每只扣4分 每只扣10～15分 扣15分 每根扣3分 每个扣1分 每根扣5分 每个扣1分
故障分析	10分	①故障分析、排除故障思路不正确 ②标错电路故障范围	每个扣5～10分 每个扣5分
排除故障	20分	①停电不验电 ②工具及仪表使用不当 ③排除故障的顺序不对 ④不能查出故障点 ⑤查出故障点，但不能排除 ⑥产生新的故障： 　不能排除 　已经排除 ⑦损坏电动机 ⑧损坏元器件，或排故方法不正确	扣5分 每次扣5分 扣5～10分 每个扣10分 每个故障扣5分 每个扣10分 每个扣5分 扣20分 每只(次)扣5～20分
通电试车	20分	①操作顺序不对 ②继电器未整定或整定错 ③第一次试车不成功 　第二次试车不成功 　第三次试车不成功	每一次扣10分 每只扣5分 扣10分 扣15分 扣20分
安全文明生产		违反安全文明生产规程	扣10～70分
定额时间		6h，训练不允许超时，在修复故障过程中才允许超时每超时10min	扣5分
备注		除定额时间外，各项目的最高扣分不应超过配分数	成绩
开始时间		结束时间	实际时间

任务十　安装并励直流电动机能制动控制电路

一、任务描述

安装、检测与调试并励直流电动机制动控制电路

二、实训内容

1. 实训器材（见表 5 – 21）

表 5 – 21　实训器材

工具	电工刀等常用工具				
仪表	MF47 型万用表、ZC25 – 3 型兆欧表、636 转速表、MG20（或 MG21）型电磁系钳形电流表				
器材	代号	名称	型号	规格	数量
	M	Z 型并励 直流电动机	Z200/20 – 220	200W、220V、$I_N = 1.1A$、 $I_{fn} = 0.24A$、200r/min	1 台
	QF	直流断路器	DZ5 – 20/220	2 极、220V、20A 整定电流 1.1A	1 个
	KM	直流接触器	CZ0 – 40/20	2 常开 2 常闭、线圈功率 $P = 22W$	4 个
	KT	时间继电器	JS7 – 3A	线圈电压互感器20V、 延时范围 0.4 ~ 0.6s	2 个
	KA	欠电流继电器	JL14 – ZQ	$I_N = 1.5A$	1 个
	SB	按钮	LA19 – 11A	电流：5A	3 个
	R	启动变阻器		100Ω、1.2A	2 个
	RB	制动变阻器		0 ~ 100Ω、300W	1 个
	XT	端子板	JD0	380V、10A、20 节	1 个
		导线	BVR – 1.5	1.5mm²（7 × 0.52mm）	若干
		控制板		500mm × 400mm × 20mm	1 个

2. 实训过程

1）按表 5 – 21 配齐所用元器件，并检查元器件质量。

2）根据图 5 – 25 所示电路图绘出电气元件布置图，然后在控制板上合理布置和牢固安装各元器件，并贴上醒目的文字符号。

3）在控制板上根据图 5 – 25 所示电路图进行正确布线和套编码套管。并调节时间继电器的动作时间，时间继电器 KT2 的控制时间要大于 KT1 的时间。

4）检测电路。

①接线检查。按电路图或接线图从电源端开始，逐段核对接线接线有无漏接、错接之处，检查导线接点是否符合要求，压接是否牢固，以免带负载运行时产生闪弧现象。

②万用表检测。用万用表电阻挡检查电路接线情况。检查时，应选用倍率适当的电阻挡，并欧姆调零。

5）检查无误后通电试车。具体操作如下：

①启动操作。合上电源开关 QF，接通励磁电源。按下 SB1 按钮，接触器 KM1 吸合，时

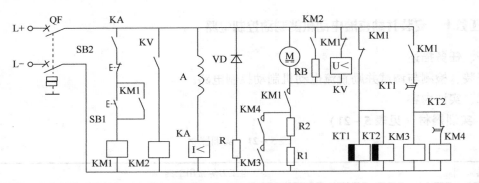

图 5 – 25　并励直流电动机能制动控制电路

间继电器 KT1、KT2 断电释放，电动机串联电阻 R1、R2 启动。经过第一段延时时间后，时间继电器 KT1 延时触点接通，KM3 线圈得电动作，电阻 R1 被短接。经过第二段延时时间，时间继电器 KT2 延时触点接通，KM4 线圈得电动作，电阻 R2 被短接，电动机以全速运行。

②停止操作。按下 SB2，电动机能耗制动，电动机准确停车。若有异常，立即断电检查。

③断开低压断路器 QF，拔下电源插头。

3. 评分标准（见表 5 – 18）

小结与习题

 项目小结

电力拖动的基本控制电路按启动类型分为全压启动和减压启动两大类。每一大类又分若干类型，例如，全压启动分为手动控制、点动控制等；减压启动分串电阻减压控制、Y – △ 减压控制、自耦变压器减压控制、延边角状连接减压控制等。

点动控制指需要电动机作短时断续工作时，只要按下按钮电动机就转动，松开按钮电动机就停止动作的控制。

自锁是指当电动机启动后，再松开启动按钮 SB1，控制电路仍保持接通，继续运转工作。

正反转控制电路是指一方式使电动机实现正反转向调换的控制。在工厂动力设备上通常采用改变接入三相异步电动机绕组的电源相序来实现。

三相异步电动机的正反转控制电路类型有许多，例如，接触器联锁正反转控制电路、按钮联锁正反转控制电路等。

减压启动是指先将电源电压适当降低，加到三相异步电动机绕组上，待电动机启动后再使其电压恢复到额定值的启动。常见的减压启动控制电路分拖动控制和自动控制两种。其中拖动控制又有拖动控制串电阻减压启动和按钮与接触器控制串电阻减压启动等。自动控制又有时间继电器自动控制Y – △减压启动、延边角状连接减压启动等。

调速是指采用某种措施改变电动机转动方法。目前，机床设备电动机的调速以改变电动机定子绕组磁极对数为主。

制动是指在电动机脱离电源后立即停转的过程。电气制动常有反接制动和能耗制动等。

并励直流电动机的基本控制电路有单向启动、正反转启动运行、能耗制动电路。

直流电动机的励磁方式有多种，皖南方法和控制原理也不尽相同。

习题五

1. 填空题

1）实现点动控制可以将_____直接与接触器的线圈串联，电动机的运行时间由_____决定。

2）连续控制是指当电动机启动后，再松开启动按钮，控制电路仍保持_____，电动机仍_____工作。连续控制也称_____。

3）接触器自锁的连续控制电路具有_____保护和_____保护功能，不会造成不经启动而线圈直接吸合接通电源的事故。

4）为实现接触器联锁，可以在接触器 KM1、KM2 线圈去路中，相互串联对方的一副_____；为实现按钮联锁，可以在正反转启动按钮 SB2、SB3 的常闭触点分别与对方的相互串联。

5）丫－△减压启动控制电路是利用主电路_____的通断配合完成的；启动时，定子绕组接成_____；正常运行时，定子绕组接成_____。

6）采取一定措施使三相异步电动机在切断电源后_____地停车的过程，称为三相异步电动机的制动。

7）反接制动是将运动中的电动机电源反接，即任意_____两根相线接法，以改变电动机定子绕组的_____，定子绕组产生反向的磁场，从而使转子受到与原旋转方向相反的制动力矩而迅速停车。

8）三相绕线转子异步电动机启动控制中随着电动机转速的升高，启动电阻_____。启动完毕后，启动电阻_____，电动机在额定状态下运行。

9）直流电动机的常见励磁方式有_____、_____、_____和_____。

10）直流电动机的启动方法有_____、_____、_____等。

11）并励直流电动机的双向控制常采用_____，即保持_____方向不变，只改变_____方向。

12）他励直流电动机改变旋转方向，常采用_____。

13）直流电动机的制动与_____的制动相似，其制动方法有机械制动和电气制动两大类。机械制动的常用方法是_____，电气制动的常用方法有_____、等。

2. 选择题

1）当需要电动机作短时断续工作时，只要按下按钮电动机就转动，松开按钮电动机就停止动作，这种控制是（　　　）。

A. 点动控制　　　　B. 连续控制　　　　C. 行程控制　　　　D. 顺序控制

2）在继电器接触器控制电路中，自锁环节触点的正确连接方法是（　　　）。

A. 接触器的常开辅助触点与启动按钮并联

B. 接触器的常开辅助触点与启动按钮串联

C. 接触器的常闭辅助触点与启动按钮并联

D. 接触器的常闭辅助触点与启动按钮并联

3）三相异步电动机的正反转控制的关键是改变（　　　）。

A. 电源电压　　　　B. 电源电流　　　　C. 电源相序　　　　D. 负载大小

4）在正反转控制电路中，联锁的作用是（　　　）。

A. 防止主电路电源短路　　　　　　　B. 防止控制电路电源短路

C. 防止电动机不能停车　　　　　　　D. 防止正反转不能顺利过渡

5）采用丫－△减压启动的电动机，正常工作时定子绕组接成（　　　）。

A. 星形　　　　　　B. 三角形　　　　　C. 星形或三角形　　D. 定子绕组中间带抽头

6）在一般的反接制动控制电路中，常用（　　　）来反映转速以实现自动控制。

A. 电流继电器　　　B. 时间继电器　　　C. 中间继电器　　　D. 速度继电器

7）双速电动机定子绕组结构如图 5－26 所示。低速运转时，定子绕组出线端的连接方式应为（　　　）。

A. U1、V1、W1 接三相电源，U2、V2、W2 空着不接

B. U2、V2、W2 接三相电源，U1、V1、W1 空着不接

C. U1、V1、W1 接三相电源，U2、V2、W2 并接在一起

D. U2、V2、W2 接三相电源，U1、V1、W1 并接在一起

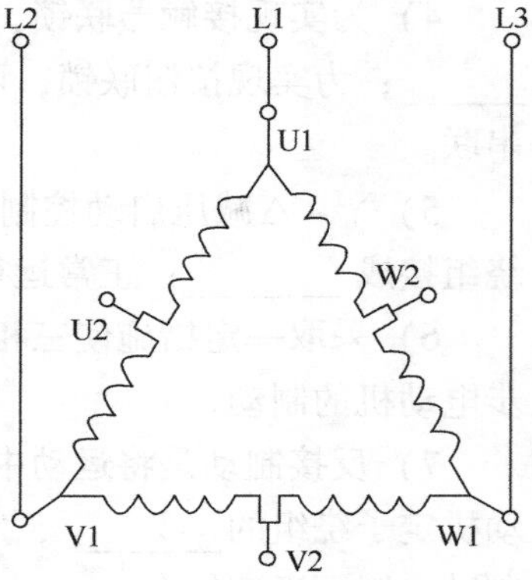

8）转子绕组串电阻启动适用于（　　　）。

A. 笼式异步电动机　B. 转子绕线式异步电动机

C. 并励直流电动机　D. 串励直流电动机

9）直流电动机主磁极上两个励磁绕组，一个与电枢绕组串联，一个与电枢绕组并联，这类电动机称为（　　　）。

A. 他励　　　　　　　　　　　　　　B. 串励

C. 并励　　　　　　　　　　　　　　D. 复励

图 5－26 双速电动机
定子绕组结构

10）改变直流电动机励磁绕组的极性是为了改变（　　　）。

A. 磁场方向　　　　B. 电动机转向　　　C. 电流的大小　　　D. 电压的大小

11）直流电动机改变旋转方向，串励电动机通常采用（　　　）。

A. 励磁绕组反接　　B. 电枢反接　　　　C. 电源反接　　　　D. 以上方法均可

3. 判断题

1）工厂中使用的电动葫芦和机床快速移动装置常用连续控制电路。　　　　　　　　（　　　）

2）实现连续控制可以将启动按钮、停止按钮与接触器的线圈并联，并在启动按钮两端串联接触器的常开辅助触点。　　　　　　　　　　　　　　　　　　　　　　（　　　）

3）三相笼型异步电动机正反转控制电路中，工作最可靠的是接触器联锁正反转控制电路。　　　　　　　　　　　　　　　　　　　　　　　　　　　　　　　　　　（　　　）

4）Ｙ–△减压启动仅适用于电动机空载或轻载启动且要求正常运行时定子绕组为△连接。　　　　　　　　　　　　　　　　　　　　　　　　　　　　　　（　　）

5）三相笼型异步电动机采用Ｙ–△减压启动时，定子绕组先按△连接，后改换成Ｙ连接运行。　　　　　　　　　　　　　　　　　　　　　　　　　　　　　（　　）

6）反接制动是将运动中的电动机电源反接，以改变电源相序，定子绕组产生反向的旋转磁场，从而使转子受到与原旋转方向相反的制动力矩而迅速停车。　　　　（　　）

7）能在两地或多地控制同一台电动机的控制方式称为三相笼型异步电动机的多地控制。　　　　　　　　　　　　　　　　　　　　　　　　　　　　　　　　（　　）

8）串接在三相转子绕组中的电阻，既可作为启动电阻，也可作为调速电阻。（　　）

9）串励直流电动机的启动控制常采用电枢回路串联电阻启动。　　　　　　（　　）

10）串励直流电动机的双向控制常采用电枢反接方法。　　　　　　　　　（　　）

11）并励直流电动机的能耗制动分为自励式和他励式两种。　　　　　　　（　　）

4. 综合题

1）画出三相异步电动机点动控制电路图，说明其操作过程和工作原理。

2）画出三相异步电动机连续控制电路图，说明其操作过程和工作原理。

3）画出三相异步电动机双向控制电路图，说明其操作过程和工作原理。

4）画出三相异步电动机Ｙ–△减压启动控制电路图，说明其操作过程和工作原理。

5）画出三相异步电动机反接制动控制电路图，说明其操作过程和工作原理。

6）画出时间继电器控制的三相异步电动机双速控制电路图，说明其操作过程和工作原理。

7）画出时间继电器控制的三相绕线式异步电动机串电阻启动控制电路图，说明其操作过程和工作原理。

8）按要求画出三相异步电动机的控制电路。要求：（1）既能点动控制又能连续控制；（2）有必要的保护功能。

9）按要求画出三相异步电动机的控制电路。要求：（1）能正反转；采用反接制动；（2）采用反接制动；（3）有必要的保护功能。

10）画出并励直流电动机制动启动控制电路，说明其操作过程和工作原理。

项目六

识读并检修普通车床电气控制电路

知能目标

知识目标
- 了解机床电气故障处理一般步骤和注意事项。
- 熟悉常用机床电气故障处理的一般要求。
- 掌握常用普通车床电气控制原理图的识读方法。

技能目标
- 会识读普通车床的电气原理图。
- 会处理普通车床的常见电气故障。

基础知识

 知识链接1 普通车床的主要结构及运动形式

先操作机床,了解生产机械的基本结构、运行情况、工艺要求和操作方法,以便对生产机械的结构及其运行情况有总体的了解。在认识机械的基础上进而明确对电力拖动的控制要求,为分析电路做好前期准备。

CA6140卧式车床的主要结构如图6-1所示。其结构主要有床身、主轴变速箱、挂轮箱、进给箱、溜板箱、溜板、刀架、尾架、光杠和丝杆等组成。

车床的主运动是工件的旋转运动,它是由主轴通过卡盘或顶尖带动工件旋转。电动机的动力通过主轴箱传给主轴,主轴一般只要单方向的旋转运动,只有在车螺纹时,才需要用反转来退刀。CA6140卧式车床用操纵手柄通过摩擦离合器来改变主轴的旋转方向。车削加工要求主轴能在很大的范围内调速,普通车床调速范围一般大于70。主轴的变速是靠主轴变速箱的齿轮等机械有级调速来实现的,变换主轴箱外的手柄位置,可以改变主轴的转速。进给运动是溜板带动刀具作纵向或横向的直线移动,也就是使切削能连续进行下去的运动。所

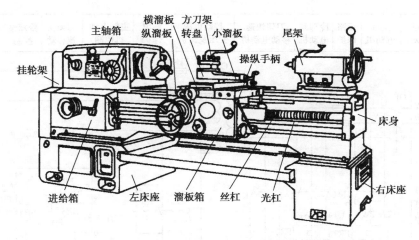

图 6-1　CA6140 卧式车床的主要结构

谓纵向运动是指相对于操作者的左右运动，横向运动是指相对于操作者的前后运动。车螺纹时，要求主轴的旋转速度和进给的移动距离之间保持一定的比例，所以主运动和进给运动要由同一台电动机拖动，主轴箱和车床的溜板箱之间通过齿轮传动来连接，刀架再由溜板箱带动，沿着床身导轨作直线走刀运动。车床的辅助运动包括刀架的快进与快退，尾架的移动与工件的夹紧与松开等。为了提高工作效率，车床刀架的快速移动由一台单独的进给电动机拖动。

 知识链接 2　普通车床的电气控制要求

1）主轴电动机一般选用笼型电动机，完成车床的主运动和进给运动。主轴电动机可直接启动；车床采用机械方法实现反转；采用机械调速，对电动机无电气调速要求。

2）车削加工时，为防止刀具和工件温度过高，需要一台冷却泵电动机来提供冷却液。要求主轴电动机启动后冷却泵电动机才能启动，主轴电动机停车，冷却泵电动机也同时停车。

3）CA6140 卧式车床要有一台刀架快速移动电动机。

4）必须具有短路、过载、失压和欠压等必要的保护装置。

知识链接 3　识读普通车床电气原理图

图 6-2 为 CA6140 卧式车床电气原理图

CA6140 卧式车床的电气原理图如图 6-2 所示。CA6140 卧式车床电气原理图底边按顺序分成 12 个区，其中 1 区为电源保护和电源开关部分，2~4 区为主电路部分，5~10 区为控制电路部分，11~12 区为信号灯和照明灯电路部分。

（1）联系机械按从电动机到电源侧的顺序识读主电路（2~4 区）

三相电源 L1、L2、L3 由低压断路器 QF 控制（1 区）。从 2 区开始就是主电路。主电路有 3 台电动机。

M1（2 区）为主轴电动机，拖动主轴对工件进行车削加工，是主运动和进给运动电动

电源保护	电源开关	主轴电动机	短路保护	冷却泵电动机	刀架快速移动电动机	控制电源变压及保护	断电保护	主轴电动机控制	刀架快速移动	冷却泵控制	信号灯	照明灯

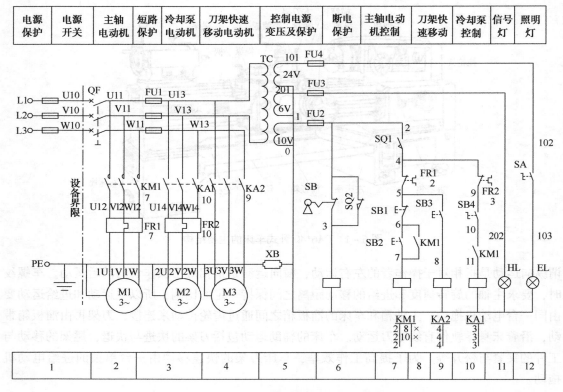

1	2	3	4	5	6	7	8	9	10	11	12

图 6-2 CA6140 卧式车床电气原理图

机。它由接触器 KM1 的主触点控制，其控制线圈在 7 区，热继电器 FR1 作过载保护，其常闭触点在 7 区。M1 的短路保护由 QF 的电磁脱扣器实现。电动机 M1 只需作正转，而主轴的正反转是由摩擦离合器改变传动链来实现的。

M2（3 区）为冷却泵电动机，带动冷却泵供给刀具和工件冷却液。它由接触器 KA1 的触点控制，其控制线圈在 10 区，热继电器 FR2 作过载保护，其常闭触点在 10 区。熔断器 FU1 作短路保护。

M3（4 区）为快速移动电动机，带动刀架快速移动。它由 KA2 的触点控制，其控制线圈在 9 区，由于 M3 的容量较小，因此不需要作过载保护。

（2）联系主电路分析控制电路（5～10 区）

控制电路由控制变压器 TC 提供 110V 电源，由 FU2 作短路保护（6 区）。带钥匙的旋钮开关 SB 是电源开关锁，开动机床时，先用钥匙向右旋转旋钮开关 SB 或压下电气箱安全行程开关 SQ2，再合上低压断路器才能接通电源。7～9 区分别为主轴电动机 M1、刀架快速移动电动机 M3、冷却泵电动机 M2 的控制电路。挂轮箱安全行程开关 SB 作 M1、M2、M3 的断电安全保护开关。

1）主轴电动机 M1 的控制（7～8 区）。

按下启动按钮 SB2，接触器 KM 线圈得电动作，主轴电动机 M1 启动运行。同时 KM 自锁触点（6-7）和另一对常开触点（10-11）闭合。松开 SB2 常开触点断开，KM 线圈由自锁电路供电。SB1 为主轴电动机 M1 停止按钮。

2）冷却泵电动机 M2 的控制（10 区）。

由于主轴电动机 M1 和冷却泵电动机 M2 在控制电路中采用顺序控制，所以，先启动主轴电动机 M1，即 KM（10－11）常开触点闭合，然后合上旋钮开关 SB4，冷却泵电动机 M2才能启动运行，按 SB1 停止 M1 同时，冷却泵电动机 M2 也自行停止运行。

3）刀架快速移动电动机 M3 的控制（9 区）。

刀架快速移动电动机 M3 的启动由安装在手柄上的按钮 SB3 控制，它与中间继电器 KA2组成点动控制电路按下点动按钮 SB3，刀架快速电动机 M3 启动，松开按钮 SB3，M3 立即停止。

4）信号灯和照明灯电路（11～12 区）。

信号灯和照明灯电路的电源由控制变压器 TC 提供。信号灯电路（11 区）采用 6V 交流电压电源，指示灯 HL 接在 TC 二次侧的 6V 线圈上，指示灯亮表示控制电路有电。照明电路采用 24V 交流电压（12 区）。照明电路由钮子开关 SA 和指示灯 EL 组成。指示灯 EL 的另一端必须接地，以防止照明变压器一、二次绕组间发生短路时可能发生的触电事故。熔断器FU3、FU4 分别作信号灯电路和照明电路的短路保护。

CA6140 卧式车床的电气元件明细见表 6－1。

表 6－1　CA6140 卧式车床的电气元件明细

代号	名称	型号	规格	数量	用途
M1	主轴电动机	Y132M－4－B3	7.5KW、1450r/min	1 台	主轴及进给传动
M2	冷却泵电动机	AOB－25	90W、2980r/min	1 台	供冷却液
M3	快速移动电动机	AOS5634	250W、1360r/min	1 台	刀架快速移动
FR1	热继电器	JR36－20/3	15.4A	1 个	M1 过载保护
FR2	热继电器	JR36－20/3	0.32A	1 个	M2 过载保护
KM	交流接触器	CJ10－20	线圈电压 110V	1 个	控制 M1
KA1	中间继电器	JZ7－44	线圈电压 110V	1 个	控制 M2
KA2	中间继电器	JZ7－44	线圈电压 110V	1 个	控制 M3
SB1	按钮	LAY3－01ZS/1		1 个	停止 M1
SB2	按钮	LAY3－10/3.11		1 个	启动 M1
SB3	按钮	LA9		1 个	启动 M3
SB4	旋钮开关	LAY－10X/20		1 个	控制 M2
SB	旋钮开关	LAY3－01Y/2		1 个	电源开关锁
SQ1、SQ2	行程开关	JWM6－11		2 个	断电保护
FU1	熔断器	BZ001	熔体 6A	3 个	M2、M3 短路保护
FU2	熔断器	BZ001	熔体 1A	1 个	控制电路短路保护
FU3	熔断器	BZ001	熔体 1A	1 个	信号灯短路保护
FU4	熔断器	BZ001	熔体 2A	1 个	照明电路短路保护
HL	信号灯	ZSD－0	6V	1 个	电源指示
EL	照明灯	JC11	24V	1 个	工作照明
QF	低压断路器	AMZ－40	20A	1 个	电源开关
TC	控制变压器	JBK2－10	380V/110V/24V/6V	1 个	控制电路电源

知识链接4　机床电气故障处理一般步骤

1）根据故障现象进行故障调查研究。

2）在电气原理图上分析故障范围。

3）通过试验观察法对故障进一步分析，缩小故障范围。

4）用测量法寻找故障点。

5）检修故障。

6）通电试车。

7）整理现场，作好维修记录。

知识链接5　机床电气故障处理方法——局部短接法

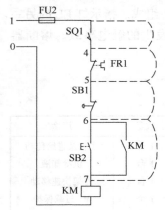

图6-3　局部短接法

机床电气设备的常见故障的断路故障，如导线断路、虚连、虚焊、触点接触不良、熔断器开路等，对这类故障常用短接法检查。检查时，用一根绝缘良好的导线，将可能的断路部位短接，若短接到某处电路接通，则说明该处断路。短接法有局部短接法和长短接法。局部短接法是一次短接一个触点来检查故障的方法。

CA6140卧式车床主轴电动机的控制电路检查前，先用万用表测量1-0两点间的电压，若电压正常，合上挂轮箱安全行程开关SQ1，一人按下启动按钮SB2不放，另一人用一根绝缘良好的导线，分别短接标号相邻的两点1-4、4-5、5-6、6-7（注意不能短接7-0两点，防止短路）如图6-3所示。当短接到某两点时，接触器KM吸合，说明断路故障就在该两点之间，见表6-2。

表6-2　用局部短接查找故障点

故障现象	短接点标号	KM动作	故障点
按下SB2，KM不能吸合	1-4	KM吸合	SQ1常闭触点接触不良
	4-5	KM吸合	FR1常闭触点接触不良或误动作
	5-6	KM吸合	SB1常闭触点接触不良
	6-7	KM吸合	SB2常开触点接触不良

操作实践

任务一　CA6140卧式车床电气控制电路的安装与调试

一、任务描述

能正确安装、调试CA6140卧式车床电气控制电路。

二、实训内容

1. 实训器材

1）电工常用工具、MF47 型万用表、500V 兆欧表、钳形电流表等。

2）控制板、直线槽、各种规格的软线和紧固件、金属软管、编码管等。

3）CA6140 卧式车床。

2. 实训过程

CA6140 卧式车床电气控制电路的安装步骤及工艺要求见表 6-3。

表 6-3　CA6140 卧式车床电气控制电路的安装步骤及工艺要求

安装步骤	工艺要求
第一步　选配并检验元件和电气设备	①按表 6-1 配齐电气设备和元件，并逐个检验其规格和质量。 ②根据电动机的容量、电路走向及要求和各元件的安装尺寸，正确选配导线的规格、导线通道类型和数量、接线端子板、控制板、紧固体等
第二步　在控制板上固定元器件和走线槽，并在元器件附近做好与电路图上相同代号的标记	安装走线槽时，应做到横平竖直、排列整齐匀称、安装牢固和便于走线等
第三步　在控制板上进行板前线槽配线，并在导线端部套编码套管	按板前线槽配线的工艺要求进行
第四步　进行控制板外的元件固定和布线	①选择合理的导线走向，做好导线通道的支持准备。 ②控制箱外部导线的线头上要套装与电路图相同线号的编码套管；可移动的导线通道应留适当的余量。 ③按规定在通道内放好备用导线
第五步　自检	①根据电路图检查电路的接线是否正确和接地通道是否具有连续性。 ②检查热继电器的整定值和熔断器中熔体的规格是否符合要求。 ③检查电动机及电路的绝缘电阻。 ④检查电动机的安装是否牢固，与生产机械传动装置的连接是否可靠。 ⑤清理安装现场
第六步　通电试车	①接通电源，点动控制各电动机的启动，以检查各电动机的转向是否符合要求。 ②通电空转试车。空转试车时，应认真观察各元器件、电路、电动机及传动装置的工作是否正常。发现异常，应立即切断电源进行检查，待调整或修复后方可再次通电试车

3. 注意事项

1）电动机和电路的接地要符合要求。严禁采用金属软管作为接地通道。

2）在控制箱外部进行布线时，导线必须穿在导线通道或敷设在机床底座内的导线通道里，导线中间不允许有接头。

3）在进行快速进给时，要注意将运动部件置于行程的中间位置，以防运动部件与车头或尾架相撞。

4）试车时，要先合上电源开关，后按启动按钮；停车时，要先按停止按钮，后断电源开关。

5）通电试车必须在教师的监护下进行，必须严格遵守操作规程。

4. 评分标准（见表6-4）

表6-4 评分标准

项目内容	配分	评分标准	扣分
器材选用	10分	①元器件选错型号和规格。	每个扣2分
		②导线选用不符合要求。	扣4分
		③穿线管、编码套管等选用不当	每项扣2分
装前检查	5分	元器件漏检或错检	每处扣1分
安装布线	50分	①元器件布置不合理。	扣5分
		②元器件安装不牢固。	每只扣4分
		③损坏元器件。	每只扣10分
		④电动机安装不符合要求。	每台扣5分
		⑤走线通道敷设不符合要求。	每处扣4分
		⑥不按电路图接线。	扣20分
		⑦导线敷设不符合要求。	每根扣3分
		⑧漏接接地线	扣10分
通电试车	35分	①热继电器未整定或整定错误。	每只扣5分
		②熔体规格选用不当。	每只扣5分扣30分
		③试车不成功	
安全文明生产		违反安全文明生产规程	扣10~70分
定额时间		12h，训练不允许超时，在修复故障过程中才允许超时	每超时5min（不足5min 以5min计）扣5分
备注		除定额时间外，各项目的最高扣分不应超过配分总数	成绩	
开始时间		结束时间		实际时间	

 任务二　CA6140卧式车床电气控制电路的检修

一、任务描述

能正确检修CA6140卧式车床电气控制电路。

二、实训内容

1. 实训器材

1）电工常用工具、MF47型万用表、500V兆欧表、钳形电流表等。

2）CA6140卧式车床。

2. 实训过程

1）在教师的指导下对车床进行操作，熟悉车床的主要结构和运动形式，了解车床的各种工作状态和操作方法。

2）参照图 6 – 4 和图 6 – 5 所示，熟悉车床电气元件的实际位置和走线情况，并通过测量等方法找出实际走电路径。

3）学生观摩检修。在 CA6140 卧式车床上人为设置自然故障点，由教师示范检修，边分析边检查，直至故障排除。故障设置时应注意以下几点：

①人为设置的故障必须是模拟车床在使用过程中出现的自然故障。

②切忌通过更改电路或更换电气元件来设置故障。

③设置的故障必须与学生应该具有的检修水平相适应，当设置一个以上故障点时，故障现象尽可能不要相互掩盖。

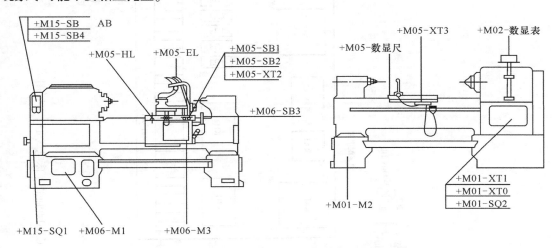

图 6 – 4　CA6140 卧式车床电气设备安装布置图

位置代号索引

序号	部件名称	代号	安装元器件
1	床身底座	+ M01	– M1、 – M2、 – XT0、 – XT1、 – SQ2
2	床鞍	+ M05	– HL、 – EL、 – SB1、 – SB2、 – XT2、 – XT3、数显尺
3	溜板	+ M06	– M3、 – SB3
4	传动带罩	+ M15	– QF、 – SB、 – SB4、 – SQ1
5	床头	+ M02	数显表

④尽量设置不容易造成人身或设备事故的故障点。

教师示范检修时，边操作边讲解，将下述检修步骤及要求贯穿其中：

①通电试验，引导学生观察故障现象。

②根据故障现象，依据电路图用逻辑分析法初步确定故障范围，并在电路图中标出最小故障范围。

③采取适当检查方法查出故障点，并正确地排除故障。

④检修完毕进行通电试车，并做好维修记录。

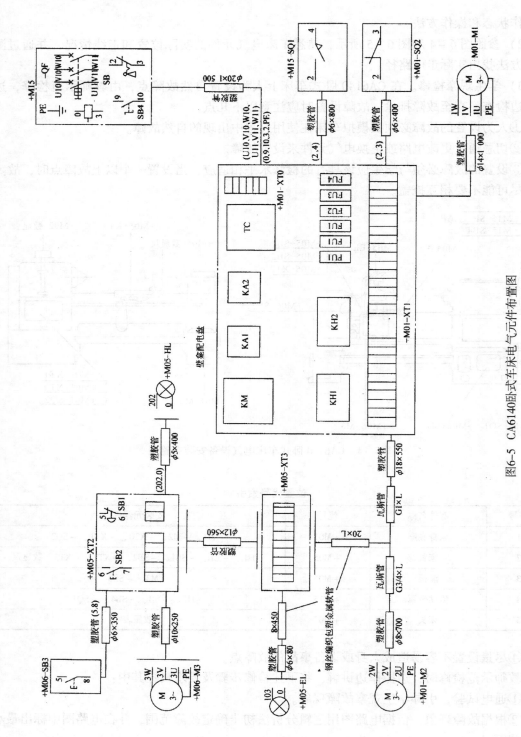

图6-5　CA6140卧式车床电气元件布置图

4）由教师设置让学生知道的故障点，指导学生如何从故障现象着手进行分析，逐步引导学生采用正确的检查步骤和检修方法进行检修。

5）教师在电路中设置两处人为的自然故障点，由学生按照检查步骤和检修方法进行检修。

3. 注意事项

1）检修前要认真阅读分析电路图，熟练掌握各个控制环节的原理及作用，并认真观摩教师的示范检修。

2）工具和仪表的使用应符合使用要求。

3）检修时，严禁扩大故障范围或产生新的故障点。

4）停电要验电，带电检修时，必须有指导教师在现场监护，以确保用电安全。同时要做好训练记录。

4. 评分标准（见表6-5）

表6-5　评分标准

项目内容	考核要求	配分	评分标准		扣分
调查研究	对每个故障现象进行调查研究	5分	排除故障前不进行调查研究	扣5分	
故障分析	在电气控制原理上分析故障可能的原因	25分	①错标或标不出故障范围 ②不能标出最小的故障范围	每个故障点扣5分 每个故障点扣5分	
故障处理	正确使用工具和仪表，找出故障点并排除故障	70分	①实际排除故障思路不清楚 ②排除故障方法不正确 ③不能排除故障点 ④损坏元器件 ⑤扩大故障范围或产生新故障 ⑥工具和仪表使用不正确	每个故障点扣5分 扣10分 每个扣35分 每个扣40分 每个扣40分 每次扣5分	
安全文明生产	违反安全文明生产规程，视实际情况进行扣分				
定额时间	每超时5min（不足5min，以5min计）扣5分				
备注	除定额时间外，各项目的最高扣分不应超过配分总数				
开始时间		结束时间		实际时间	成绩
综合评价					
评价人			日期		

小结与习题

 项目小结

车床是一种用途极广并且很普遍的金属切削机床。主要用来车削外圆、内圆、端面、螺纹和定型面，也可用钻头、铰刀等刀具进行钻孔、镗孔、倒角、割槽及切断等加工工作。

车床的主运动为工件的旋转运动；进给运动是溜板带动刀架的纵向或横向直线运动；辅助运动有刀架的快速移动、尾架的移动，以及工件的夹紧与放松等。

CA6140 卧式车床共有三台笼型异步电动机：M1 为主轴电动机，拖动主轴旋转；M2 为冷却泵电动机，拖动冷却泵输出冷却液；M3 为溜板快速移动电动机，拖动溜板实现快速移动。

机床电气故障处理的一般步骤是维修机床的重要流程，检修机床时望认真对待。

局部短接法仅适用于机床电气设备的常见断路故障，如导线断路、虚连、虚焊、触点接触不良、熔断器开路等的检查。

"任务一　CA6140 卧式车床电气控制电路的安装与调试"在实践操作过程中，要仔细阅读其安装与调试步骤及工艺要求，它是很重要的工艺文件。

 习题六

1）CA6140 卧式车床电气控制电路中有几台电动机？它们的作用分别是什么？

2）CA6140 卧式车床中，若主轴电动机 M1 只能点动，则可能的故障原因有哪些？在此情况下，冷却泵电动机能否正常工作？

3）CA6140 卧式车床的主轴电动机运行中自动停车后，操作者立即按下启动按钮，但电动机不能启动，试分析故障原因。

项目七

识读并检修平面磨床电气控制电路

知能目标

知识目标

- 了解 M7130 平面磨床的主要结构和运动形式。
- 熟悉 M7130 平面磨床的电气控制电路构成，掌握其电气控制电路的分析方法。
- 掌握 M7130 平面磨床电气控制原理图的识读方法。

技能目标

- 会识读 M7130 平面磨床的电气原理图。
- 会处理 M7130 平面磨床的常见电气故障。

基础知识

 知识链接 1　M7130 卧轴矩台平面磨床的主要结构及运动形式

磨床是用砂轮对工件表面进行磨削加工的一种精密机床，它可以加工各种表面，如平面、内外圆柱面、圆锥面和螺旋面等。通过磨削加工，使工件的形状及表面的精度、光洁度达到预期的要求，同时，它还可以进行切断加工。磨床的种类很多，有平面磨床、外圆磨床、内圆磨床、工具磨床和各种专用磨床（螺纹磨床、齿轮磨床、球面磨床、导轨磨床等），其中以平面磨床应用最为普遍。平面磨床又分为卧轴、立轴、矩台和圆台 4 种类型。

1. M7130 卧轴矩台平面磨床的主要结构

M7130 卧轴矩台平面磨床的结构如图 7-1 所示。在床身中装有液压传动装置，工作台通过活塞杆由液压驱动做往复运动，床身导轨有自动润滑装置进行润滑。工作台表面有 T 型槽，用以固定电磁吸盘，再用电磁吸盘来吸持加工工件。工作台往复运动的行程长度可通过调节装在工作台正面槽中的换向撞块的位置来改变。换向撞块是通过碰撞工作台往复运动换向手柄来改变油路方向，以实现工作台往复运动。

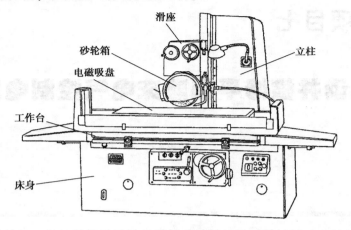

图 7-1   M7130 卧轴矩台平面磨床的结构

在床身上固定有立柱，沿立柱的导轨上装有滑座，砂轮箱能沿滑座的水平导轨作横向移动。砂轮轴由装入式砂轮电动机直接拖动。在滑座内部也装有液压传动机构。

滑座可在立柱导轨上作上下垂直移动，并可由垂直进刀手轮操作。砂轮箱的水平轴向移动可由横向移动手轮操作，也可由液压传动做连续或间断横向移动，连续移动用于调节砂轮位置或整修砂轮，间断移动用于进给。

2. 卧轴矩台平面磨床的运动形式

卧轴矩台平面磨床的运动形式包括主运动和进行运动。主运动是砂轮的旋转运动。进给运动包括垂直进给、横向进给、纵向进给。垂直进给是指滑座在立柱上的上下运动；横向进给是指砂轮箱在滑座上的水平运动；纵向进给是指工作台沿床身的往复运动。工作台每完成一次往复运动时，砂轮箱便做一次间断性的横向进给；当加工完整个平面后，砂轮箱做一次间断性垂直进给。

 知识链接 2   M7130 卧轴矩台平面磨床的电气控制要求

1）砂轮电动机一般选用笼型电动机，完成磨床的主运动。由于砂轮一般不需要调速，所以对砂轮电动机没有调速要求，也不需要反转，可直接启动。

2）平面磨床的进给运动一般采用液压传动，因此需要一台液压泵电动机驱动液压泵。对液压泵电动机也没有调速、反转要求，可直接启动。

3）同车床一样，平面磨床也需要一台冷却泵电动机提供冷却液，冷却泵电动机与砂轮电动机需要顺序控制，即要求砂轮电动机启动后冷却泵电动机才能启动。

4）平面磨床采用电磁吸盘来吸持工件。电磁吸盘要有充磁和退磁电路，同时为防止磨削加工时因电磁吸盘吸力不足而造成工件飞出，还要求有弱磁保护；为保证安全，电磁吸盘与 3 台电动机之间还要有电气联锁装置，即电磁吸盘吸合后，电动机才能启动。

5）必须具有短路、过载、失压和欠压保护装置。

6）具有安全的局部照明装置。

🐾 知识链接 3　识读 M7130 卧轴矩台平面磨床电气原理图

M7130 卧轴矩台平面磨床电气原理图如图 7 - 2 所示，其电气设备安装在床身后部的壁龛盒内，控制按钮安装在床身前部的电气操纵盒上。

常用的 M7130 型平面磨床的电气控制电路底边按数字顺序分成 17 个区，其中 1 区为电源开关及保护，2 ~ 4 区为主电路部分，5 ~ 9 区为控制电路部分，10 ~ 15 区为电磁吸盘电路部分，16 ~ 17 区为照明电路部分。

1. 联系机械按从电动机到电源侧的顺序识读主电路（2 ~ 4 区）

三相电源 L1、L2、L3 由隔离开关 QS1 控制，熔断器 FU1 实现对全电路的短路保护（1 区），从 2 区开始就产主电路，主电路有 3 台电动机。

（1）M1（2 区）——砂轮电动机

M1 带动砂轮转动，对工件进行磨削加工，是主运动电动机。它由 KM1 的主触点控制，其控制线圈在 6 区。热继电器 FR1 作过载保护，其常闭触点在 6 区。

（2）M2（3 区）——冷却泵电动机

M2 拖动冷却泵，供给磨削加工时需要的冷却液，同时利用冷却液带走磨下的铁屑。M2 由插头插座 X1 与电源相连接，当需要提供冷却液时才插上。M2 由 KM1 的主触点控制，所以 M1 启动后，M2 才可能启动。M1、M2 采用的主电路顺序控制。由于 M2 容量较小，因此不需要过载保护。

（3）M3（4 区）——液压泵电动机

M3 拖动油泵，供出压力油，经液压传动机构来完成工作台往复运动并实现砂轮的横向自动进给，并承担工作台的润滑。它由 KM2 的主触点控制，其控制线圈在 8 区。热继电器 FR2 作过载保护，其常闭触点在 6 区。

2. 联系主电路分析控制电路（5 ~ 9 区）

控制电路采用交流 380V 电源，由熔断器 FU2 做短路保护（5 区）

6 ~ 9 区分为砂轮电动机 M1 和液压泵电动机 M3 控制电路。只有在转换开关 QS2 扳到退磁位置，其常开触点 SA1（3 - 4）闭合，或者欠电流继电器 KA 的常开触点 KA（3 - 4）闭合时，控制电路才起作用。按下 SB1，接触器 KM1 的线圈通电，其常开触点 KM1（5 - 6）闭合进行自锁，其主触点闭合砂轮电动机 M1 及冷却泵电动机 M2 启动运行。按下 SB2，KM1 线圈断电，M1、M2 停止。按下 SB3，接触器 KM2 线圈通电，其常开触点 KM2（7 - 8）闭合进行自锁，其主触点闭合液压泵电动机 M3 启动运行。按下 SB4，KM2 线圈断电，M3 停止。

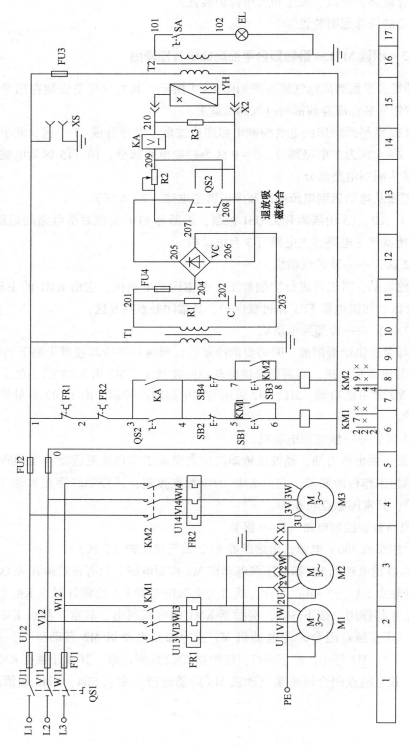

图7—2 M7130卧轴矩台平面磨床电气原理图

3. 电磁吸盘（YH）控制电路的分析

（1）电磁吸盘

电磁吸盘是用来吸持工件进行磨削加工的。整个电磁吸盘是钢制的箱体，在它中部凸起的芯体上绕有电磁线圈，如图 7-3 所示，电磁吸盘的线圈通以直流电，使芯体被磁化，磁力线经钢制吸盘体、钢制盖板、工件、钢制盖板、钢制吸盘体闭合，将工件牢牢吸住。电磁吸盘的线圈不能用交流电，因为通过交流电会使工件产生振动并且使铁芯发热。钢制盖板由非导磁材料构成的隔磁层分成许多条，其作用是使磁力线通过工件后再闭合，不直接通过钢制盖板闭合。与机械夹紧装置相比，电磁吸盘的优点是不损伤工件，操作快速简便，磨削中工件发热可自由伸缩、不会变形。缺点是只能对导磁性材料的工件（如钢、铁）才能吸持，对非导磁性材料的工件（如铜、铝）没有吸力。

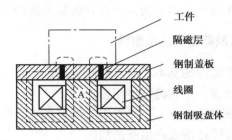

工件
隔磁层
钢制盖板
线圈
钢制吸盘体

图 7-3　电磁吸盘的工作原理图

（2）电磁吸盘控制电路

电磁吸盘控制电路由降压整流电路、转换开关和欠电流保护电路组成。

降压整流电路由变压器 T1 和桥式全波整流装置 VC 组成。变压器 T1 将交流电压 220V 降为 127V，经过桥式整流装置 VC 变为 110V 的直流电压，供给电磁吸盘的线圈。电阻 R1 和电容 C 是用来限制过电压的，防止交流电网的瞬时过电压和直流回路的通断在 T1 的二次侧产生过电压对桥式整流装置 VC 产生危害。

（3）"励磁"、"退磁"、"断电"三个位置

将 QS2 扳到"励磁"位置时，QS2（205-208）和 QS2（206-209）闭合，电磁吸盘 YH 加上 110V 的直流电压，进行励磁，当通过 YH 线圈的电流足够大时，可将工件牢牢吸住，同时欠电流继电器 KA 吸合，其触点 KA（3-4）闭合，这时可以操作控制电路的按钮 SB1 和 SB3，启动电动机对工件进行磨削加工，停止加工时，按下 SB2 和 SB4，电动机停转。在加工完后，为了从电磁吸盘上取下工件，将 QS2 扳到"退磁"位置，这时 QS2（205-207）、QS2（206-208）、QS2（3-4）接通，电磁吸盘中通过反方向的电流，并用可变电阻 R2 限制反向去磁电流的大小，达到既能退磁又不致反向磁化目的。退磁结束后，将 QS2 扳至"断电"位置，QS2 的所有触点都断开，电磁吸盘断电，取下工件。若工件的去磁要求较高时，则应将取下的工件，再在磨床的附件、交流退磁器上进一步去磁。使用时，将交流去磁器的插头插在床身的插座 X2 上，将工件放在去磁器上即可去磁。

当转换开关 QS2 扳到励磁位置时，QS2 的触点 QS2（3-4）断开，KA（3-4）接通，若电磁吸盘的线圈断电或电流太小吸不住工件，则欠电流继电器 KA 释放，其常开触点 KA

（3－4）断开，M1、M2、M3 因控制回路断电而停止。这样就避免了工件因吸不牢而被高速旋转的砂轮碰击飞出的事故。

如果不需要启动电磁吸盘，则应将 X3 上的插头拔掉，同时将转换开关 QS2 扳到退磁位置，这时 QS2（3－4）接通，M1、M2、M3 可以正常启动。

与电磁吸盘并联的电阻 R3 为放电电阻，为电磁吸盘断电瞬间提供通路，吸收线圈断电瞬间释放的磁场能量。因为电磁吸盘是一个大电感，在电磁吸盘从工作位置转换到放松位置的瞬间，线圈产生很高的过电压，易将线圈的绝缘损坏，也将在转换开关 QS2 上产生电弧，使开关的触点损坏。

4. 照明电路分析

照明变压器 T2 将 380V 的交流电压降为 36V 的安全电压供给照明电路。EL 为照明灯，一端接地，另一端由开关 SA 控制，FU3 为照明电路的短路保护。

 知识链接 4　机床电气故障排除注意事项

1）熟悉机床电气控制原理图的基本环节及控制要求。

2）检修所用的工具和仪表，使其符合使用要求。

3）排除故障时，必须修复故障点，不得采用元件替换法。

4）检修时，严禁扩大故障范围或产生新的故障。

5）停电要验电。

6）带电检修时，必须指导教师监护下检修，以确保安全。

知识链接 5　机床电气故障处理方法——长短接法

当电路中有两个或两个以上元件同时接触不良时，用局部短接法无法检测，这时，可以用长短接法来检测故障。长短接法是指一次短接两个或多个触点来检查故障的方法。用长短接法还可以把故障点缩小到一个较小的范围。

M7130 平面磨床砂轮电动机的控制电路，第一次先短接 1－6 两点，若接触器 KM1 吸合，说明1－6电路有断路故障，再短接 1－4 两点，若接触器 KM1 吸合，说明故障在 1－4范围内，若 KM1 不吸合，说明故障在 4－6 范围内，如图 7－4 所示。

注意：

1）长短接法检测是用手拿绝缘导线带电操作，所以一定要注意安全，避免触电事故。

2）长短接法只适用电压极小的导线或触点之间的断路故障。对于电压较大的电器，如线圈、绕组、电阻等断路故障，不能采用长短接法，否则会出现短路故障。

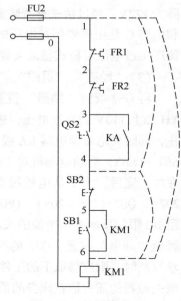

图 7－4　长短接法

操作实践

 任务一　检修 M7130 平面磨床电气控制电路

一、任务描述

1）进一步熟悉 M7130 平面磨床的主要电气设备及工作原理。

2）学会根据电气控制电路图分析各部分电路的工作过程。

3）掌握电气电路故障分析的方法。

4）学会排除电磁吸盘中出现的故障。

二、实训内容

1. 实训器材

1）电工常用工具、MF47 型万用表、500V 兆欧表、钳形电流表等。

2）M7130 平面磨床。

2. 实训过程

1）在教师的指导下对磨床进行操作，熟悉磨床的主要结构和运动形式，了解磨床的各种工作状态和操作方法。

2）参照图 7 – 5 和图 7 – 6 所示，熟悉磨床电气元件的实际位置和走线情况，并通过测量等方法找出实际走电路径。

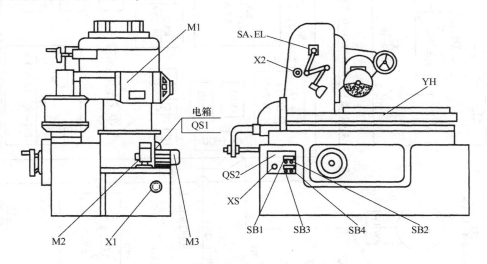

图 7 – 5　M7130 平面磨床电气设备安装布置图

3）学生观摩检修。在 M7130 平面磨床上人为设置自然故障点，由教师示范检修，边分析边检查，直至故障排除。教师示范检修时，应将检修步骤及要求贯穿其中，边操作边讲解。

4）教师在电路中设置两处人为的自然故障点，由学生按照检查步骤和检修方法进行检修。

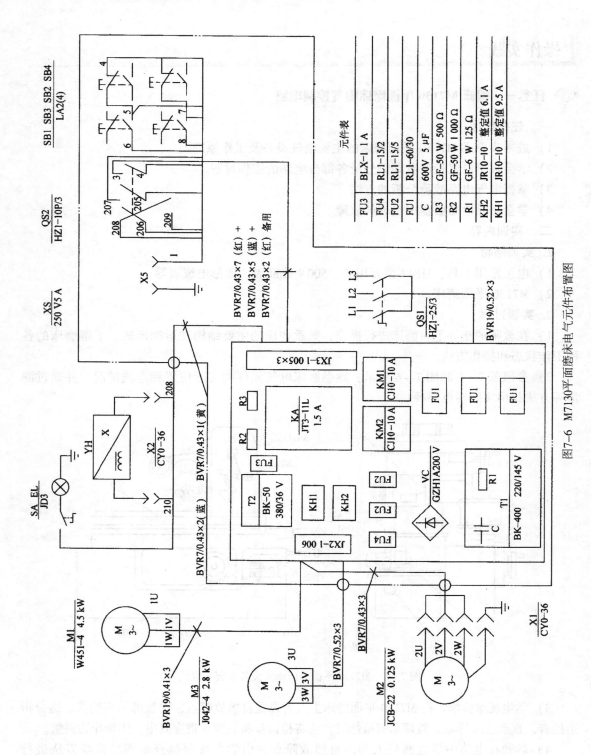

图7-6 M7130平面磨床电气元件布置图

3. 注意事项

1）检修前要认真阅读电路图，熟练掌握各个控制环节的原理及作用，并认真观摩教师的示范检修。

2）电磁吸盘的工作环境恶劣，容易发生故障，检修时应特别注意电磁吸盘及其电路。

3）停电要验电。

4）带电检修时，必须有指导教师在现场监护，以确保用电安全。同时要做好训练记录。

4. 评分标准（见表 6-5）

小结与习题

 项目小结

磨床是用砂轮对工件表面进行磨削加工的一种精密机床，它可以加工各种表面，如平面、内外圆柱面、圆锥面和螺旋面等。

磨床的种类很多，有平面磨床、外圆磨床、内圆磨床、工具磨床和各种专用磨床（螺纹磨床、齿轮磨床、球面磨床、导轨磨床等），其中以平面磨床应用最为普遍。

M7130 卧轴矩台平面磨床中砂轮的快速旋转是主运动，进给运动包括垂直进给（滑座在立柱上的上、下运动）、横向进给（砂轮箱在滑座上的水平移动）和纵向运动（工作台沿床身的往复）。

M7130 卧轴矩台平面磨床共有三台笼型异步电动机：M1 为砂轮电动机，带动砂轮作旋转运动；M2 为冷却泵电动机，拖动冷却泵输出冷却液；M3 为液压泵电动机，拖动液压泵，使工作台在液压作用下做纵向运动。

电磁吸盘的功能是利用电磁吸力来固定加工工件。电磁吸盘外形有长方形和圆形两种，矩形平面磨床采用长方形电磁吸盘。

机床电气故障排除注意事项是维修机床前需多加留意的，以免维修机床的过程中损坏仪表、扩大机床的故障范围或产生新的故障，甚至产生安全事故。

当电路中有两个或两个以上元器件同时接触不良时，用局部短接法无法检测时，可以用长短接法来检测故障。

 习题七

1）M7130 型平面磨床电磁吸盘夹持工件有什么特点？为什么电磁吸盘要用直流电而不用交流电？

2）M7130 型平面磨床电磁吸盘吸力不足会造成什么后果？如何防止出现这种现象？

3）M7130 型平面磨床电气控制电路中，欠电流继电器 KA 和电阻 R3 的作用分别是什么？

4）M7130 型平面磨床电磁吸盘退磁不好的原因有哪些？

项目八

识读并检修摇臂钻床电气控制电路

知能目标

知识目标
- 熟悉 Z37 摇臂钻床的主要结构和主要运动形式。
- 掌握 Z37 摇臂钻床的工作原理。
- 掌握 Z37 摇臂钻床电气控制原理图的识读方法。

技能目标
- 会识读摇臂钻床的电气原理图。
- 会处理摇臂钻床的常见电气故障。

基础知识

 知识链接 1 Z37 摇臂钻床的主要结构、运动形式

机械加工过程中经常需要加工各种各样的孔，钻床就是一种用途广泛的孔加工机床。钻床主要钻削精度要求不高的孔，还可以用来扩孔、铰孔、镗钻以及攻螺纹等。钻床的结构形式很多，有立式钻床、卧式钻床、台式钻床、深孔钻床等。

1. Z37 摇臂钻床的主要结构

Z37 摇臂钻床的主要结构如图 8 - 1 所示。在底座上的一端固定着内立柱，内立柱的外面套着外立柱，外立柱可以绕内立柱回转。摇臂的一端为套筒，它套在外立柱上，通过丝杠的正反转可使摇臂沿外立柱做升降移动，摇臂与外立柱之间不能做相对转动，摇臂只能和外立柱一起绕内立柱回转。摇臂升降运动必须

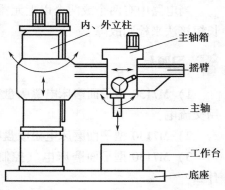

图 8 - 1 Z37 摇臂钻床的主要结构

严格按照摇臂自动松开，再进行升降，到位后摇臂自动夹紧在外立柱上的顺序进行。Z37 摇臂钻床的摇臂松开与夹紧依靠液压推动松紧机构自动进行。摇臂连同外立柱绕内立柱的回转运动必须先将外立柱松开，然后用手推动摇臂进行。主轴箱由主传动电动机、主轴和主轴传动机构、进给和变速机构以及机床操作机构等组成。可以通过操作手轮使主轴箱在摇臂上沿导轨做水平移动。主轴箱沿摇臂的水平运动必须先将主轴箱松开，然后再进行移动。

2. Z37 摇臂钻床的运动形式

工件不大时，将其压紧在工作台上加工；工件较大时，可以直接装在底座上加工。进行加工时，外立柱夹紧在内立柱上，主轴箱夹紧在摇臂上。外立柱的松紧和主轴箱的松紧是依靠液压推动松紧机构进行的。在钻削加工时，主轴带动钻头的旋转运动为主运动；进给运动是主轴的纵向进给；辅助运动有摇臂沿外立柱的升降运动，主轴箱沿摇臂的水平移动，摇臂连同外立柱一起绕内立柱的回转运动。主运动，进给运动由一台主轴电动机拖动，由机械传动机构实现主轴的旋转和进给，主轴的变速和反转均由机械方法实现；摇臂沿外立柱的升降运动，是由一台摇臂升降电动机驱动丝杆正反转来实现的。由立柱松紧电动机配合液压装置实现摇臂的松开、夹紧和主轴箱的松开、夹紧控制。

 知识链接 2　Z37 型摇臂钻床电气控制要求

1）主轴电动机一般选用笼型电动机，完成摇臂钻床的主运动和进给运动。主轴的变速和反转均由机械方法实现，所以主轴电动机没有调速要求，也不需要反转，可直接启动。

2）摇臂（包括装在摇臂的主轴箱）沿外立柱的上下移动，由一台摇臂升降电动机驱动丝杆正反转实现（小型摇臂钻床可以靠人力摇动丝杆升降）。摇臂升降电动机要求能正反转，直接启动。

3）主轴、摇臂和立柱的松紧由液压系统实现，因此需要一台液压泵电动机驱动液压泵，液压泵电动机也要求能正反转，直接启动。

4）需要一台冷却泵电动机提供冷却液。

5）必须具有短路、过载、失压、欠压等必要的保护装置。

6）具有安全的局部照明装置。

 知识链接 3　识读 Z37 摇臂钻床电气原理图

1. 联系机械按从电动机到电源侧的顺序识读主电路

图 8-2 为 Z37 摇臂钻床电气原理图。Z37 摇臂钻床共 4 台电动机，除冷却泵电动机 M1 采用开关直接启动外，其余 3 台异步电动机均采用接触器控制启动。

M1 是冷却泵电动机，功率很小，因此不需要过载保护，由转换开关 QS2 直接控制。M1 直接启动，单向旋转。熔断器 FU1 做短路保护。

M2 是主轴电动机，由交流接触器 KM1 的主触点控制，只要求单方向旋转，主轴的正反转由液压系统和正反转摩擦离合器来实现，空挡、制动及变速也由液压系统来完成。M2 装在主轴箱顶部，带动主轴及进给传动系统，热继电器 FR 是过载保护元件。

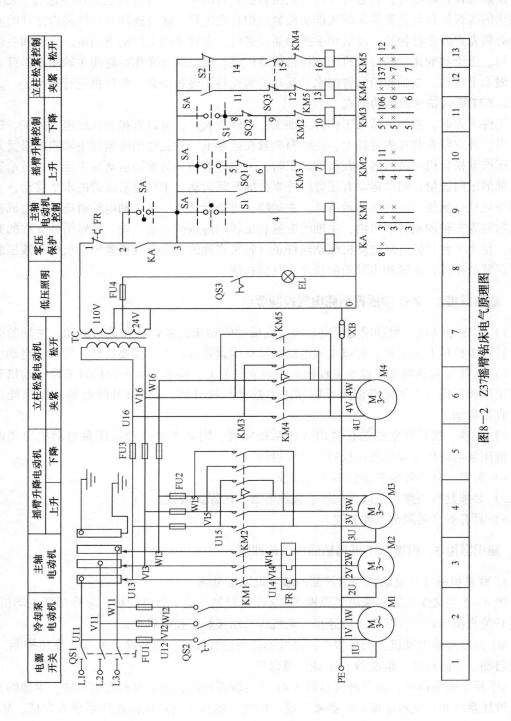

图8-2 Z37摇臂钻床电气原理图

M3 是摇臂升降电动机，装于立柱顶部，用接触器 KM2 和 KM3 的主触点控制其正反转。因为该电动机短时间工作，故不设过载保护电器。熔断器 FU2 做短路保护。

M4 是立柱松紧电动机，由接触器 KM4 和 KM5 的主触点控制其正反转。该电动机的主要作用是供给夹紧装置压力油，实现摇臂和立柱的夹紧和松开。

摇臂上的电气设备电源是通过转换开关 QS1 及汇流环 YG 引入。

2. 联系主电路分析控制电路（8～13 区）

控制电路由控制变压器 TC 将 380V 交流电源降压为 110V。控制电压采用十字开关 SA 操作。十字开关具有集中控制和操作方便等优点，它由十字手柄和 4 个微动开关组成。根据工作需要，可将操作手柄分别扳在孔槽内 5 个不同位置上，即左、右、上、下和中间位置，手柄处在各个工作位置时的工作情况见表 8－1。为防止突然停电又恢复供电而造成的危险，电路设有零压保护环节，由中间继电器 KA 和十字开关 SA 实现。

表 8－1　手柄处在各个工作位置时的工作情况

手柄位置	接通微动开关的触点	工作情况
中	均不通	控制电路断电
左	SA（2－3）	KA 获电并自锁
右	SA（3－4）	KM1 获电，主轴旋转
上	SA（3－5）	KM1 吸合，摇臂上升
下	SA（3－8）	KM1 吸合摇臂下降

1）主轴电动机 M2 控制电路（9 区）。主轴电动机 M2 的运行是通过接触器 KM1 和十字开关 SA 控制的。

先将十字开关 SA 扳在左边位置，SA 的触点（2－3）闭合，中间继电器 KA 通电吸合并自锁，为其他控制电路通电做准备。再将十字开关 SA 扳在右边位置，这时 SA 的触点分断后，SA 的触点（3－4）闭合，接触器 KM1 线圈通电吸合，主轴电动机 M2 通电运行。主轴的正反转由摩擦离合器手柄控制。将十字开关 SA 扳在中间位置，主轴电动机 M2 停车。

2）摇臂升降的控制电路（10～11 区）。摇臂升降由摇臂升降电动机 M3 做动力，由十字开关 SA 和 KM3、KM2 组成接触器十字开关双重联锁的正反转点动控制电路（10～11 区）。摇臂的升降控制必须与夹紧机构液压系统紧密配合：摇臂升降前，先把摇臂松开，再由 M3 驱动升降；摇臂升降到位后，再重新夹紧。现以摇臂上升为例，来分析控制的全过程。

十字开关 SA 扳在向上位置→SA 的触点（3－5）闭合→KM2 线圈通电→M3 正转→通过传动装置将摇臂松开→鼓形组合开关 S1 常开触点（3－9）闭合→摇臂上升。

当摇臂上升到所需位置时，十字开关 SA 扳在中间位置。

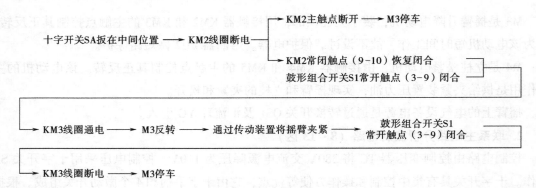

摇臂下降时，将十字开关扳在向下位置，SA 的触点（3-8）闭合，接触器 KM3 线圈通电吸合，其余工作过程与摇臂上升相似。摇臂上升或下降的限位保护分别由行程开关 SQ1、SQ2 实现。

3）立柱的夹紧和松开控制（12~13 区）。钻床正常工作时，外立柱夹紧在内立柱上。要使摇臂和外立柱绕内立柱转动，应首先扳动手柄放松外立柱。立柱的夹紧和松开控制由电动机 M4 拖动装置实现。M4 是正反转点动控制电路，由组合开关 S2、位置开关 SQ3、KM4、KM5 组成（12~13 区）。位置开关 SQ3 由主轴箱与摇臂夹紧机构的机构手柄操作。

立柱的夹紧和松开控制的工作过程如下：

①拨动手柄：

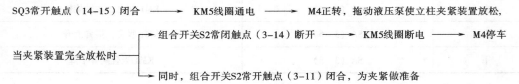

②当摇臂转动到所需位置时，拨动手柄：

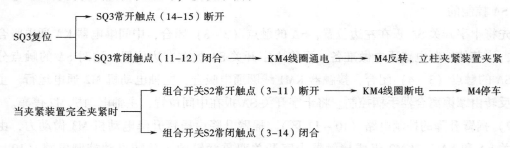

Z37 摇臂钻床的主轴箱在摇臂上的松开与夹紧和立柱的松开与夹紧是由同一台电动机 M4 拖动液压机构完成的。

电磁阀 YV 线圈不吸合，液压泵送出压力油，压力油进入主轴箱和立柱的松开、夹紧油箱，推动松、紧机构实现主轴箱的松开、夹紧。

3. 辅助电路（8 区）

辅助电路即低压照明电路。照明电路的电源电压 24V 由控制变压器 TC 提供。照明灯 EL 由开关 SQ3 控制，由熔断器 FU4 做短路保护。

知识链接4 常用机床电气故障处理的一般要求

1）采取的方法和步骤正确，符合规范。

2）不随意更换元器件及连接导线的规格型号。

3）不擅自改动电路。

4）不损坏完好的元器件。

5）电气设备的各种保护性能必须满足使用要求。

6）损坏的电气装置应尽量修复使用，但不得降低其性能。

7）修理后的电气装置必须满足其质量标准要求。

8）绝缘电阻合格，通电试车能满足电路的各种功能，控制环节的动作程序符合要求。

 知识链接5 机床电气故障处理方法——电压分段测量法

如图8-3所示，用电压分段测量法检修Z37型摇臂钻床立柱松开控制电路时，首先将万用表的量程置于交流电压500V挡，然后逐段测量。用电压分段测量法所测的电压值及故障点见表8-2。

表8-2 用电压分段测量法所测的电压值及故障点

故障现象	测试状态	3-14	14-15	15-16	16-0	故障点
压下SQ3，KM5不吸合	压下SQ3	110V	0	0	0	S2常闭触点接触不良
		0	110V	0	0	SQ3常闭触点接触不良
		0	0	110V	0	KM4常闭触点接触不良
		0	0	0	110V	KM5线圈断路

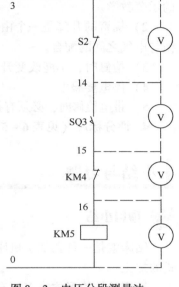

图8-3 电压分段测量法

操作实践

 任务一 识读并检修摇臂钻床电气控制电路

一、任务描述

1）进一步掌握Z37摇臂钻床的工作原理，电力拖动的特点。

2）熟练掌握机床控制电路故障排除的方法。

二、实训内容

1. 实训器材

1）电工常用工具、MF47型万用表、500V兆欧表、钳形电流表等。

2）Z37摇臂钻床。

2. 实训过程

1）在教师的指导下对 Z37 摇臂钻床进行操作，熟悉钻床的主要结构和运动形式，了解钻床的各种工作状态和操作方法。

2）参照 Z37 摇臂钻床电气位置图和接线图，熟悉钻床电气元件的实际位置和走线情况，并通过测量等方法找出实际走电路径。

3）学生观摩检修。在 Z37 摇臂钻床上人为设置自然故障点，由教师示范检修，边分析边检查，直至故障排除。教师示范检修时，应将检修步骤及要求贯穿其中，边操作边讲解。

4）教师在电路中设置两处人为的自然故障点，由学生按照检查步骤和检修方法进行检修。

3. 注意事项

1）检修前要认真阅读电路图，熟练掌握各个控制环节的原理及作用，并认真观摩教师的示范教学。

2）摇臂的升降是一个由机械和电气配合实现的半自动控制过程，检修时要特别注意机械与电气之间的配合。

3）检修时，不能改变升降电动机原来的电源相序，以免使摇臂升降反向，造成事故。

4）停电要验电。

5）带电检修时，必须有指导教师在现场监护，以确保用电安全。同时要做好训练记录。

4. 评分标准（见表 6 – 5）

小结与习题

 项目小结

钻床就是一种孔加工机床，可用来完成钻孔、扩孔、铰孔、攻螺纹及修刮端面等多种形式的加工。

钻床的结构形式很多，有立式钻床、卧式钻床、台式钻床、深孔钻床等。

Z37 摇臂钻床共有 4 台笼型异步电动机：M1 为冷却泵电动机，拖动冷却泵输出冷却液；M2 为主轴电动机，拖动主轴旋转；M3 为摇臂升降电动机，拖动摇臂（包括装在摇臂的主轴箱）沿外立柱上下移动；M4 为立柱松紧电动机，通过液压系统完成主轴、摇臂和立柱的松紧。

常用机床电气故障处理的一般要求是维修机床时必须遵循的原则，在维修机床的过程需遵照执行。

使用电压分段测量法检查故障时是带电操作，需注意仪表的挡位和量程的选择，坚持单手操作，以避免损坏仪表和防止触电事故的发生。

习题八

1）Z37 摇臂钻床中是如何实现零压保护的？

2）Z37 摇臂钻床的摇臂上升后不能完全夹紧，则可能的故障原因是什么？

3）如何保证 Z37 摇臂钻床的摇臂上升或下降不能超出允许的极限位置？

项目九

识读并检修万能铣床电气控制电路

知能目标

知识目标
- 了解 X62W 卧式万能铣床的主要结构和主要运动形式。
- 掌握 X62W 卧式万能铣床电气控制电路的构成及工作原理。
- 掌握 X62W 卧式万能铣床电气控制原理图的识读方法。

技能目标
- 会识读 X62W 卧式万能铣床的电气原理图。
- 会处理 X62W 卧式万能铣床的常见电气故障。

基础知识

 知识链接 1　X62W 卧式万能铣床的主要结构、运动形式

铣床可以用来加工平面、斜面和沟槽等，装上分度头后还可以铣切直齿齿轮和螺旋面，如果装上圆工作台还可以铣切凸轮和弧形槽。铣床的种类很多，有卧铣、立铣、龙门铣、仿形铣及各种专用铣床。

1. X62W 卧式万能铣床的主要结构

X62W 卧式万能铣床应用广泛，具有主轴转速高、调速范围宽、操作方便和加工范围广等特点，X62W 卧式万能铣床的结构如图 9–1 所示。

X62W 卧式万能铣床主要有底座、床身、悬梁、刀杆支架、工作台、回旋盘、溜板箱和升降台等部分组成。床身内装有主轴的传动机构和变速操纵机构。

2. X62W 万能铣床的运动形式

主轴带动铣刀的旋转运动称为主运动，进给运动是工件相对于铣刀的移动。主轴电动机

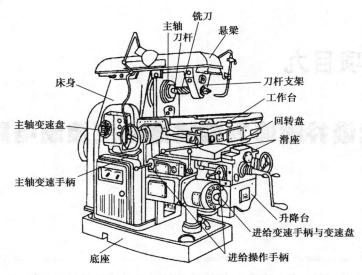

图 9-1　X62W 卧式万能铣床的结构

用笼型异步电动机拖动，通过齿轮进行调速，为完成顺铣和逆铣，主轴电动机应能正反转。为了减少负载波动对铣刀转速的影响，使铣削平稳一些，铣床的主轴上装有飞轮，使得主轴传动系统的惯性较大，因此，为了缩短停车时间，主轴采用电气制动停车。为保证变速时，齿轮顺利地啮合好，要求变速时主轴电动机进行冲动控制，即变速时电动机通过点动控制稍微转动一下。

升降台可上下移动，在升降台上面的水平导轨上装有溜板箱，溜板箱可沿主轴轴线平行方向移动（横向移动，即前后移动），溜板上部装有可转动的回转台，工作台装在可转动回转台的导轨上，可作垂直于主轴轴线方向的移动（纵向移动，即左右移动）。这样固定在工作台上的工件可作上下、左右、前后 6 个方向的移动，各个运动部件在 6 个方向上的运动由同一台进给电动机通过正反转进行拖动，在同一时间内，只允许一个方向上的运动。

知识链接2　万能铣床电气控制要求

1）主轴电动机一般选用笼型电动机，完成铣床的主运动。为适应顺铣和逆铣两种铣削方式的需要，主轴的正反转由电动机的正反转实现。主轴电动机没有电气调速，而是通过齿轮来实现变速。为缩短停车时间，主轴停车时采用电气制动，并要求变速冲动。

2）铣床的工作台前后、左右、上下 6 个方向的进给运动和工作台在 6 个方向的快速移动由进给电动机完成。进给电动机要求能正反转，并通过操纵手柄和机械离合器的配合来实现。进给的快速移动通过电磁铁和机械挂挡来完成。为扩大其加工能力，工作台可加装圆形工作台，圆形工作台的回转运动由进给电动机经传动机构驱动。

3）主运动和进给运动采用变速盘来进行速度选择，为保证变速齿轮啮合良好，两种运动都要求变速后作瞬时点动（即变速冲动）。

4）根据加工工艺要求，铣床应具有以下电气联锁。

①为防止刀具和铣床的损坏，要求只有主轴旋转后才有进给运动和工作台的快速移动。

②为减小加工工件表面的粗糙度，只有进给停止后主轴才能停止或同时停止。铣床在电气上采用主轴和进给同时停止的方式，但由于主轴运动的惯性很大，实际上就保证了进给运动先停止，主轴运动后停止的要求。

5）需要一台冷却泵电动机提供冷却液。

6）必须具有短路、过载、失压、欠压等必要的保护装置。

7）具有安全局部照明装置。

知识链接3　识读 X62W 卧式万能铣床电气原理图

常用的 X62W 卧式万能铣床电气原理图如图 9-2 所示。X62W 卧式万能铣床电气控制电路底边按顺序分成 22 个区，其中 1~2 区为电源及全电路短路保护，3~8 区为主电路部分，9~16 区为控制电路部分，10 区为照明电路部分。

1. 联系机械按从电动机到电源侧的顺序识读主电路（3~8 区）

三相电源 L1、L2、L3 由电源开关 QS1 控制，熔断器 FU1 实现对全电路的短路保护（1~2 区）。从 3 区开始就是主电路，主电路有 3 台电动机。

（1）M1（3~4 区）——主轴电动机

主轴电动机带动主轴旋转对工件进行加工，是主运动电动机。它由 KM1 的主触点控制，其控制线圈在 13 区。因其正反转不频繁，在启动前组合开关 SA5 预先选择。热继电器 FR1 做过载保护，其常闭触点在 12 区。M1 做直接启动，单向旋转，反接制动和瞬时冲动控制，并通过机械机构进行变速，由 KM2 主触点控制，其控制线圈在 12 区。

（2）M2（5~7 区）——进给电动机

进给电动机带动工作台做进给运动。它由 KM3、KM4、KM 的主触点做正反转控制、快慢速控制和限位控制，并通过机械机构使工作台能上下、左右、前后运动；其控制线圈在 14 区、15 区。热继电器 FR2 做过载保护，其常闭触点在 13 区。熔断器 FU2 做短路保护。M2 做直接启动，双向旋转。

（3）M3（8 区）——冷却泵电动机

冷却泵电动机带动冷却泵供给铣刀和工件冷却液，同时利用冷却液带走铁屑。M3 由 KM6 主触点控制，其控制线圈在 11 区，在需要提供冷却液才接通。M3 做直接启动，单向旋转。

2. 联系主电路分析控制电路（9~16 区）

（1）主轴电动机 M1 的控制

SB3、SB4 是分别装在机床两边的启动按钮，可进行两地操作，SB1、SB2 是制动停止按钮，SA5 是电源换相开关，改变 M1 的转向，KM1 是主轴电动机启动接触器，KM2 是反接制动接触器，SQ7 是与主轴变速手柄联动的冲动行程开关。

1）主轴电动机启动时，要先将 SA5 扳到主轴电动机所需的旋转方向，然后在按启动按钮 SB3 或 SB4 启动 M1，在主轴启动的控制电路中串有热继电器 FR1 的常闭触点。当电动机 M1 过载，热继电器的常闭触点断开，整个控制电路被切断，电动机都停止。

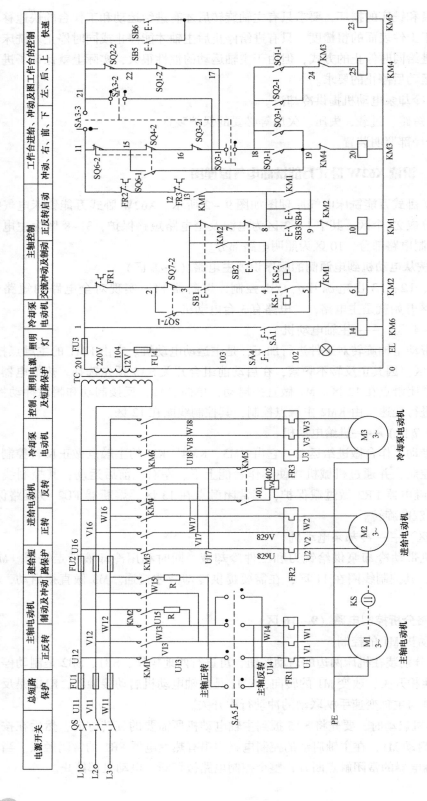

图9-12 X62W卧式万能铣床电气原理图

2）主轴电动机启动后速度继电器 KS 的常开触点 KS（4 - 6）闭合，为电动机停转制动做准备，停止时按下停止复合按钮 SB1 或 SB2，首先其常闭触点 SB4（3 - 7）或 SB5（7 - 8）断开，KM1 线圈断电释放，主轴电动机 M1 断电，但因惯性继续旋转，将停止按钮 SB1 或 SB2 按到底，其常开触点 SB4（3 - 4）或 SB5（3 - 4）闭合，接通 KM2 回路，改变 M1 的电源相序进行反接制动。当 M1 转速趋于零时，KS 自动断开，切断 M2 的电源。

3）主轴电动机变速时的冲动控制，是利用变速手柄与冲动行程开关 SQ7 通过机械上的联动机构进行控制的。变速操作可在开车时进行，也可在停车时进行。若开车进行变速时，首先将主轴变速手柄微微压下，使它从第一道槽内拔出，然后将变速手柄拉向第二道槽，当快要落入第二道槽内时，将变速盘转到所需的转速，然后将变速手柄从第二道槽迅速推回原位。就在手柄拉向第二道槽时，有一个与手柄相连的凸轮通过弹簧杆瞬时压了一下行程开关 SQ7，使冲动行程开关 SQ7 的常闭触点 SQ7（2 - 3）先断开，切断 KM1 线圈的电路，M1 断电，SQ7 的常开触点 SQ7（2 - 5）后闭合，接触器 KM2 线圈得电动作，M1 被反接制动。当手柄拉到第二道槽内时，SQ7 不受凸轮控制而复位，电动机停转。接着把手柄从第二道槽推回原来位置的过程中，凸轮又压下 SQ7，使 SQ7（2 - 3）常开接通，SQ7（2 - 5）常闭断开，KM2 线圈得电，M1 反向转动一下，以利于变速后的齿轮啮合。当变速手柄以较快的速度推到原来的位置时，SQ7 复位，KM2 线圈断电，M1 停转，操作过程结束。这样在整个变速操作过程中，主轴电动机就短时转动一下，使变速后的齿轮易于啮合。当手柄完全推到原来的位置时，齿轮啮合好了，变速完成。由此可见，可进行主轴不停车直接变速。若主轴原来处于停车状态，则在主轴变速操作过程中，SQ7 第一次动作时，M1 反转一下，SQ7 第二次动作时，M1 又反转一下，因此也可以实现主轴停车时的变速控制。当然，若要主轴在新的速度下运行，则需要重新启动主轴电动机。需要注意，无论是在主轴不停车直接变速，还是主轴原来处于停车状态时变速，都应以较快的速度把手柄推回原始位置，以免通电时间过长，M1 转速过高而打坏齿轮。

（2）工作台移动控制

转换开关 SA1 是控制圆工作台运动的，在不需要圆工作台运动时，将转换开关 SA3 扳至"断开"位置，转换开关 SA3 在正向位置的两个触点 SA3（17 - 18），SA3（11 - 21）闭合，反向位置的触点 SA3（19 - 21）断开。启动 M1，这时，接触器 KM1 吸合，其触点 KM1（8 - 13）闭合，这样就可以进行工作台的进给控制。工作台有上下、左右、前后 6 个方向的运动。

1）工作台的左右（纵向）运动控制。工作台的左右运动是由进给电动机 M2 传动的。首先将圆工作台转换开关 SA3 转换开关扳在"断开"位置。操纵工作台纵向运动的手柄有两个，一个装在工作台底座顶面的正中央，另一个装在工作台底座的左下方，它们之间有机械连接，只要操纵其中任意一个就可以了。手柄有 3 个位置，既"左"、"右"和"中间"。当手柄扳到"右"或"左"时，手柄联动机构压下行程开关 SQ1 或 SQ2 使接触器 KM4 或 KM3 动作，控制进给电动机 M2 的正反转。工作台的左右行程可通过调整安装在工作台两端的挡铁来控制。当工作台纵向运动到极限位置时，挡铁撞动纵向操纵手柄，使它回到零位，工作台停止运动，从而实现了纵向终端保护。

在主轴电动机启动后，将操作手柄扳向右，其联动机构压下行程开关 SQ1，使 SQ1（22 - 17）

断开，SQ1（18－19）闭合，接触器 KM3 线圈得电，电动机 M2 正转，拖动工作台向右。

在主轴电动机启动后，将操作手柄扳向左，其联动机构压下行程开关 SQ2，使 SQ2（21－22）断开，SQ2（18－24）闭合，接触器 KM4 线圈得电，电动机 M2 反转，拖动工作台向左。

2）工作台的上下运动和前后运动控制。首先将圆工作台转换开关 SA3 扳在"断开"位置。控制工作台的上下运动和前后运动的手柄是十字手柄，有两个完全相同的手柄分别装在工作台左侧的前、后方。它们之间有机械连锁，只需操纵其中任意一个。手柄有 5 个位置，既上、下、左、右和中间，5 个位置是联锁的。手柄的联动机构与行程开关 SQ3、SQ4 相连，扳动十字手柄时，通过传动机构将同时压下相应的行程开关 SQ3 或 SQ4。SQ3 控制工作台向前及向下运动，SQ4 控制工作台向后及向上运动，见表 9－1。工作台的上下限位终端保护是利用床身导轨旁的挡铁撞动十字手柄来实现的。

表 9－1　十字手柄控制情况

手柄位置	工作台运动方向	离合器接通的丝杆	压下的行程开关	接触器的动作	电动机的运转
上	向上进给或快速向上	垂直丝杆	SQ4	KM4	M2 反转
下	向下进给或快速向下	垂直丝杆	SQ3	KM3	M2 正转
前	向前进给或快速向前	横向丝杆	SQ3	KM3	M2 正转
后	向后进给或快速向后	横向丝杆	SQ4	KM4	M2 反转
中	升降或横向进给停止	横向丝杆	—	—	—

十字手柄使工作台回到中间位置，便停止运动。横向运动的终端保护是利用装在工作台上的挡铁撞动十字手柄来实现的。进给运动由电动机 M2 拖动，工作台进给控制电路的电源只有在主轴电动机启动（即 KM1（8－13）闭合）以后才能接通。

在主轴启动以后，将手柄扳至向上位置，其联动机构一方面接通垂直传动丝杆离合器，为垂直传动丝杆的转动做好准备，另一方面它使行程开关 SQ4 动作，SQ4（15－16）断开，SQ3（18－24）闭合，接触器 KM4 线圈通电，M2 反转，工作台向上运动。

将手柄扳至向后位置，联动机构拨动垂直传动丝杆的离合器使它脱开，停止转动，而将横向传动丝杆的离合器接通进行传动，可使工作台向后运动。

将手柄扳至向下位置，其联动机构一方面接通垂直传动丝杆离合器，为垂直传动丝杆的转动做好准备，另一方面它使行程开关 SQ3 动作，SQ3（16－17）断开，SQ3（18－19）闭合，接触器 KM3 线圈通电，M2 正转，工作台向下运动。

将手柄扳至向前位置，联动机构拨动垂直传动丝杆的离合器使它脱开，而将横向传动丝杆的离合器接通进行传动，由横向传动丝杆使工作台向前运动。

3）工作台快速移动控制。在铣床不进行铣削加工时，工作台可以快速移动。工作台的快速移动也是由进给电动机 M2 来拖动的，在 6 个方向上都可以实现快速移动的控制。

主轴启动以后，将工作台的进给手柄扳到所需的运动方向，工作台将按操纵手柄指定的方向慢速进给。这时按下快速移动按钮 SB5（在床身侧面）或 SB6（在工作台前面），使接触器 KM5 线圈得电，接通牵引电磁铁 YA，电磁铁通过杠杆使摩擦离合器合上，减少中间传动装置，使工作台按原运动方向做快速移动。当松开快速移动按钮时，电磁铁 YA 断电，摩擦离合器断开，快速移动停止。工作台仍按原进给速度继续运动。

4）进给电动机变速时的冲动控制。变速时，为使齿轮易于啮合，进给变速与主轴变速一样，设有变速冲动环节。变速前也应先启动主轴电动机 M1，使接触器 KM1 吸合，其常开触点 KM1（8 – 13）闭合。当需要进行进给变速时，应将转速盘的蘑菇形手轮向外拉出并转动转速盘，将它转到所需的速度，然后在把蘑菇形手轮用力向外拉到极限位置并随即推向原位，就在操纵手轮的同时，其连杆机构两次瞬时压下行程开关 SQ6，使 SQ6 的常闭触点 SQ6（11 – 15）断开，常开触点 SQ6（15 – 19）闭合，使接触器 KM3 得电吸合，其通电回路为：KM1（8 – 13）→FR3（13 – 12）→FR2（12 – 11）→SA3（11 – 21）→SQ2（21 – 22）→SQ1（22 – 17）→SQ3（17 – 16）→SQ4（16 – 15）→SQ6（15 – 19）→KM4（19 – 20）→KM3 线圈，电动机 M2 正转，因为 KM3 是短时接通的，进给电动机 M2 就转动一下，当蘑菇形手轮推到原位时，变速齿轮已啮合完毕。

从进给变速冲动环节的通电回路中可以看出，要经过 SQ1～SQ4 四个行程开关的常闭触点，因此，只有在进给运动的操作手柄在中间位置时，才能实现进给变速冲动的控制，以保证操作安全。同时应注意进给电动机的通电时间不能太长，以防止转速过高，在变速时打坏齿轮。

（3）圆工作台的运动控制

圆工作台的旋转运动也是由进给电动机 M2 经过传动机构来拖动的。圆工作台工作时，先将转换开关 SA3 扳到"接通"的位置，转换开关 SA3 在正向位置的两个触点 SA3（17 – 18），SA3（11 – 21）断开，反向位置的触点 SA3（19 – 21）接通，然后将工作台的进给操作手柄扳至中间位置，此时行程开关 SQ1～SQ4 处于不受压状态。此时按下主轴启动按钮 SB1 或 SB2，主轴电动机启动，同时回路"KM1（8 – 13）→FR3（13 – 12）→FR2（12 – 11）→SQ6（11 – 15）→SQ4（15 – 16）→SQ3（16 – 17）→SQ1（17 – 22）→SQ2（22 – 21）→SA3（21 – 19）→KM4（19 – 20）→KM3 线圈"接通，进给电动机因为 KM3 线圈获电而启动，并通过机械传动使圆工作台按照需要的方向转动。可以看出，圆工作台只能沿着一个方向做旋转运动，并且圆工作台运动控制的通路需要经过 SQ1～SQ4 四个行程开关的常闭触点，如果扳动工作台任意一个进给手柄，圆工作台都会停止工作，这就保证了工作台的进给运动与圆工作台的旋转运动不能同时进行。若按下主轴停止按钮，主轴停转，圆工作台也同时停止工作。

（4）冷却泵电动机 M3 的控制

冷却泵电动机实现单独控制，M3 由接触器 KM6 的主触点控制，其控制线圈在 11 区，由手动开关 SA4 进行控制。

（5）照明电路

控制变压器 TC 将 380V 的交流电压降到 12V 的安全电压，供照明用。照明电路由转换开关 SA4 控制，灯泡一端接地。FU4 作为照明电路的短路保护。

知识链接4 确定故障范围的方法——逻辑分析法

在检修复杂电路的电气故障时，若采用逐一检查的方法，不仅要耗费大量的时间，而且也容易漏查。因此，在实际检修中，一般根据电气原理图，采用逻辑分析法，对故障现象做具体分析，划出可疑范围，提高维修的针对性，又快又准地排除故障。分析电路时，通常从主电路入手，了解工业机械各运动部件和机构采用几台电动机拖动，与每台电动机相关的电气元件有哪些，采用了何种控制，然后根据电动机主电路所用电气元件的文字符号、图区号及控制要求，找到相应的控制电路。在此基础上，结合故障现象和电路工作原理，认真分析排查，就可迅速判断故障的可能范围。

知识链接5　机床电气故障处理方法——电压分阶测量法

用电压分阶测量法检修机床电气故障时，首先将万用表的量程置于交流电压500V挡。在 X62W 卧式万能铣床立柱松开控制电路中，用电压分阶测量法检修电气故障，如图9－3所示。用电压分阶测量法所测的电压值及故障点见表9－2。

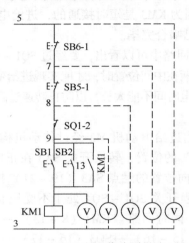

图9－3　电压分阶测量法

表9－2　用电压分阶测量法所测的电压值及故障点

故障现象	测试状态	3－5	3－7	3－8	3－9	3－6	故障点
按下 SB1 或 SB2，KM1 不吸合	按下 SB1 或 SB2 不放	0	0	0	0	0	没有电源（FU6 熔断）
		110	0	0	0	0	SB6－1 常闭触点接触不良
		110	110	0	0	0	SB5－1 常闭触点接触不良
		110	110	110	0	0	SQ1－2 常闭触点接触不良
		110	110	110	110	0	SB1 或 SB2 触点接触不良
		110	110	110	110	110	KM1 线圈断路

操作实践

任务一　识读并检修万能铣床电气控制电路

一、任务描述

1）认识万能铣床的电气控制原理图，会分析万能铣床的电气控制原理。

2）学习故障分析的方法，并通过逻辑分析法缩小故障范围。

3）排除 X62W 万能铣床主电路或控制电路中人为设置的两个电气自然故障点。

二、实训内容

1. 实训设备与器材

1）电工常用工具、MF47 型万用表、500V 兆欧表、钳形电流表等。

2）X62W 万能铣床。

2. 实训过程

1）熟悉铣床的主要结构和运动形式，对铣床进行实际操作，了解铣床的各种工作状态及操作手柄的作用。

2）参照图 9 - 4 和图 9 - 5 所示，熟悉铣床电气元件的实际位置、走线情况以及操作手柄处于不同位置时，行程开关的工作状态及运动部件的工作情况。

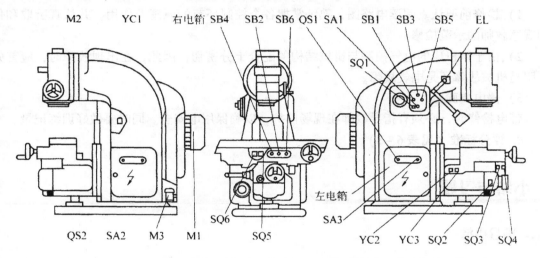

图 9 - 4　万能铣床电气设备安装布置图

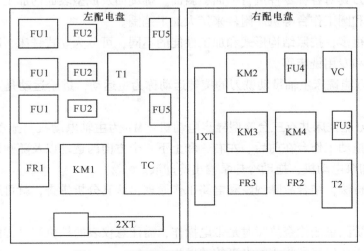

图 9 - 5　万能铣床电箱内电气元件布置图

3）在有故障的铣床上或人为设置自然故障点的铣床上，由教师示范检修，边分析边检查，直至故障排除。

4）由教师设置让学生知道的故障点，指导学生如何从故障现象着手进行分析，如何采用正确的检查步骤和检修方法进行检修。

5）教师设置人为的自然故障点，由学生按照检查步骤和检修方法进行检修。其具体要求如下：

①根据故障现象，先在电路图上用虚线正确标出故障电路的最小范围。然后采用正确的检查排除方法，在规定时间内查出并排除故障。

②排除故障的过程中，不得采用更换元器件、借用触点或改动电路的方法修复故障点。

③检修时严禁扩大故障范围或产生新的故障，不得损坏元器件或设备。

3. 注意事项

1）检修前要认真阅读电路图，熟练掌握各个控制环节的原理及作用，并认真听取和仔细观摩教师的示范检修。

2）由于该机床的电气控制与机械结构的配合十分密切，因此，在出现故障时，应首先判明是机械故障还是电气故障。

3）停电要验电。

带电检修时，必须有指导教师在现场监护，以确保用电安全。同时要做好训练记录。

4. 评分标准（见表6-5）

小结与习题

 项目小结

万能铣床是一种通用的多用途机床，它可以用圆柱铣刀、圆片铣刀、角度铣刀、成型铣刀及端面铣刀等刀具对各种零件进行平面、斜面、螺旋面及成型表面的加工，还可以加装万能铣头、分度头和圆工作台等机床附件来扩大加工范围。

铣床的种类很多，按照结构形式和加工性能的不同，可分为立式铣床、卧式铣床、龙门铣床、仿形铣床和专用铣床等。

X62W卧式万能铣床主轴带动铣刀的旋转运动称为主运动，进给运动是工件相对于铣刀的移动。

X62W卧式万能铣床共有三台笼型异步电动机：M1为主轴电动机，拖动主轴旋转；M2为进给电动机，拖动工作台在前后、左右、和上下6个方向的运动以及随圆形工作台的旋转运动；M2为冷却泵电动机，拖动冷却泵输出冷却液。

采用逻辑分析法，结合故障现象和电路工作原理，认真分析排查，就可迅速判断故障的可能范围。

使用电压分阶测量法检查故障时是带电操作，需注意仪表的挡位和量程的选择，坚持单手操作，以避免损坏仪表和防止触电事故的发生。

习题九

1）X62W 卧式万能铣床的工作台可以在哪些方向上进给？

2）X62W 卧式万能铣床电气控制电路中三个电磁离合器的作用分别是什么？电磁离合为什么要采用直流电源供电？

3）X62W 卧式万能铣床电气控制电路中为什么要设置变速冲动？

4）如果 X62W 卧式万能铣床的工作台能左右进给，但不能前、后、上、下进给，试分析故障原因。

项目十

识读并检修卧式镗床电气控制电路

知能目标

知识目标
- 了解 T68 卧式镗床的主要结构和主要运动形式。
- 掌握 T68 卧式镗床电气控制电路的构成及工作原理。
- 掌握 T68 卧式镗床电气控制原理图的识读方法。

技能目标
- 会识读 T68 卧式镗床的电气原理图。
- 会处理 T68 卧式镗床的常见电气故障。

基础知识

 知识链接 1　T68 卧式镗床的主要结构、运动形式

1. T68 卧式镗床的主要结构

镗床是一种孔加工机床，用来镗孔、钻孔、扩孔、铰孔等，主要用于加工精确的孔以及各孔间的距离要求较精确的工件。镗床的主要类型有卧式镗床、坐标镗床和专用镗床等，其中以卧式镗床应用最为广泛。

常见的 T68 卧式镗床的主要结构如图 10－1 所示。T68 卧式镗床主要由床身、前立柱、镗头架、后立柱、尾座、下溜板、上溜板和工作台等部分组成。

- 前立柱——主轴箱可沿它上的轨道做垂直移动；
- 主轴箱——装有主轴（其锥形孔装镗杠）变速机构，进给机构和操纵机构；
- 后主柱——可沿床身横向移动，上面的镗杆支架可与主轴箱同步垂直移动；
- 工作台——由下溜板、上溜板和回转工作台三层组成，下溜板可在床身轨道上作纵向移动，上溜板可在下溜板轨道上作横向移动，回转工作台可在上溜板上转动。

2. T68 卧式镗床的运动形式

1）T68 卧式镗床的主运动为主轴的旋转与花盘的旋转运动。

2）T68 卧式镗床的进给运动为镗轴的轴向移动、花盘上刀具的径向进给、工作台的横向和纵向进给、主轴箱的升降。（进给运动可以进行手动或机动）。

3）辅助运动为工作台的旋转、尾架随同镗头架的升降、后立柱的水平纵向移动及各部分的快速移动。

- 主电动机采用双速电运动机（△/YY）用以拖动主运动和进给运动；
- 主运动和进给运动的速度调速采用变速孔盘机构；
- 主电动机能正反转，采用电磁阀制动；
- 主电动机低速全压启动，高速启动时，需低速启动，延时后自动转为高速；
- 各进给部分的快速移动，采用一台快速移动电动机拖动。

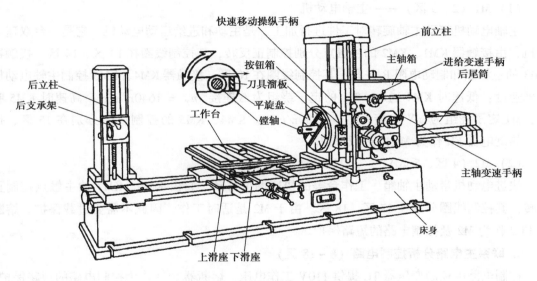

图 10 - 1　T68 卧式镗床的主要结构

知识链接 2　T68 卧式镗床电气控制要求

1）主轴电动机完成镗床的主运动和进给运动。为适应各种形式和各种工件的加工需要，要求镗床的主轴有较宽的调速范围，因此多采用双速或三速笼型异步电动机拖动的滑移齿轮有级变速系统。目前，采用电力电子器件控制的无级调速系统已在镗床上得到广泛应用。

2）主轴电动机要求能正反转，可以点动调整，有电气制动，通常采用反接制动。

3）镗床的主运动和进给运动采用机械滑移齿轮有级变速系统，为保证变速齿轮啮合良好，要求有变速冲动。

4）为了缩短调整工件和刀具间相对位置的时间，卧式镗床和各种进给运动部件要求能快速移动，一般由快速进给电动机单独拖动。

5）必须具有短路、过载、失压、欠压等必要的保护装置。

6）具有安全的局部照明装置。

 知识链接 3　识读 T68 卧式镗床电气原理图

1. 联系机械按从电动机到电源侧的顺序识读主电路

常用的 T68 卧式镗床电气原理图如图 10 - 2 所示。T68 卧式镗床电气原理图底边按顺序分成 18 个区，其中 1 区为电源开关及全电路短路保护，2～5 区为主电路部分，8～18 区为控制电路部分，其中 6 区为控制电源及照明电路，7 区为电源指示部分。

三相电源 L1、L2、L3 由电源控制，熔断器 FU1 实现对全电路的短路保护（1 区）。从 2 区开始就是主电路，主电路有两台电动机

（1）M1（2、3 区）——主轴电动机

主轴电动机带动主轴旋转对工件进行加工，是主动和进给运动电动机。它是一台双速电动机，由接触器 KM1、KM2 的主触点分别控制正反转，其控制线圈在 13 区、14 区。接触器 KM3 的主触点和制动电阻 R 并联，其控制线圈在 10 区。接触器 KM4、KM5 控制主轴电动机高低速度：低速时 KM4 通电，M1 的定子绕组为 △ 连接，$n_N = 1640 \text{r/min}$；高速时 KM5 吸合，M1 定子绕组为 YY 连接，$n_N = 2880 \text{r/min}$。KM4、KM5 的控制线圈分别在 15 区、16 区。热继电器 FR 作为 M1 的过载保护。

（2）M2（4 区、5 区）——快进电动机

快进电动机带动主轴箱、工作台等的快速调位移动。它由 KM6、KM7 的主触点控制正反转，其控制线圈分别在 17 区、18 区。由于 M2 是适时工作，因此不需要过载保护。熔断器 FU2 作为 M2 及控制电路的短路保护。

2. 联系主电路分析控制电路（8～18 区）

控制电路由控制变压器 TC 提供 110V 工作电压，熔断器 FU3 作为控制电路的短路保护。控制电路包括 M1 的正反转控制、M1 的双速运行控制、M1 的停车制动、M1 的点动控制、主轴的变速控制和变速冲动、进给的变速控制及 M2 的正反转控制。

（1）M1 的正反转控制（8～16 区）

M1 的正反转控制由中间继电器 KA1（正转启动，8 区）、KA2（反转启动，9 区）、接触器 KM1（正转，13 区）、KM2（反转，14 区）、KM3（短接制动电阻，10 区）、KM4 和 KM5（高、低速，15 区、16 区）完成，SB2、SB3 分别为正反转启动按钮，SB1 为停车按钮。

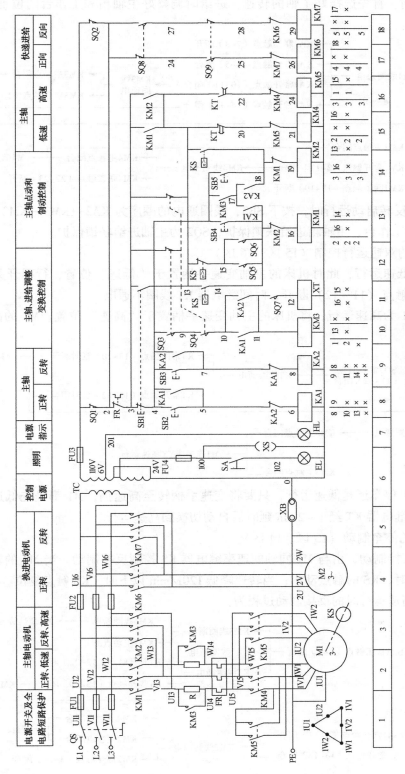

图10-2　T68卧式镗床电气原理图

M1 启动前，首先选择好主轴的转速，进给时调整好主轴箱和工作台的位置。M1 的正转控制过程为：

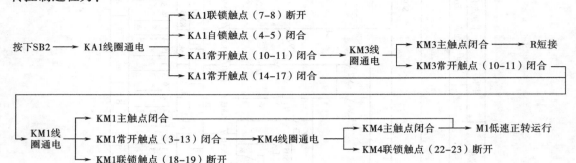

同理，在反转启动运行时，按下 SB3，线圈通电的顺序为 KA2→KM3→KM2→KM4。行程开关 SQ1 为工作台、主轴箱进给联锁保护，SQ2 为主轴进给联锁保护。

（2）M1 的双速运行控制（15 区、16 区）

若 M1 为低速运行，此时机床的主轴变速手柄置于"低速"位置，行程开关 SQ7 不动作，SQ7 常开触点（11 – 12）断开，时间继电器 KT 线圈不通电。

若要使 M1 为高速运行，将机床的主轴变速手柄置于"高速"位置。M1 的高速运行工作过程为：

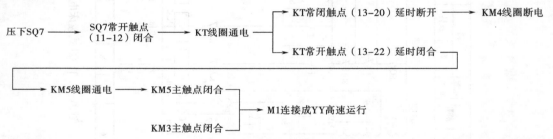

不论 M1 是停车还是低速运行，只要将变速手柄转至高速挡，M1 都是先低速启动或运行，再由时间继电器 KT 经 1～2min 延时后自动切换到高速运行。

（3）M1 的停车制动（13 区、14 区）。

M1 采用反接制动，由与 M1 同轴的速率继电器 KS 控制反接制动。当 M1 的转速达到约 120r/min 以上时，KS 的触点动作；当转速降低 120r/min 以下时，KS 触点复位。

M1 正转高速运行时的反接制动过程为：

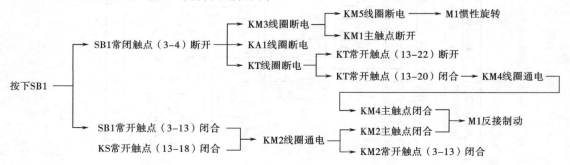

当 M1 转速降至 120r/min 以下时：

KS 常开触点（13 – 18）断开→KM2 线圈断电→M1 制动结束，电动机停车。

如果是 M1 反转时制动，则由 KS 另一对常开触点（13 – 14）闭合，控制 KM1、KM4 进行反接制动。

（4）M1 的点动控制（13 区、14 区）。

SB4、SB5 分别为 M1 的正反转点动控制按钮。当 M1 需要点动调整时：

按下 SB4（或 SB5）→KM1（或 KM2）线圈通电→KM4 线圈通电→M1 串电阻 R 低速点动。

（5）主轴的变速控制（10 ~ 12 区）

在主轴箱和工作台的位置调整好后其常闭触点均为闭合状态。行程开关 SQ3、SQ4 分别为进给变速控制和主轴变速控制开关，其状态如表 10 – 1 所示。

表 10 – 1　主轴和进给变速行程开关 SQ3 ~ SQ6 状态表

	相关行程开关	正常工作	变　速	变速后手柄推不上时
主轴变速	SQ3（4 – 9）	+	–	–
	SQ3（3 – 13）	–	+	+
	SQ5（14 – 15）	–	–	+
进给变速	SQ4（9 – 10）	+	–	–
	SQ4（3 – 13）	–	+	+
	SQ6（14 – 15）	–	–	+

注："+"表示接通，"–"表示断开。

主轴的各种转速是由变速操纵盘来调节变速传动系统而实现的。因此，若要进行主轴变速，不必按停车按钮，只要将主轴变速操作盘的操作手柄拉出，与变速手柄有机械联系的行程开关 SQ3、SQ4 均复位。其变速控制过程为：

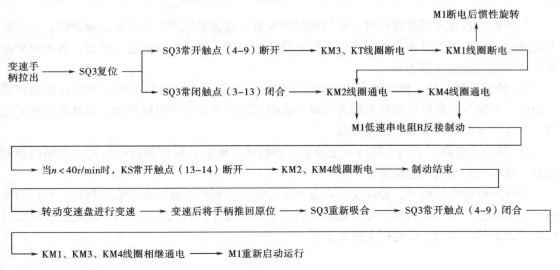

（6）主轴的变速冲动（12区）

主轴的变速冲动由行程开关 SQ5 控制，由表 9-10 可见，在主轴正常工作时，SQ5 的常开触点（14-15）是断开的，在变速时，如果齿轮未啮合好，变速手柄就合不上，压下行程开关 SQ5 进行变速冲动，其工作过程为：

压下SQ5 ⟶ SQ5常开触点（14-15）闭合 ⟶ KM3线圈通电 ⟶ KM4线圈通电 ⟶ M1低速串电阻R启动

⟶ 当 $n > 120$ r/min 时，KS常开触点（13-15）断开 ⟶ KM1、KM4线圈断电 ⟶ M1断电，转速下降

⟶ 当 $n < 40$ r/min 时，KS常开触点（13-15）闭合 ⟶ KM1、KM4线圈通电 ⟶ M1再次启动

如此循环，M1 的转速在 40～120r/min 之间反复升降，直至齿轮啮合好以后，推上变速手柄，SQ5 复位，变速冲动结束。

（7）进给的变速控制（10～12区）

进给的变速控制与主轴的变速控制基本相同，只是在进给的变速控制时，拉动的是进给变速手柄，动作的行程开关是 SQ4 和 SQ6。

（8）M2 的控制（17区、18区）

M2 的控制电路是接触器、行程开关双重联锁的正反转控制电路，SQ9、SQ8 分别为正反向快进控制行程开关。将快进操纵手柄往里（外）推，压下行程开关 SQ9（SQ8），接通接触器 KM6（KM7）支路，电动机 M2 正转（反转），通过机械传动实现正向（反向）快速进给运动。

3. 照明电路（6区、7区）

照明电路由控制变压器 TC 提供24V 安全电压供给照明灯 EL，FU4 是照明电路的短路保护。照明灯 EL 一端接地，SA 为灯开关，XS 为 24V 电源插座（6区）。电源指示灯 HL 由 TC 提供 6V 安全电压（7区）。

知识链接4 缩小故障范围的方法——试验法

当外观检查未发现故障点时，可根据故障现象，结合电气原理图分析故障原因，在不扩大故障范围、不损伤设备的前提下，进行直接通电试验，或去除负载通电试验，找出故障范围。试验法的操作步骤为：

1）检查控制电路。操作某一只按钮或开关时，电路中有关的接触器、继电器按规定顺序动作。若某一元器件的动作不符合要求，说明该元器件或相关电路故障，以此确定故障范围，并进一步确定故障点，修复故障。

2）接通主电路。控制电路恢复正确后，再接通主电路，检查控制电路对主电路的控制效果，观察主电路的工作情况。

用试验法通电试验时，必须注意人身和设置安全，要严格遵守安全操作规程，不得随意触动带电部分，尽可能切断主电路电源；如需电动机运行，则应使电动机空载运行；应暂时隔断有故障的主电路，以免扩大故障范围。

知识链接5 确定故障点的方法——测量法

测量法是维修电工准确确定故障点的常用方法。使用常用的仪表如电笔、万用表、钳形电流表、兆欧表等，通过对电路进行带电或断电时有关参数（电压、电流、电阻等）的测量来判断元器件的好坏、设备绝缘设备情况以及电路通断情况。

常用的测量法有电阻测量法（电阻分阶测量法、电阻分段测量法）、电压测量法（电压分阶测量法、电压分段测量法）和短接法（局部短接法、长短接法）。

操作实践

 任务一 识读并检修卧式镗床电气控制电路

一、任务描述

1）学习用通电试验的方法发现故障。

2）学习故障分析的方法，并通过故障分析缩小故障范围。

3）排除T68卧式镗床电路或控制电路中人为设置的两个电气自然故障点。

二、实训内容

1. 实训器材

1）电工常用工具，MF47型万用表、500V兆欧表、钳形电流表等。

2）T68卧式镗床。

2. 实训过程

1）充分了解机床的各种工作状态，以及操作手柄的作用，并观察机床的操作。

2）熟悉机床的电气元件的安装位置、布线情况以及操作手柄在不同位置时，行程开关的工作状态。

3）人为设置故障点，指导学生从故障的现象着手进行分析，并采用正确的检查步骤和检查方法查出故障。

4）设置3个故障点，由学生检查，排除，并记录检查的过程。

要求学生应首先根据故障现象，在原理图上标出最小故障范围，然后采用正确的步骤和方法在规定的时间内排除故障。排除故障时，必须修复故障点，不得采用更换电气元件，改动电路的方法。检修时严禁扩大故障范围或产生新的故障点。

3. 评分标准 （见表6-5）

小结与习题

 项目小结

镗床是一种孔加工机床，用来镗孔、钻孔、扩孔、铰孔等，主要用于加工精确的孔及各孔间的距离要求较精确的工件。

镗床的主要类型有卧式镗床、坐标镗床和专用镗床等，其中以卧式镗床应用最为广泛。

T68 卧式镗床主运动为主轴的旋转与花盘的旋转运动。T68 卧式镗床进给运动为镗轴的轴向移动，花盘上刀具的径向进给，工作台的横向和纵向进给，主轴箱的升降（进给运动可以进行手动或机动）。T68 卧式镗床辅助运动为工作台的旋转、尾架随同镗头架的升降、后立柱的水平纵向移动及各部分的快速移动。

T68 卧式镗床共有两台笼型异步电动机：M1 为主轴电动机，拖动主轴旋转；M2 快进电动机，带动主轴箱、工作台等的快速调位移动。

当外观检查未发现故障点时，可根据故障现象，结合电气原理图分析故障原因，在不扩大故障范围、不损伤设备的前提下，进行直接通电试验，或去除负载通电试验，找出故障范围。

测量法是维修电工准确确定故障点的常用方法。使用常用的仪表如电笔、万用表、钳形电流表、兆欧表等，通过对电路进行带电或断电时有关参数（电压、电流、电阻等）的测量来判断电气元件的好坏、设备绝缘情况以及电路通断情况。

习题十

1. 卧式镗床的电气控制要求有哪些？
2. 说明 T68 卧式镗床主轴电动机 M1 的停车控制过程。

项目十一

识读并检修数控车床电气控制系统

知能目标

知识目标
- 熟悉数控机床的维修的基本步骤和方法。
- 掌握数控 CK0630 型数控车床电气控制电路的构成及工作原理。

技能目标
- 维修 CK0630 型数控机床电气控制系统的常见故障。

基础知识

 知识链接1　数控车床的结构和主要工作情况

1. 数控机床的结构

数控机床的电气控制电路同普通的机床有所不同,除了常用的电气控制电路外,还装有数控装置。数控机床的组成结构框图如图 11 – 1 所示。普通机床与数控机床的区别主要是数控机床的主轴调速、刀架的进给全部自动完成,即根据编程指令按要求执行。

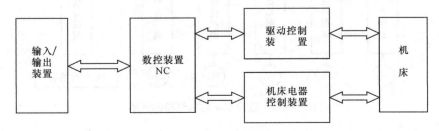

图 11 – 1　数控机床的组成结构框图

在图 11 - 1 中，数控装置是整个数控机床的核心，机床的操作要求命令均由数控装置发出。驱动装置位于数控装置和机床之间，包括进给驱动和主轴驱动装置。驱动装置根据控制的电动机不同，其控制电路形式也不同。步进电动机有步进驱动装置，直流电动机有直流驱动装置，交流伺服电动机有交流伺服驱动装置等。

机床电气控制装置也位于数控装置与机床之间，它主要接收数控装置发出的开关命令，控制机床的主轴的启动、停止、正反转、换刀、冷却、润滑、液压、气压等相关信号。

2. 数控车床的主要工作情况

数控车床的机械部分比同规格的普通车床更为紧凑和简洁。主轴传动为一级传动，去掉了普通机床主轴变速轮箱，采用变频器实现主轴无级调速。进给移动装置滚珠丝杆，传动效率好、精度高、摩擦力小。一般经济型数控车床的进给均采用步进电动机。进给电动机的运动由数控装置实现信号控制。

数控车床的刀架能自动转位。换刀电动机有步进、直流和异步电动机之分，这些电动刀架的旋转、定位均由数控装置发出信号，控制其动作。而其他的冷却、液压等电气控制跟普通机床差不多。

 知识链接2 识读 CK0630 型数控车床电气控制电路

数控车床的电气控制框图如图 11 - 2 所示。数控车床分别由数控装置（CNC），机床控制电器，X、Z 轴进给驱动电动机主轴变频器，刀架电动机控制，冷却控制及其他信号控制电路组成。

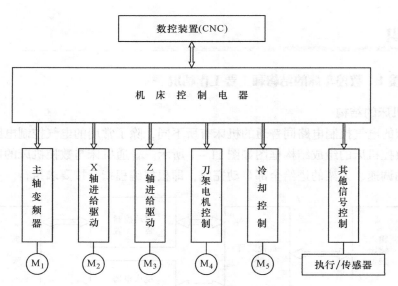

图 11 - 2　数控车床的电气控制框图

数控车床的电气控制电路如图 11 - 3 所示，图 11 - 3（a）为主电路，分别控制主轴电动机、刀架电动机及冷却泵，图 11 - 3（b）为控制电路。

下面简要介绍数控系统、变频器、步进驱动、刀架控制等电路。

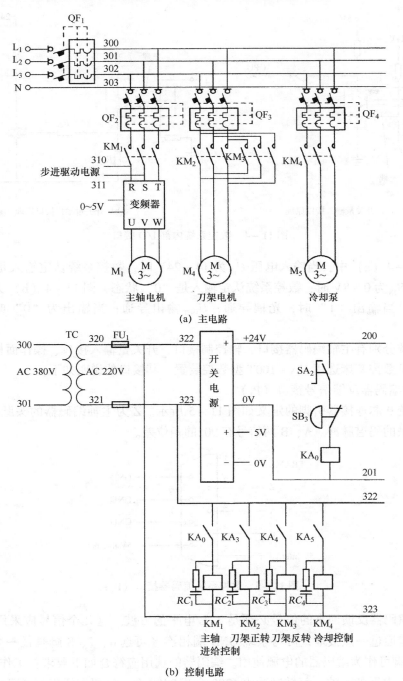

(a) 主电路

(b) 控制电路

图 11 - 3　数控车床电气控制电路

（1）数控系统

数控系统（又称数控装置）跟外界输入、输出信号的交换都要经过处理，其中输入、输出信号采取光电隔离措施，数控系统内部 I/O 接口如图 11 – 4 所示。

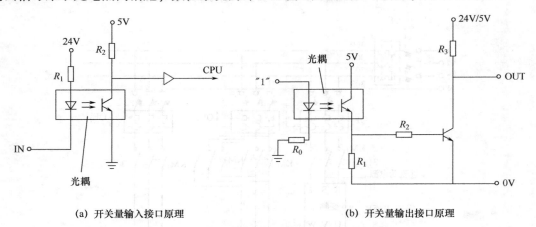

（a）开关量输入接口原理　　　　　　（b）开关量输出接口原理

图 11 – 4　数控系统内部 I/O 接口

在图 11 – 4（a）中，当输入电压 U_{IN} 为 14～24V 时，数控系统认定输入是"1"状态，当输入电压 U_{IN} 为 0～8V 时，数控系统认定输入是"0"状态，图 11 – 4（b）为数控系统输出接口电路，当输出"1"时，光耦导通，U_{OUT} 输出导通；当输出为"0"时，U_{OUT} 输出截止。

数控系统分别有主轴编码器接口、轴控制接口、开关量输入接口、操作面板按钮输出接口等，经济型数控车床选用 HN – 100T 型数控装置，其接口的说明如下。

1）主轴编码器反馈信号接口（P_1）

数控系统 9 芯连接器引脚的定义如图 11 – 5 所示。Z 为主轴编码器的头脉冲，A、B 为主轴编码器械的码道脉冲。A、B 两信号有 90°的相位差。

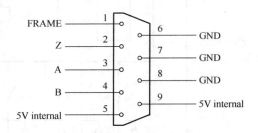

图 11 – 5　数控系统编码器接口（P_1）

从主轴编码器反馈回来的信号必须是 TTL 电平的方波。这几个信号应采用屏蔽电缆连接，屏蔽层应通过一点接地，可与系统 GND 端相连（可选 6、7、8 脚是任一个）。P_1 口的 5V、GND 引脚可作为编码器的电源使用。编码器的选用应符合如下要求：工作电压 5V，输出信号为 TTL 电平的方波，每转脉冲为 1200 个或 2400 个。编码器详细资料可参考有关编码的使用手册。

2）轴控制信号接口（P_2）

轴控制信号接口（P_2）可用来控制 X 轴、Z 轴步进电动机的运动和主轴的转速。轴控制信号接口（P_2）的引脚定义如图 11 – 6 所示。

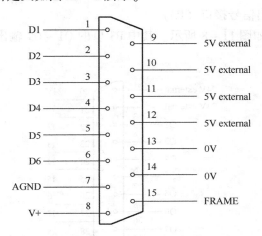

图 11 – 6　轴控制信号接口（P_2）的引脚定义

由于每一种驱动器的接口方式会略有不同，故在连接时应仔细阅读使用说明。P_2 接口可根据不同的连接方式而得到电平或电流输出信号。

①当系统参数 P_1（1） = 0，D1 = ZCW；D3 = ZCCW；D2 = XCW；D4 = XCCW。

CW 为电动机正转脉冲信号，负脉冲有效，CCW 为电动机反转脉冲信号，负脉冲有效。它们与步进驱动的相应端子连接，可驱使 X、Z 轴步进电动机顺时针或逆时针旋转。

②当系统参数 P1（1） = 1 时，D1 = ZCP；D3 = ZDIR；D2 = XCP；D4 = XDIR。

DIR 为电动机方向信号，高电平正转，低电平反转。CP 为电动机运转脉冲（负脉冲），每一脉冲对应步进电动机进给一步。脉冲信号波形图如图 11 – 7 所示。

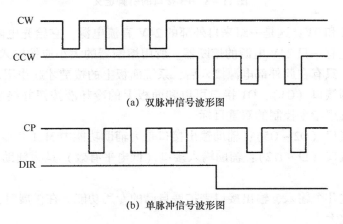

(a) 双脉冲信号波形图

(b) 单脉冲信号波形图

图 11 – 7　脉冲信号波形图

③D5、D6 暂时没有使用，留给扩展第三轴使用。

④V + 、AGND 是主轴速度控制端，输出 0 ~ 5V 的模拟量信号，作为变频器的输入，以控制主轴的转速。这一组模拟电压信号必须使用屏蔽电缆传输，电缆不带屏蔽层部分应尽可能短。电缆屏蔽层应接在 P2 口的 0V 引脚上，另一头悬空。布线时应尽量远离交流电源线

和噪声发生电路。

3）开关量输入/输出信号接口（P3）

P3 接口的引脚定义如图 11 - 8 所示。其中 P3 口的 O1 ~ O9 输出端输出信号均为低电平有效。

```
            1
24V external ──o    o── 20   +24V
            2
24V external ──o    o── 21   I1
            3
O1        ──o    o── 22   I2
            4
O2        ──o    o── 23   I3
            5
O3        ──o    o── 24   I4
            6
O4        ──o    o── 25   I5
            7
O5        ──o    o── 26   I6
            8
O6        ──o    o── 27   I7
            9
O7        ──o    o── 28   I8
            10
O8        ──o    o── 29   I9
            11
O9        ──o    o── 31   I10
            12
NC        ──o    o── 31   I11
            13
I17       ──o    o── 32   I12
            14
I18       ──o    o── 33   I13
            15
I19       ──o    o── 34   I14
            16
I20       ──o    o── 35   I15
            17
I21       ──o    o── 36   I16
            18
0V        ──o    o── 37   0V
            19
0V        ──o
```

图 11 - 8　P3 接口的引脚定义

①24Vexternal 和 0V：这是一组来自外部的 24V 直流电源，它给光电隔离电路的外端提供电源。在系统上有一只 24V 电源的熔断器。所用熔断器的大小应按输入/输出接口和总电流来设定。此外，只有在此外部电源接入后，系统面板上的按键才起作用。

②冷却液控制接口（O1）：O1 接口可以和面板上的冷却液按钮并接起来，这样可实现手动控制和加工程序指令控制的双重目标。

③辅助输出接口（O2 ~ O5）：辅助输出接口是为辅助功能中 M21 指令所用。

④辅助输入接口（I9 ~ I12）：辅助输入接口（低电平有效）是为辅助功能中 M21、M22指令所用。

用户可利用这几个输入、输出接口来扩展自己的专用功能。在扩展时，应根据实际情况对输出信号进行放大。

⑤刀架控制信号接口：当系统参数 P1(4)=0 时，I1 ~ I8 为刀架控制信号输入接口，分别对应 1 ~ 8 号刀，即低电平有效。I18 为刀架反靠到位信号输入接口，低电平有效。O6 为刀架正转信号输出接口。O7 为刀架反靠信号输出接口。

利用上述这组刀架控制信号接口，可控制 8 把刀以下的自动刀架。

当系统参数 P1(4)=1 时，I1 ~ I3 为刀架控制信号输入接口，其编码分别对应 1 ~ 8 号刀，低电平有效。O6 为刀架正转信号输出接口。O7 为刀架反靠信号输出接口。

⑥主轴控制信号接口：O8、O9 这两个接口控制主轴的正反转、启动和停止等状态。

⑦主轴换挡控制接口：当系统参数 P1(3) = 1 时，主轴变速采用换挡的方式。此时，O2～O5 作为换挡控制接口，故编程中不再允许使用 M21 指令。

O2～O5 分别对应 S1～S4 指令。动作时，输出一个宽度为 0.5s 的低电平信号。

当系统参数 P1(3) = 0，数控系统输出 0～5V 模拟电压控制主轴变频器对电动机进行调速。

⑧超程信号输入接口 I17：这是一个外部输入信号，低电平有效。用户在连接时，应将 X、Z 两个轴上的超程信号都连接到这一输入接口上。这样无论哪个方向发生超程，数控系统都能及时报警，并切断进给运动。

同时，电路中还应接入一个按钮，以便解除超程信号，在手动方式下脱离超程位置。

⑨回零信号输入接口 I13～I16：这一组外部输入信号均为低电平有效，每个接口的定义如下：I13——X 轴向降速信号；I14——X 轴向到位信号；I15——Z 轴向降速信号；I16～Z 轴向到位信号。

⑩在 P3 口上还有 I19～I21 共三个输入接口备用。

（2）数控系统的信号连接

在采用经济型数控系统的机床中，主轴调速设计一般采用无级调速，有的还设计分段无级调速，有的改造机床，主轴还保留普通机床的主轴齿轮箱。随着电力电子技术的发展，现在对主轴三相异步电动机的无级调速控制技术已相当成熟，变频器的应用越来越广泛，这里以三菱变频器为例介绍数控系统对变频器的控制。

1）变频器的功能

三菱变频器原理框图如图 11-9 所示。电源输入为三相 380V 交流电，输入端为 R、S、T，变频器输出端 U、V、W 控制电动机。

控制回路输入信号介绍如下：

①STF 正转启动：STF-SD 处于 ON 便正转，处于 OFF 便停止。程序运行模式时为程序运行开始信号（ON 开始，OFF 为停止）。

②STR 反转启动：STR-SD 处于 ON 为逆转，OFF 为停止。

③STOP 启动自保持选择：当 STOP-SD 处于 ON 时，可选择启动信号自保持。

④RH、RM、RL 多段速度选择：用 RH、RM、RL-SD 处于 ON 组合，最大可以选择七种速度。

⑤JOG 点动模式选择：JOG-SD 处于 ON 时选择点动运行。用启动信号（STF 或 STR）可以点动运行。

⑥RT 第 2 加减速时间选择：RT-SD 处于 ON 时选择第 2 加减速时间。

⑦MRS 输出停止：MRS-SD 处于 ON（20ms 以上）时，变频器输出停止。

⑧RES 复位：用于解除保护回路动作的保持状态，使端子 RES-SD 处于 0.1s 以上后，再处于 OFF。

⑨AU 电流输入选择：只在端子 AU-SD 处于 ON 时才可以电流输入 DC 4～20mA。

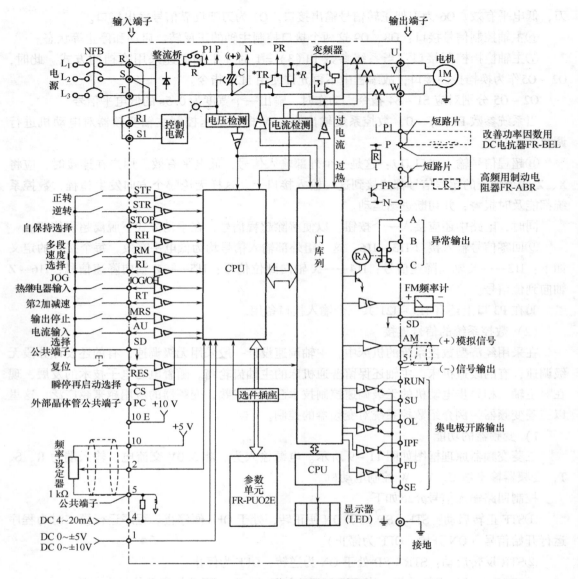

图 11-9   三菱变频器原理框图

⑩CS 瞬停再启动选择：CS – SD 预先处于 ON，再接电时便可自动启动，出厂时已设定为不能再启动。

⑪10E/10 频率设定电源 0 ~ 10V 范围用 10E 端，0 ~ 5V 范围用 10 端提供电源，频率设定范围选择用内部参数 PR.37。

⑫2 频率设定（电压）：外围模拟量输入端，输入 0 ~ 5V 或 0 ~ 10V，依靠参数 PR.37。

⑬4 频率（电流）：DC 4 ~ 20mA，只有在 AU 端合上时，电流端输入才有效。

⑭1 频率设定补助：该信号可与 2 或 4 端频率值叠加，用参数选择切换。

⑮5 频率设定公共端：频率输入信号公共端和模拟输出端子 AM 的公共端。

2）数控系统与变频器的接线

数控系统模拟量输出 P2.8 和 P2.7 可以直接连接到变频器的模拟量输入端 2、5 端，如图 11-10 所示。数控系统输出开关量是不能直接连接到变频器的对应功能输入端。这是因为数控系统输出是集电极开路输出，是有源输出，而变频器输入是触点开关。为了解决以上问题，中间要增加中间继电器，因输出是集电极开路，所以输出低电平有效。即采用数控系统控制中间继电器，继电器触点控制变频器输入端。

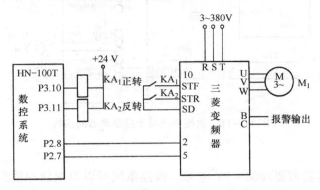

图 11-10 数控系统与变频器的接线

数控系统输出的正反转、启停信号和变频器接收的信号有以下几种组合关系。

①当系统参数 P1（2）=0 时，工作状态如下：

M03（主轴正转）：O8——高电平；O9——低电平。

M04（主轴反转）：O9——高电平；O8——低电平。

M05（主轴停）：O8——高电平；O9——高电平。

②当系统参数 P1（2）=1 时，工作状态如下：

M03（主轴正转）：O9——高电平；O8——低电平。

M04（主轴反转）：O9——低电平；O8——低电平。

M05（主轴停）：O8——高电平。

根据上述情况，可以列出如表 11-1 所示的数控系统参数与继电器信号组合关系。

表 11-1 数控系统参数与继电器信号组合关系

继电器	P1（2）=1			P1（2）=0		
	M03	M04	M05	M03	M04	M05
KA1	合	合	断	合	断	断
KA2	断	合	断	断	合	断

3）数控系统与步进驱动器的接线

数控系统与步进驱动器的接线如图 11-11 所示。

从数控系统 P2 接口的输出信号可以看出，控制进给驱动的信号共有 XCP、XDIR、ZCP、ZDIR，其中 XCP、XDIR 控制 X 轴，ZCP、ZDIR 控制 Z 轴。输出信号低电平有效。

从步进驱动接口来看，需要接收 CP 脉冲信号、DIR 方向信号，接口信号高低电平都

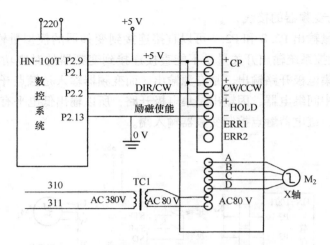

图 11 - 11　数控系统与步进驱动器的接线

可以。

数控系统接口电路需要外加 +5V 电源。数控系统可以单双脉冲输出，使用时要取决于步进驱动输入信号要求和数控系统参数设置。

4）数控系统对电动刀架的控制

下面介绍数控系统与直流电动机、三相异步电动机电动刀架的连接。

①直流电动机电动刀架。以 CK0630 数控车床为例，电动刀架选用的是力矩式直流电动机，额定电压为 DC 27V，额定电流为 2A，转速为 800r/min。由于换刀的精度和可靠性要求，设计中通过蜗轮蜗杆机构进行减速，从而使带动的刀盘减速。在刀架结构上还装有格雷码凸轮，凸轮上方装有三个微动开关，以反映所换刀的刀位号。三个微动开关通、断组合与刀位号的关系见表 11 - 2，微动开关的组合是格雷码。

表 11 - 2　三个微动开关通、断组合与刀位号的关系

刀号	1	2	3	4	5	6	7	8
格雷码	000	001	002	003	004	005	006	007

数控系统控制电动刀架，主要控制刀架电动机的正反转，所反映的刀位号送给数控系统。从数控系统输入信号接口来看，低电平有效。由于电动机电流不是太大，故选用数控系统能驱动的功率继电器。数控系统与直流电动机电动刀架的接线如图 11 - 12 所示。P3 接口的 O6（P3.6）和 O7（P3.7）控制 KA3、KA4 继电器，由于输出低电平有效，故中间继电器另一端接 +24V 电源。三个微动开关信号 SQ1 ~ SQ2 分别接 P3 接口的 I1（P3.21）、I2（P3.22）、I3（P3.23），信号低电平有效。在图 11 - 10 中，用 KA3、KA4 的触点控制直流电动机的正反转，而 DC 27V 电源通过变压器和整流桥等电路产生。

②三相异步电动机电动刀架。在 CK0630 数控车床中，还有一种规格的数控车床，电动刀架选用三相异步电动机。由于换刀的精度和可靠性要求，设计中通过蜗轮蜗杆机构进行减速，从而使带动的刀盘减速。在每个刀位上都安装了一个传感器，当刀架旋转到某刀位时，

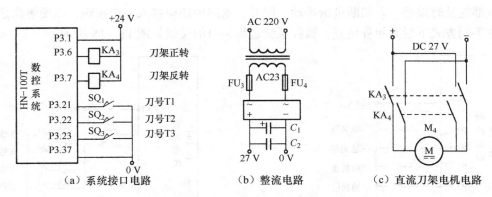

图 11 – 12　数控系统与直流电动机电动刀架的接线

该传感器发出信号给数控系统，以反映所在的刀位。

数控系统控制电动刀架，主要控制刀架电动机的正反转，所反映的刀位号送给数控系统。从数控系统输入信号接口来看，低电平有效。数控系统与交流电动机电动刀架的接线如图 11 – 13 所示。P3 接口的 O6（P3.6）和 O7（P3.7）控制 KA3、KA4 继电器，由于输出低电平有效，故中间继电器另一端接 +24V 电源，4 个传感器信号（SQ1 ~ SQ4）分别接 P3 接口的 I1（P3.21）、I2（P3.22）、I3（P3.23）、I3（P3.24），信号低电平有效。再用 KA3、KA4 的触点控制功率线圈，再由功率线圈的触点控制交流电动机。

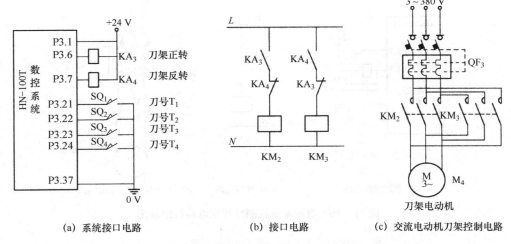

图 11 – 13　数控系统与交流电动机电动刀架的接线

5）数控机床的其他信号

①回零信号。根据数控机床控制要求，数控机床要建立坐标系，一般都回参考点，把参考点位置送给数控系统。一般每个轴有两个信号：一个用于回零减速，一个用于回零到位。根据数控系统接口要求，信号低电平有效，它们与数控系统的接线如图 11 – 14 所示。

②超程信号。由于数控系统只提供一个外部超程信号输入口，低电平有效。用户在连接时，应将 X、Z 两个轴上的超程信号都连接到这一接口上。这样无论哪个方向发生超程，数

控系统都能及时报警，并切断进给运动。同时，电路中还应接入一个按钮，以便解除超程信号，在手动方式下脱离超程位置。数控系统超程信号的接线如图 11-15 所示。

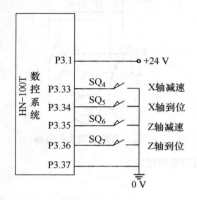

图 11-14　数控系统回零信号的接线

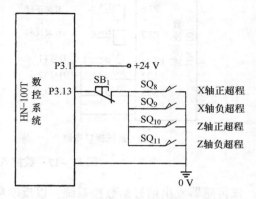

图 11-15　数控系统超程信号的接线

③冷却信号。若电源输入为 380V，则冷却泵选择三相异步电动机作为冷却电动机。由数控系统输出接口可知，P3 接口的 O1（P3.3）输出作为冷却控制信号。数控系统冷却泵电动机的原理图如图 11-16 所示，O1（P3.3）输出信号控制 KA5 中间继电器，由 KA3 继电器的触点控制 KM4 交流接触器，KM4 交流接触器触点控制冷却电动机通断。

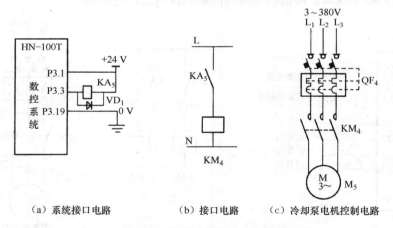

（a）系统接口电路　　　（b）接口电路　　　（c）冷却泵电机控制电路

图 11-16　数控系统控制冷却泵电动机原理图

知识链接3　数控车床电气系统的故障特点

数控车床电控系统包括交流主电路，机床辅助功能控制电路和电子控制电路，一般将前者称为"强电"，后者称为"弱电"。其区别在于"强电"是 24V 以上供电，以元器件，电力电子功率器件为主组成电路；"弱电"是 24V 以下供电，以半导体器件、集成电路为主组成的控制系统电路。

①电气系统故障的维修特点是故障原因明了，诊断也比较好做，但是故障率相对比较高。

②元器件有使用寿命限制，非正常使用下会大降低寿命，如开关触头经常过电流使用而烧损、粘连，提前造成开关损坏。

③电气系统容易受外界影响造成故障，如环境温度过热，电柜温升过高致使有些电器损坏。甚至鼠害也会造成许多电气故障。

④操作人员非正常操作，能造成开关手柄损坏、限位开关被撞坏的人为故障。

⑤电线、电缆磨损造成断线或短路，蛇皮线管进冷却水、油液而长期浸泡，橡胶电线膨胀、粘化，使绝缘性能下降造成短路、放炮。

⑥冷却泵、排屑器、电动刀架等的异步电动机进水，轴承损坏而造成电动机故障。

 知识链接4　数控机床维修的技术资料和工具

1. 必要的技术资料

（1）数控机床使用说明书

它是由机床生产厂家编制并随机床提供的资料。

①机床的操作过程与步骤。

②机床电气控制原理图。

③机床主要传动系统以及主要部件的结构原理示意图。

④机床安装和调整的方法与步骤。

⑤机床的液压、气动、润滑系统图。

⑥机床使用的特殊功能及其说明等。

（2）数控系统方面的资料

这方面的资料应有数控装置安装、使用（包括编程）、操作和维修方面的技术说明书。

①数控装置操作面板布置及其操作。

②数控装置内部各电路板的技术要点及其外部连接图。

③系统参数的意义及其设定方法。

④数控装置的自诊断功能和报警清单。

⑤数控装置接口的分配及其含义等。

维修人员可了解 CNC 原理框图、结构布置、各电路板的作用，板上发光管指示的意义；可通过面板对数控系统进行各种操作，进行自诊断检测，检查和修改参数并能做出备份；能熟练地通过报警信息确定故障范围，对数控系统提供的维修检测点进行测试，充分利用随机的系统诊断功能。

（3）PLC 的资料

①PLC 装置及其编程器的连接、编程、操作方面的技术说明书。

②PLC 用户程序清单或梯形图。

③I/O 地址及意义清单。

④报警文本以及 PLC 的外部连接图。

（4）伺服单元的资料

伺服单元的资料包括进给伺服驱动系统和主轴伺服单元的原理、连接、调整和维修方面的技术说明书。

①电气原理框图和接线图。

②所有报警显示信息以及重要的调整点和测试点。

③各伺服单元参数的意义和设置。

维修人员应掌握伺服单元的原理，熟悉其连接。能从单元板上的故障指示发光管的状态和显示屏上显示的报警号确定故障范围；测试关键点的波形和状态，并能做出比较；检查和调整伺服参数，对伺服系统进行优化。

（5）主要配套部分的资料

在数控机床上往往会使用较多的功能部件，如数控转台、自动换刀装置、润滑与冷却系统、排屑器等。这些功能部件的生产厂家一般都提供了较完整的使用说明书，机床生产厂家应将其提供给用户，以便当功能部件发生故障时作为维修的参考。

（6）维修记录

维修记录是维修人员对机床维修过程的记录与维修的总结。维修人员应对自己所进行的每一步的维修情况进行详细的记录，而不管当时的判断是否正确。这样不仅有助于今后的维修，而且有助于维修人员的经验总结与提高。

（7）其他

有关元器件方面的技术资料也是必不可少的，如数控设备所用的元器件清单、备件清单，以及各种通用的元器件手册。

2. 常用的维修工具

常用测量仪器、仪表
- ①万用表
- ②示波器
- ③数字转速表
- ④相序表
- ⑤常用的长度测量工具
- ⑥PLC 编程器
- ⑦ IC 测试仪
- ⑧逻辑分析仪和脉冲信号笔

常用维修工具
- ①电烙铁
- ②吸锡器
- ③扁平集成电路拔放台
- ④旋具类工具
- ⑤钳类工具
- ⑥扳手类工具
- ⑦化学用品
- ⑧其他

知识链接5 数控机床的故障排除的思路和原则

1. 数控机床故障排除的思路

（1）确认故障现象，调查故障现场，充分掌握故障信息

数控机床出现故障后，不要急于动手处理，首先查看故障记录，向操作人员询问故障出现的全过程。在确认通电对机床无危险的情况下再通电观察，特别要注意确定以下主要故障信息：

①故障发生时报警号和报警提示是什么？哪些指示灯和发光管指示了什么报警？

②如无报警，系统处于何种工作状态？系统工作方式诊断结果（诊断内容）是什么？

③故障发生在哪个程序段？执行何种指令？故障发生前进行了何种操作？

④故障发生在何种速度下？进给轴处于什么位置？与指令值的误差量有多大？

⑤以前是否发生过类似故障？现场有无异常现象？故障是否重复发生？

（2）根据所掌握故障信息列出故障部位的全部疑点

（3）分析故障原因，制定排除故障的方案

（4）检测故障，逐级定位故障部位

（5）资料的整理

故障排除后，应迅速恢复机床现场，并做好相关资料的整理工作，以便提高自己的业务水平，方便机床的后续维护和维修。

2. 数控机床故障排除应遵循的原则

（1）先外部后内部

数控机床是机械、液压、电气一体化的机床，其故障的特征必然要从机械、液压、电气这三者综合反映出来。当数控机床发生故障后，维修人员应先采用望、闻、问等方法，由外向内逐一进行检查，如数控机床的行程开关、按钮开关、液压气动元件以及印制电路板插头座、边缘接插件与外部或相互之间的连接部位、电控柜插座或端子排，这些机电设备之间的连接部位，因其接触不良造成信号传递失灵是产生数控机床故障的重要因素。此外，由于工业环境中温度、湿度变化较大，油污或粉尘对元件及电路板的污染，机械的振动等，对于信号传送通道的接插件都将产生严重影响。在检修中要注意这些因素，生产自救检查这些部位就可以迅速排除故障较多的故障。另外，尽量避免随意地启封、拆卸。盲目地大拆大卸往往会扩大故障，使设备大伤元气，丧失精度，降低性能。

（2）先机械后电气

由于数控机床是一种自动化程度高，技术复杂的先进机械加工设备。机械故障一般较易察觉，而数控系统故障的诊断难度要大些。先机械后电气就是首先检查机械部分是否正常，导轨运行是否灵活，气动、液压部分是否存在阻塞等。因为数控机床的故障中有很大部分是由机械动作失灵引起的。所以，在故障检修之时，首先注意排除机械性的故障往往可以达到事半功倍的效果。

（3）先静后动

维修人员本身要做到先静后动，不可盲目动手，应先询问机床操作人员故障发生的过程

及状态，阅读机床说明书、图样资料后，方可动手查找处理故障。其次，先在机床断电的静止状态，通过观察测试、分析，确认为非恶性循环性故障，或非破坏性故障后，方可给机床通电，在运行工况下进行动态的观察、检验和测试，查找故障。对于恶性的破坏性故障，必须先行处理排除危险后方可进行通电，在运行工况下进行动态诊断。

数控系统的某些模块是需要电池保持参数的，对于这些电路板和模块切勿随意插拔，更不可以在不了解元器件功能的情况下，随意调换数控装置、伺服、驱动等部件中的器件，设定端子，调整电位器位置，改变设置参数，更换数控系统软件版本，以避免产生更严重的后果。

（4）先公用后专用

公用性的问题往往影响全局，而专用性的问题只影响局部。如机床的几个轴都不能运动，这时应先检修和排除各轴公用的 CNC、PLC、电源、液压等的故障，然后再设法排除某轴的局部问题。又如电网或主电源故障是全局性的，因此一般应首先检查电源部分，看看断路器或熔断器是否正常，直流电压输出是否正常。

（5）先简单后复杂

当出现多种故障互相交织掩盖、一时无从下手时，应先解决容易的问题，后解决较大的问题。常常在解决简单故障的过程中，难度大的问题也可能变得容易，或者在排除容易故障时受到启发，对复杂故障的认识更为清晰，从而也有了解决办法。

（6）先一般后特殊

在排除某一故障时，要先考虑最常见的可能原因，然后再分析很少发生的特殊原因。例如，数控车床坐标轴回零不准常常是由于减速挡块位置移动造成的，一旦出现这一故障，应先检查该挡块位置，在排除这一常见的可能性之后，再检查脉冲编码器、位置控制等环节。

 知识链接6　数控机床维修的基本步骤

1. 故障记录

（1）故障发生时的情况

①发生故障的机床型号，采用的控制系统型号，系统的软件版本号。

②发生故障的部位以及故障的现象，如有异常声音、烟、异味等。

③故障发生时数控系统所处的操作方式，如 AUTO／SINGLE（自动/单段方式）、MDI（手动数据输人方式）、STEP（步进方式）、HANDLE（手轮方式）、JOG（手动方式）、HOME（回零方式）等。

④若故障发生在自动方式下，则应记录故障发生时的加工程序号，出现故障的程序段号，加工时采用的刀具号以及刀具的位置等。

⑤若故障发生在精度超差或轮廓误差过大时，则应记录被加工工件号，并保留不合格工件。

⑥在发生故障时，若系统有报警显示，则应记录报警显示情况与报警号。

⑦通过诊断画面，记录机床故障时所处的工作状态。如数控系统是否在执行 M、S、T等功能，数控系统是否进入暂停状态或是急停状态，数控系统坐标轴是否处于"互锁"状

态，进给倍率是否为 0% 等。

⑧记录故障发生时各坐标轴的位置跟随误差的值。

⑨记录故障发生时各坐标轴的移动速度、移动方向，主轴转速、转向等数据。

（2）故障发生的频繁程度的记录

①故障发生的时间与周期，如机床是否一直存在故障，若为随机故障，则一天发生几次，是否频繁发生。

②故障发生时的环境情况，如是否总是在用电高峰期发生。故障发生时（如雷击后），周围其他机械设备的工作情况如何。

③若为加工工件时发生的故障，则应记录加工同类工件时发生故障的概率。

④检查故障是否与"进给速度"、"换刀方式"或"螺纹切削"等特殊动作有关。

（3）故障的规律性记录

①在不危及人身安全和设备安全的情况下，是否可以重现故障现象。

②检查故障是否与机床的外界因素有关。

③如果是在执行某固定程序段时出现故障，则可利用 MDI 方式单独执行该程序段，检查是否还存在同样的故障。

④若机床故障与机床动作有关，在可能的情况下，应在手动方式下执行该动作，检查是否也有同样的故障。

⑤机床是否发生过同样的故障？周围的数控机床是否也发生同一故障等。

（4）故障的外界条件记录

①发生故障时的周围环境温度是否超过允许温度，是否有局部的高温存在。

②故障发生时，周围是否有强烈的振动源存在。

③故障发生时，数控系统是否受到阳光的直射。

④故障发生时，电气柜内是否有切削液、润滑油、水的进入等。

⑤故障发生时，输入电压是否超过了数控系统允许的波动范围。

⑥故障发生时，车间内或电路上是否有使用大电流的设备正在进行启动、制动。

⑦故障发生时，机床附近是否存在吊车、高频机械、焊接机或电加工机床等强电磁干扰源。

⑧故障发生时，附近是否正在安装或修理、调试机床，是否正在修理、调试电气和数控系统。

2. 维修前的检查

（1）数控机床的工作状况检查

①数控机床的调整状况如何，工作条件是否符合要求。

②加工时所使用的刀具是否符合要求，切削参数的选择是否合理、正确。

③自动换刀时，坐标轴是否到达了换刀位置，程序中是否设置了刀具偏移量。

④数控系统的刀具补偿量等参数设定是否正确。

⑤数控系统的坐标轴的间隙补偿量是否正确。

⑥数控系统的设定参数（包括坐标旋转、比例缩放因子、镜像轴、编程尺寸单位选择

等）是否正确。

⑦数控系统的工作坐标系的"零点偏置值"的设置是否正确。

⑧工件安装是否合理，测量手段与方法是否正确、合理。

⑨机械零件是否存在因温度、加工而产生变形的现象等。

（2）数控机床运转情况检查

①数控机床在自动运转过程中是否改变或调整过操作方式，是否插入了手动操作。

②数控机床侧是否处于正常加工状态，工作台、夹具等装置是否处于正常工作位置。

③数控机床操作面板上的按钮、开关位置是否正确。数控机床是否处于锁住状态，倍率开关是否设定为"0"。

④数控机床各操作面板上、数控系统上的"急停"按钮是否处于急停状态。

⑤电气柜内的熔断器是否有熔断现象，自动开关、断路器是否有跳闸现象。

⑥数控机床操作面板上的方式选择开关位置是否正确，进给保持按钮是否被按下等。

（3）数控机床与数控系统之间连接情况的检查

①检查电缆是否有破损，电缆拐弯处是否有破裂、损伤现象。

②电源线与信号线布置是否合理，电缆连接是否正确、可靠。

③数控机床电源进线是否可靠接地，接地线的规格是否符合要求。

④信号屏蔽线的接地是否正确，端子板上接线是否牢固、可靠，数控系统接地线是否连接可靠。

⑤继电器、电磁铁等电磁部件是否装有噪声抑制器（灭弧器）等。

（4）CNC装置的外观检查

①是否在电气柜门打开的状态下运行数控系统，有无切削液或切削粉末进入柜内，空气过滤器清洁状况是否良好。

②电气柜内部的风扇、热交换器等部件的工作是否正常。

③电气柜内部系统、驱动器的模块、印制电路板是否有灰尘、金属粉末等污染。

④在使用纸带阅读机的场合，检查阅读机上是否有污物，阅读机上的制动电磁铁动作是否正常。

⑤电源单元的熔断器是否熔断。

⑥电缆连接器插头是否完全插入、拧紧。

⑦数控系统模块、电路板的数量是否齐全，模块、电路板安装是否牢固、可靠。

⑧数控机床操作面板MDI/CRT单元上的按钮有无破损，位置是否正确。

⑨数控系统的总线设置、模块的设定端的位置是否正确等。

3. CNC故障自诊断

（1）启动自诊断（初始化诊断）

启动自诊断是指在数控系统通电时，由数控系统内部诊断程序自动执行的诊断，它类似于计算机的开机自检启动。

（2）在线诊断（后台诊断）

CNC机床的在线诊断是指CNC系统通过内装程序，在数控系统处于正常运行状态时，对 CNC 系统内部的各种状态以及与其相连的各执行部件进行自动诊断、检查。在线诊断包括 CNC 系统内部设置的自诊断功能和用户单独设计的对加工过程状态的监测与诊断功能，这些功能都是在机床正常运行过程中监视其运行状态的。只要数控系统不断电，在线诊断就一直进行而不停止。另外，在线诊断采用监控的方式来提示报警，所以也称在线监控。

（3）离线诊断

当 CNC 系统出现故障或要判断其是否真正有故障时，往往要停机检查，此时称为离线诊断（或脱机诊断）方法。采用这种方法的主要目的是最终查明故障和进行故障定位，力求把故障定位在尽可能小的范围内，如缩小到某一模块上，电路板上的某部分电路，甚至某个芯片或元器件。

4. 故障诊断与排除的基本方法

（1）直观法（常规检查法）

直观检查指依靠人的感觉器官并借助于一些简单的仪器来寻找机床故障的原因。这种方法在维修中是常用的，也是首先采用的。

（2）系统自诊断法

充分利用数控系统的自诊断功能，根据 CRT 上显示的报警信息及各模块上的发光二极管等器件的指示，可判断出故障的大致起因。进一步利用数控系统的自诊断功能，还能显示数控系统与各部分之间的接口信号状态，找出故障的大致部位。它是故障诊断过程中最常用、有效的方法之一。

（3）拔出插入法

拔出插入法是通过相关的接头、插卡或插拔件拔出再插入这个过程，确定拔出插入的连接件是否为故障部位。

（4）功能测试法

所谓功能测试法，是指通过功能测试程序检查机床的实际动作来判别故障的一种方法。可以对数控系统的功能（如直线定位，圆弧插补、螺纹切削、固定循环、用户宏程序等 G、M、S、T、F 功能）进行测试：用手工编程方法编制一个功能测试程序，并通过运行测试程序来检查机床执行这些功能的准确性和可靠性，进而判断出故障发生的原因。

（5）交换部件法（或称部件替换法）

所谓部件替换法，就是在大致确认了故障范围，并确认外部条件完全相符的情况下，利用装置上同样的印制电路板、模块、集成电路芯片或元器件来替换有疑点部分的方法。

（6）隔离法

当某些故障（如轴抖动、爬行等），因一时难以区分是数控部分，还是伺服系统或机械部分造成的，常采用隔离法来处理。隔离法将机电分离，数控系统与伺服系统分开，或将位置闭环分开做开环处理等。

（7）电源拉偏法

电源拉偏法就是拉偏（升高或降低电压，但不能反极胜）正常电源电压，制造异常状态，暴露故障或薄弱环节，便于查找故障或处于临界状态的组件、元器件位置。

操作实践

 任务一 识读并检修 CK0630 型数控车床电气控制系统

一、任务描述

①了解 CK0630 数控车床电气控制系统常见的故障类型和故障特点；

②能根据数控机床维修的基本步骤准确地排除 CK0630 数控车床的电气故障；

③排除 CK0630 数控车床电气控制系统中人为设置的两个电气自然故障点。

二、实训内容

1. 实训设备与器材

万用表、示波器、数字转速表、相序表、常用的长度测量工具、电烙铁、吸锡器、旋具类工具、钳类工具、扳手类工具。

2. 实训过程

1）充分了解 CK0630 数控车床的各种工作状态，以及各部分的作用，并观察机床的操作。

2）熟悉机床的电气元件的安装位置、布线情况。

3）人为设置故障点，指导学生从故障的现象着手进行分析，并采用正确的检查步骤和检查方法查出故障。

4）设置 3 个故障点，由学生检查、排除，并记录检查的过程。

要求学生应首先根据故障现象，调查分析故障原因，再在原理图上标出最小故障范围，然后采用正确的步骤和方法在规定的时间内排除故障。排除故障时，必须修复故障点，不得采用更换电气元件，改动电路的方法。检修时严禁扩大故障范围或产生新的故障点。

3. 注意事项

1）检修前要认真阅读电路图，熟练掌握各个控制环节的原理及作用，并认真听取和仔细观摩教师的示范检修。

2）由于该机床的电气控制与机械结构的配合十分密切，因此，在出现故障时，应首先判明是机械故障还是电气故障。

3）停电要验电。带电检修时，必须有指导教师在现场监护，以确保用电安全。同时要做好训练记录。

4. 评分标准（见表 6 - 5）

小结与习题

 项目小结

1）数控装置（CNC）是整个数控机床的核心，机床的操作要求命令均由数控装置发出。驱动装置位于数控装置和机床之间，包括进给驱动和主轴驱动装置。驱动装置根据控制的电动机不同，其控制电路形式也不同。步进电动机有步进驱动装置，直流电动机有直流驱动装置，交流伺服电动机有交流伺服驱动装置等。

2）机床电气控制装置也位于数控装置与机床之间，它主要接收数控装置发出的开关命令，控制机床的主轴的启动、停止、正反转、换刀、冷却、润滑、液压、气压等相关信号。

3）维修人员可了解 CNC 原理框图、结构布置、各电路板的作用，板上发光管指示的意义；可通过面板对数控系统进行各种操作，进行自诊断检测，检查和修改参数并能做出备份；能熟练地通过报警信息确定故障范围，对数控系统提供的维修检测点进行测试，充分利用随机的系统诊断功能。

4）维修交流主电路系统的故障时，对查出有问题的元器件最好是更换，以确保机床运行的可靠性。更换时应注意使用相同型号、规格的备件。如损坏的元器件属于已过时淘汰的产品，要以新型的产品来替换，而且额定电压、额定电流的等级一定要相符。

 习题十一

1）叙述数控车床电气系统的故障特点。

2）数控机床故障排除的思路是怎样的？

3）数控机床故障排除的原则有哪些？

4）简述数控机床维修的基本步骤。

5）数控机床故障诊断与排除的基本方法有哪些？

6）数控机床电控系统包括什么？

7）数控机床辅助功能控制用元器件有哪些？常见故障有哪些？

8）数控机床电气系统常用元器件有哪些？常见故障有哪些？

参 考 文 献

[1] 武汉市教学研究室．机床维修电工［M］．北京：高等教育出版社，1992.

[2] 金国砥，俞艳．电工实训［M］．北京：电子工业出版社，2005.

[3] 吴关兴，金国砥，鲁晓阳．维修电工中级实训［M］．北京：人民邮电出版社，2009.

[4] 俞艳，鲁晓阳，沈爱华．维修电工与实训（综合篇）［M］．北京：人民邮电出版社，2008.

[5] 汪华．维修电工与与技能训练［M］．北京：人民邮电出版社，2009.

[6] 劳动和社会保障部教材办公室．电力拖动控制电路与技能训练［M］．4 版．北京：中国劳动社会保障出版社，2007.

[7] 张晓娟．工厂电气控制设备［M］．北京：电子工业出版社，2007.

[8] 郭士义．数控机床故障诊断与维修［M］．北京：机械工业出版社，2005.